软土固化微观机制与工程调控

邓永锋　吴　军　刘　丽　刘松玉 等　著

科 学 出 版 社

北　京

内 容 简 介

根据软土固化实践中存在的问题和理论研究进展，本书从固化基本理论、土质学、材料学和工程学角度系统阐述固化土中固液相各组成部分的作用、水化产物与黏土矿物相互作用机理、固化剂组分设计方法，以及大宗固废活性激发及固化土性能提升应用等，从室内试验、理论分析到工程实践，为固化土的性能提升提供理论指导和实践方法，为固废利用、减污降碳提供有效途径。

本书适合软土地基加固、环境岩土工程、固体废弃物处理等相关行业的科研工作者、技术工作者阅读参考。

图书在版编目（CIP）数据

软土固化微观机制与工程调控/邓永锋等著. —北京：科学出版社，2023.9
ISBN 978-7-03-076294-8

Ⅰ.① 软…　Ⅱ.① 邓…　Ⅲ.① 软土地基-地基加固　Ⅳ.① TU471.8

中国国家版本馆 CIP 数据核字（2023）第 169576 号

责任编辑：孙寓明　刘　畅/责任校对：高　嵘
责任印制：彭　超/封面设计：苏　波

科学出版社 出版
北京东黄城根北街 16 号
邮政编码：100717
http://www.sciencep.com
湖北恒泰印务有限公司印刷
科学出版社发行　各地新华书店经销
*
开本：787×1092　1/16
2023 年 9 月第　一　版　　印张：13
2023 年 9 月第一次印刷　　字数：306 000
定价：158.00 元
（如有印装质量问题，我社负责调换）

前言

《国家中长期科学与技术发展规划纲要（2021—2035）》将“区域协调发展”列为重点发展领域，沿海沿江地区交通便利，铁路、公路、水利、港口等重大基础设施建设规模空前。沿海沿江地区广泛分布软黏土，具有“三高两低”（高含水量、高孔隙比、高压缩性、低渗透性和低强度）的不良工程地质特性，长期困扰该地区的基础设施规划和建设。因此，如何经济高效地加固软黏土是工程建设亟待解决的重点和难点。

目前，水泥系软土地基加固方法已经得到长足发展，以浅层固化、深层搅拌桩、高压旋喷桩技术为例，其本质是利用水泥基材料与土体之间发生物理、物理-化学或化学反应，通过水化产物的胶结、填充作用，使软土形成具有较高强度和水稳定性的复合增强体。水泥、石灰和工业固体废弃物等是重要的水泥基固化材料。

为了更加深入揭示固化软黏土的机理，实现软黏土固化最优化设计，在已有研究的基础上，本书从固相级配、液相组成、黏土矿物和均匀性对固化土物理-力学性能的影响出发，总结作者团队的最新创新成果，主要内容如下。

（1）查明粉砂粒组在固化中误导作用，明确固化的本质。

（2）揭示水化过程对黏土矿物的改性机制，提出固化中自由水的概念；建立固化体系中考虑水相形态的统一强度表征公式。

（3）初步形成黏土矿物与水化产物之间反应物的鉴别技术。

（4）构建以三率值与强度活性指数为基准的固废基固化剂组分设计方法。

（5）明确搅拌均匀性对固化土宏观行为的影响，提出固化土搅拌均匀性的测试、评价及提升方法。

本书共 8 章，第 1 章由邓永锋和刘松玉共同撰写；第 2～3 章由邓永锋、刘丽和徐曼共同撰写；第 4～6 章由邓永锋和吴军共同撰写；第 7 章由邓永锋和邓婷婷共同撰写；第 8 章由邓永锋和刘丽共同撰写。刘松玉、邓永锋负责全书策划和统稿。

本书相关研究在国家重点研发计划项目（2019YFC1806004）、国家自然科学基金面上项目（51878159、42272322）、国家自然科学基金青年项目（52209136）资助下得以完成。感谢东南大学、湖北工业大学、三峡大学和上海师范大学等单位为本书出版提供的大力支持！

由于成稿时间有限，书中难免有所疏漏，有些问题仍待进一步深入研究，不足之处敬请读者指正！

邓永锋
2023 年 2 月于南京

目录

第1章 绪　论

近年来，随着我国城市化进程快速推进，重大基础设施建设与日俱增。特别是长三角、珠三角等东南沿海地区，作为我国经济发展的重要区域，已经形成了大规模城市群，基础设施建设需求日趋增长。由于沿海地区广泛分布的软土地层具有力学特性复杂、承载力低、变形大等特点，软土地区路堤、基坑、隧道和基础工程等构筑物的建设和运营面临巨大挑战。水泥基材料化学加固是地基加固最常见的方法，但是目前对固化土的认知有限。针对软土固化工程实践和理论研究存在的问题，本书着眼于固化土强度形成中土源级配效应、水相作用、黏土矿物和均匀性对固化土性能影响机制不明晰这一现状，从室内试验、数值模拟、机理分析及现场应用等方面开展系统研究。本章介绍固化土的应用背景，系统总结固化土的基本原理、宏观性能影响因素和微纳观物质鉴别研究的相关进展。

1.1 研究背景和必要性

随着我国沿海大开发战略的实施及“一带一路”倡议的发起，特别是“21世纪海上丝绸之路”的建设，沿海城市进入开发的热潮，市政公路、港口码头等基础设施大量修建。由于特殊的地理位置和复杂的地质条件，沿海地区广泛分布着深厚的软黏土。软土具有含水率高、压缩性高、强度低和渗透性低等显著特点，需要对其进行一定的地基处理，以确保其工程服役安全和变形可控。常用的软土地基处理方法有真空预压、堆载预压、加筋法和化学加固法等（刘松玉 等，2020；郑刚 等，2012；邓永锋，2005），其中水泥基材料化学加固法具有施工工艺成熟及加固效果显著等优点，得到了广泛应用。

水泥基材料固化软土地基可以提高地基的承载力，减少地基变形，基本原理是将软土与水泥基固化材料强制搅拌，固化材料与软土之间产生一系列的物理化学反应，从而使软土成为具有整体性、水稳性和一定强度的水泥加固土。国内外对水泥固化土的研究很多，大多集中在强度的外部因素影响和预测模型上，主要考虑含水率、水泥掺量、养护龄期等一些外在因素对固化土强度的影响，但对土源性质关注较少。土源的级配和黏土矿物不仅影响软土本身的性能，而且显著影响固化土强度。沿海地区人工吹填土中往往包含粗细共存、级配不连续的砂-黏土混合物（吴子龙 等，2016，2015）；另外，在同一河流上下游和南北岸，由于河流冲积作用，黏土矿物基本不变，但是土样的颗粒级配差别很大。如图1-1所示，根据赵庆英等（2002）对长江三角洲的沉积分区，收集部分区域的土样颗粒级配（蔡光华，2017；武朝军，2016；殷杰 等，2012；刘红梅 等，2011；许宏发 等，2009；郝建新，2006；郝巨涛，1991），发现软土粒径长江以北地区比长江以南地区大，长江上游普遍比下游大。

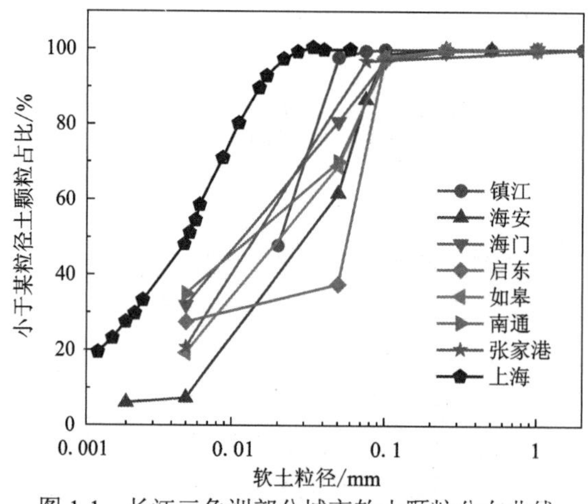

图 1-1 长江三角洲部分城市软土颗粒分布曲线

土源级配中的黏土矿物，具有颗粒较细小、比表面积大、表面能较大的特点，是化学性质较为活泼的部分，与水分相互作用后表现出很多影响工程性质的特征，例如离子交换、表面双电层和触变性等，其中亲水性是决定天然沉积土含水率的重要因素，也是化学加固时影响固化土工程性能的重要因素。

搜集已有文献，发现黏土矿物在我国沿海、沿江地区的分布格局受控于陆源物质供给，长江、黄河、珠江等物源地区的软土在黏土矿物种类和含量上差异显著。以国内为例，诸多学者（赫文秀 等，2011；王领 等，2010；潘林有，2003；陈甦 等，2001；周国钧 等，1981）对我国多地固化土进行了系统研究（图 1-2），发现在相同水泥掺量和养护条件下，28 天龄期水泥固化土无侧限抗压强度（unconfined compressive strength，UCS）差别甚大（介于 0.26～2.49 MPa），推测主要原因是水泥基材料主要组分（钙相、硅相和铝相）对软土的黏土矿物（蒙脱石、伊利石、高岭石和绿泥石等）敏感度差异明显，表现为水化产物-软黏土体系的反应程度、物相演化及空间位置等微纳观特征的变化。

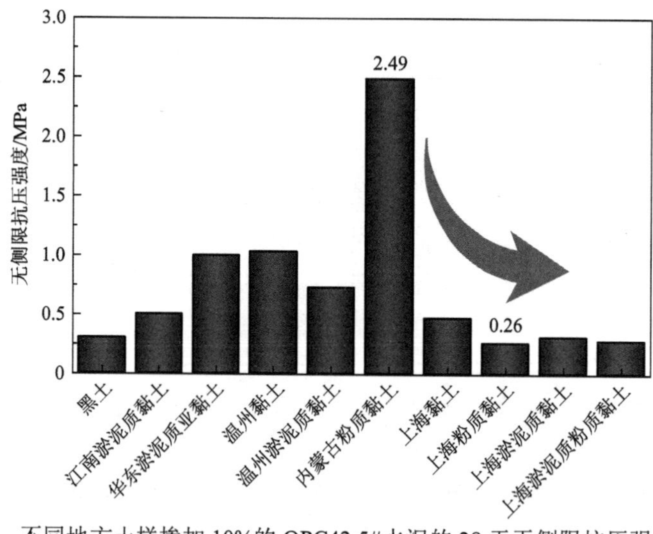

图 1-2 不同地方土样掺加 10%的 OPC42.5#水泥的 28 天无侧限抗压强度对比

数据来源：赫文秀等（2011）、王领等（2010）、潘林有（2003）、陈甦等（2001）、周国钧等（1981）

因此，从土源级配中粉/砂粒组功能与调控、黏土矿物与水化产物反应的表征、水分作用机理及调控方法等方面出发，对固化土性能进行系统研究，为工程调控提供理论依据。开展固化土多尺度建模与分析的理论研究，是当前水泥基材料研究中的前沿内容，有望深化固化机理的认知，为固废基固化研发提供理论支撑；总结固化土中土源级配和水分调控的方法，提出固滤联合加固技术，有助于提高固化效能，实现“产—学—研—用”的有机结合。

1.2　软土固化基本原理

1.2.1　水泥生产工艺及成分

水泥是一类能在水中硬化的胶凝材料，广泛应用于土木建筑、水利、国防等工程，素有“灰色金子”之美誉。追溯其发展史，可发现其本质都是基于矿物成分而设计的，先后经历了天然黏土、石膏-石灰、石灰-火山灰及人工配制的水泥等多个阶段（林宗寿，2015），基本原理是利用材料中钙相、硅相、铝相及铁相等与水的相互作用形成胶结/填充物质。由于材料中各相的活性不同，提高相的活性[如将高岭土煅烧成偏高岭土（metakaolin，MK）、碱激发胶凝材料]是目前提升水泥性能的重要措施。生产过程中控制主要活性材料三率值：硅率（silica modulus，SM）、铝率（alumina modulus，IM）和石灰饱和系数（lime saturation coefficient，KH），或者 CaO 与 SiO_2 的物质的量比（Ca/Si）来满足不同类型水泥（通用水泥、专用水泥和特性水泥）的功能需求。长期以来，各种水泥的化学成分和矿物组成基本没有变化，技术的发展体现在生产工艺和装备革新。

以硅酸盐水泥为例，其生产的大体步骤是：首先把原材料按适当比例配合好后在磨机中磨成生料；然后将制得的生料入窑进行煅烧；再把烧好的熟料配以适当的石膏（和混合材料）在磨机中磨成细粉，即得水泥（林宗寿，2015）。硅酸盐系水泥的生产概括起来就是“两磨一烧”，如图 1-3 所示。

（1）生料及燃料制备：碳酸钙原料、黏土质原料与少量校正原料经破碎后，按一定比例混合、磨细，并配制为成分合适、质量均匀的生料。

（2）熟料煅烧：生料在水泥窑内煅烧至部分熔融，得到以硅酸钙为主要成分的硅酸盐水泥熟料。

（3）水泥粉磨：熟料加适量石膏，有时还加适量混合材料或外加剂共同磨细为水泥。

普通硅酸盐水泥熟料主要由氧化钙（CaO）、二氧化硅（SiO_2）、三氧化二铝（Al_2O_3）、三氧化二铁（Fe_2O_3）及三氧化硫（SO_3）等组成。高温煅烧后分别形成不同的水泥矿物：硅酸三钙（$3CaO\cdot SiO_2$，简写为 C_3S）、硅酸二钙（$2CaO\cdot SiO_2$，简写为 C_2S）、铝酸三钙（$3CaO\cdot Al_2O_3$，简写为 C_3A）、铁铝酸四钙（$4CaO\cdot Al_2O_3\cdot Fe_2O_3$，简写为 C_4AF）、硫酸钙（$CaSO_4$）等。遇水时，水泥颗粒表面的矿物发生水解和水化反应，生成氢氧化钙（$Ca(OH)_2$，简写为 CH）、水化硅酸钙（calcium silicate hydrates，C-S-H）、水化铝酸钙（calcium aluminate hydrates，C-A-H）及水化铁酸钙（calcium ferrite hydrates，C-F-H）等化合物。其反应过程如下。

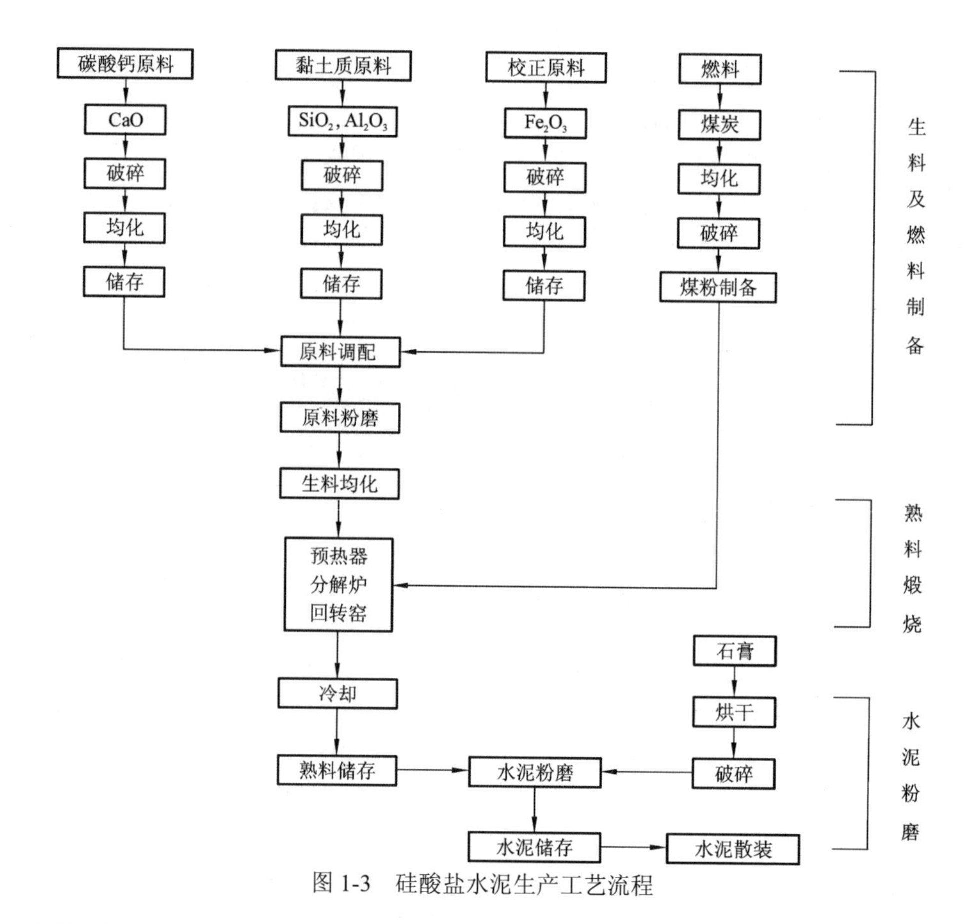

图 1-3　硅酸盐水泥生产工艺流程

硅酸三钙（$3CaO \cdot SiO_2$）在水泥中含量最高（约 50%），是决定强度的主要因素：

$$2(3CaO \cdot SiO_2) + 6H_2O \longrightarrow 3CaO \cdot 2SiO_2 \cdot 3H_2O + 3Ca(OH)_2 \tag{1-1}$$

硅酸二钙（$2CaO \cdot SiO_2$）在水泥中含量较高（约 25%），它主要产生后期强度：

$$2(2CaO \cdot SiO_2) + 4H_2O \longrightarrow 3CaO \cdot 2SiO_2 \cdot 3H_2O + Ca(OH)_2 \tag{1-2}$$

铝酸三钙（$3CaO \cdot Al_2O_3$）约占水泥重量的 10%，水化速度最快，促进早凝：

$$3CaO \cdot Al_2O_3 + 6H_2O \longrightarrow 3CaO \cdot Al_2O_3 \cdot 6H_2O \tag{1-3}$$

铁铝酸四钙（$4CaO \cdot Al_2O_3 \cdot Fe_2O_3$）约占水泥重量的 10%，能促进早期强度：

$$4CaO \cdot Al_2O_3 \cdot Fe_2O_3 + 2Ca(OH)_2 + 10H_2O \longrightarrow 3CaO \cdot Al_2O_3 \cdot 6H_2O + 3CaO \cdot Fe_2O_3 \cdot 6H_2O \tag{1-4}$$

硫酸钙（$CaSO_4$）虽然在水泥中的含量仅占 3%～5%，但它与铝酸三钙一起与水反应，生成一种被称为钙矾石（又称水泥杆菌，AFt）的化合物：

$$3CaSO_4 + 3CaO \cdot Al_2O_3 + 32H_2O \longrightarrow 3CaO \cdot Al_2O_3 \cdot 3CaSO_4 \cdot 32H_2O \tag{1-5}$$

需要特别注意的是，传统水泥一般是围绕混凝土性能进行优化设计，其等级则以国际标准化组织（International Organization for Standardization，ISO）标准砂浆 28 天强度（若为早强水泥需考虑 3 天强度）进行判定。同时，为了保证其安定性和耐久性，设置 *f*-CaO、MgO、SO_3 和 Cl^- 含量的阈值，实现氧化物（*f*-CaO、MgO）水化、钙矾石（AFt）生成引起的内力膨胀及 Cl^- 对钢筋的锈蚀作用最小化。

软土地基加固也常常采用水泥作为固化剂，但水泥固化土与水泥混凝土在材料属性和功能需求上有着本质区别，具体表现在：①水泥固化土所需强度低，一般不超过 3 MPa，采用传统水泥原料（高品位石灰石和优质黏土）会带来能耗大、排放多、造价高等问题；②水泥固化土孔隙率大，这是由土的三相性本质所决定的，传统水泥熟料中所限制的 *f*-CaO、MgO、SO_3 及后期添加的石膏非但不会产生膨胀破坏，反而会填充固化土孔隙，对强度增长起贡献作用；③水泥固化土中无钢筋的存在，不用考虑 Cl^- 侵蚀问题。遗憾的是，当前水泥设计中并未考虑软土的特殊性（高含水率、多孔性、黏土矿物多样性），从而造成固化效果不佳及资源浪费。以石膏为例，根据电子显微镜的观察，钙矾石（AFt）最初以针状结晶形式在比较短的时间里析出，生成量随着水泥掺入量和养护龄期发生变化。X 射线衍射（X-rays diffraction，XRD）分析表明该反应能将大量自由水以结晶水的形式固定下来，这对含水率高的软土强度增长有特殊意义，土中自由水减少质量约为钙矾石生成质量的 46%。当然，硫酸钙掺量过多后，这种针状钙矾石结晶会使水泥土发生膨胀而遭到破坏（Wu et al.，2021a；章定文 等，2018）。为此，在软土固化中可利用这种膨胀势来增强地基加固效果。但遗憾的是，当前水泥配合比设计中主要针对混凝土设置了石膏阈值掺量（一般为 5%）。

此外，现代水泥种类繁多，水泥各单矿水化特点不同，对水泥性能的影响不一。通过调整水泥熟料中各矿物组成的比例而获得不同性能的水泥品种是水泥性能调节的主要技术手段。表 1-1 为美国材料与试验协会（American Society for Testing and Materials，ASTM）标准和中国标准不同类别硅酸盐水泥矿物成分及细度的对比。从表中可以看出，中国标准对硅酸盐水泥熟料的矿物组分比例要求并不严格，以 42.5#硅酸盐水泥为例，中国标准一般是按照 28 天 UCS≥42.5 MPa 即认为满足要求，其中各熟料比例，存在较大的调整空间。因此，不同地区矿石富集程度不同，不同品牌水泥厂生产的相同标号水泥矿物成分也存在较大差异，都会对水泥固化土性能产生影响。

表 1-1 中国与美国常见硅酸盐水泥的矿物组成及细度

ASTM 标准	成分占比/%				细度/（m^2/kg）
	C_3S	C_2S	C_3A	C_4AF	
一般用途水泥	45～65	6～21	6～12	6～11	334～431
中抗硫酸盐中热水泥	48～68	8～25	4～8	8～13	305～461
早强水泥	48～66	8～27	2～12	4～13	387～711
低热水泥	37～49	27～36	3～4	11～18	319～362
抗硫酸盐水泥	47～64	12～27	0～5	10～18	312～541
中国标准	**成分占比/%**				**细度/（m^2/kg）**
	C_3S	C_2S	C_3A	C_4AF	
中抗硫酸盐水泥	≤55	—	≤5	—	≥280
抗硫酸盐水泥	≤50	—	≤3	—	≥280
低热水泥	—	≥40	≤6	—	≥250
中热水泥	≤55	—	≤6	—	≥250

注：美国标准详见 Kosmatka 等（2011）。

1.2.2 水泥固化土原理

水泥固化土作为一种人工材料，其本质在于土颗粒与胶凝材料及其水化产物的相互作用，其强度主要源于胶凝和填充作用，围绕这两个关键机制，学者进行了广泛研究，分析了胶凝和填充作用的主要存在形式，遴选出了影响水泥土性能的关键因素，如土颗（团）粒大小和级配、含水率、水化产物种类和丰度、孔隙大小和级配、水泥基材料种类和掺量，并提出了相应的性能提升措施及强度预测模型（Liu et al.，2019；Horpibulsuk et al.，2005；Lee et al.，2005；Tremblay et al.，2001）。水泥固化土强度性能提升可从改善固化剂的性能、丰富固化剂水化产物和提升胶凝效果三方面展开。固化剂对软土固化效果的影响主要取决于黏土矿物的含量、固化剂种类、黏土矿物-水-固化剂的相互作用。其中，王立峰等（2010）和 Lang 等（2021）将具有优异性能的纳米硅粉作为外掺剂应用于水泥土改性研究，探讨了纳米硅粉掺入比对水泥土强度的影响规律。东南大学邓永锋课题组（吴子龙 等，2017；Zhang et al.，2014）将高性能水泥基材料中的关键材料偏高岭土引入水泥固化土中，发现偏高岭土能促进水泥水化反应和火山灰反应，显著提高水泥土强度和抗侵蚀性能。Xu 等（2021）和叶观宝等（2006）分别研究了固化剂类型、掺量和施工工艺及添加剂对固化土强度的影响规律及作用机制。

尽管如此，水泥固化土的应用实践表明，软土中粒径较小的黏土矿物，会与水泥水化产物发生相互作用，从而对水泥固化土强度产生显著影响。以国内为例，潘林有（2003）开展了温州黏土和淤泥质土的水泥固化室内正交试验，参照国内外通行做法，系统研究了水泥固化土的强度影响因素。王领等（2010）以上海等多地黏土为研究对象，探讨了加固土的养护时间、水泥含量、初期 pH 等与加固土强度的关系。结合王领等（2010）的研究，综合我国多地固化土的数据（赫文秀 等，2011；陈甦 等，2001）（图 1-2），发现掺入 10%水泥、养护 28 天后的 UCS 相差比较大，其根本原因之一可能是水泥基固化材料与软黏土矿物（原生与次生矿物）作用机制不同，表现为黏粒组的成分（蒙脱石、伊利石、高岭石和绿泥石间的比例）的差异。

可见，现有固化材料设计缺乏对我国不同类型软土地基的针对性，导致固化材料的选择具有不确定性和盲目性。

1.3 固化土宏观性能影响因素

水泥基材料作为一种常用的固化剂，可以将软土胶结在一起形成具有一定强度的复合材料，并且由于成本低、加固效果好、易于采购，被广泛应用于软土处理。水泥加固能够提高软土的强度，主要归因于水泥与黏土矿物的反应，包括水泥的水解与水化反应和水泥水化产物与黏土矿物的次级火山灰反应。水泥土加固方法在 20 世纪 70 年代的日本应用较为广泛，对此也有很多学者开展研究（Deng et al.，2015；Tsuchida et al.，2015；Zhang et al.，2014；Horpibulsuk et al.，2011a；Miura et al.，2001；Croft，1967），并且发现影响固化土强度的因素有很多：固化剂的种类和掺量、含水率、养护时间及土样的颗粒级配等。

固化剂的种类和掺量对固化土的强度有着直接的影响，不同种类固化剂对固化土的固化效果影响差异很大。对于同一种固化剂，一般随着掺量的增加固化土的强度也趋于升高。Flores 等（2010）利用普通水泥和高炉矿渣水泥开展固化高岭土试验，发现固化土的强度随这两种水泥掺量的增加而提高，但是高炉矿渣水泥的早期强度发展缓慢，长期强度较高。Zhang 等（2014）将 3%～5%偏高岭土加入水泥固化土中，其强度可以有效提高 1～2 倍，偏高岭土的加入可以改善固化土的孔隙结构和胶结强度。考虑一些粉末状的工业废弃物能够增补水泥中的一些活性成分，一些研究将其加入固化土中用以提高固化土的强度和节约水泥的掺量。Horpibulsuk 等（2011b）将粉煤灰和生物质灰掺入低膨胀性的曼谷黏土中，发现这些废弃灰能够替代部分水泥的作用，25%的灰能够替代 15.8%的水泥用量。Yi 等（2015a，b）利用活性氧化镁和电石渣激发磨碎的高炉渣，代替水泥固化软土，发现能够取得比较好的效果，90 天的强度能够达到相同水泥掺量强度的 2～3 倍。Horpibulsuk 等（2003）研究了水泥掺量对固化土加固的影响规律，结果如图 1-4 所示；当水泥掺量高于 5%时，固化土的 UCS 随着水泥掺量的增加按照不同的速率提高，将其强度随水泥掺量增加而升高的过程划分为 4 个区域，分别为非活性区、黏土-水泥作用区、过渡区和水泥-黏土作用区。

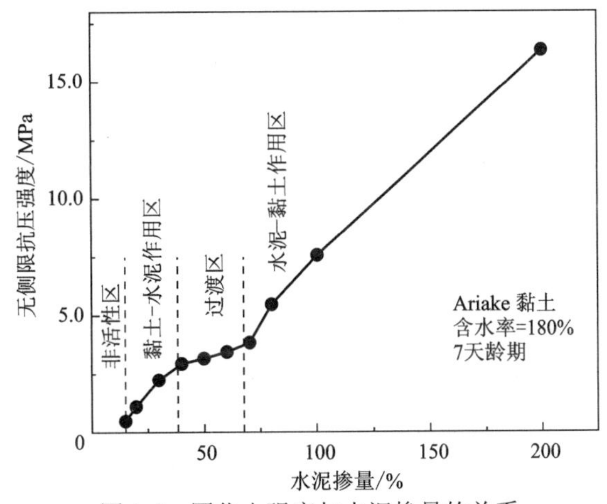

图 1-4　固化土强度与水泥掺量的关系

作为水泥水化过程中主要参与成分之一的水分（土源与外掺的水），对固化土的强度影响显著。在控制固化土中其他成分不变的情况下，随着含水率的增加，固化土的强度出现降低的趋势（Liu et al.，2019）。Horpibulsuk 等（2003）将水灰比从混凝土中引入固化土中，认为水灰比是控制固化土强度的最主要参数，可以用于预测固化土的强度。后续也有很多学者对水灰比开展研究，发现水灰比越高，固化土的强度越低（Consoli et al.，2007；Chew et al.，2004；Lorenzo et al.，2004；Tang et al.，2001）。

固化土的强度随养护时间的变化的相关研究表明，随着养护龄期的增加，固化土的强度呈现升高的趋势，在养护早期，固化土的强度增长最快。Payá 等（1997）发现粉煤灰水泥砂浆的强度随时间呈对数增加，后续很多学者发现并证明固化土的强度与养护时间对数呈线性相关的关系（Sasanian et al.，2014；Horpibulsuk et al.，2005，2003）。

国内最早开展固化土研究与应用的是周国钧等（1981），其利用水泥作为固化剂，针对江南淤泥质黏土和华东淤泥质亚黏土，通过深层搅拌装备，就地将软土与固化剂强制拌和，形成水泥固化土以提高地基强度，取得比较理想的加固效果。随后黄新等（1994）选用 4 种土样制成水泥加固土，分析孔隙水的化学成分，发现黏土矿物能吸收 OH^-、CaO 和 Ca^{2+}等成分，硬化过程受土质的影响，同时从土质和水泥化学角度揭示固化土的硬化机理。汤怡新等（2000）从土工应用出发，开展大量试验，对固化土的强度、变形特性、渗透系数等性能进行研究，认为固化土的这些性能主要取决于水泥用量和含水率，提出了用含水率预测抗压强度的公式。此后还有很多学者研究了不同地区固化土的特性，以及固化土强度的影响因素等（廖一蕾 等，2016；储诚富 等，2005；潘林有，2003；黄鹤 等，2000），主要为水泥掺量、含水率、养护龄期和黏土矿物成分等，发现固化土的强度随水泥掺量的增加而提高，随含水率的增加而降低，随养护龄期呈对数增长，高岭石类黏土矿物的固化土强度偏高，其次是伊利石类，蒙脱石类的最低。

1.3.1 固相与级配

土是一种散体材料，通常由固体颗粒、液体水和气体组成，固相由许多大小不等、形状不同的矿物颗粒按照各种排列方式组合在一起。在水泥固化土时，土颗粒组成会影响固化效果和固化土的强度。土样的粒径分布对固化土强度影响的研究相对较少，已有的结论主要分为两种情况。

第一种是土样颗粒粒径越小，也即黏粒含量越多，粗颗粒含量越少，固化土的强度越高。Lasisi 等（1984）研究水泥固化尼日利亚红黏土时，提取 5 组不同粗细粒径的红黏土利用水泥加固，发现红黏土颗粒粒径越小，其固化土强度越高。冯志超等（2007）采用人工配制不同黏粒含量的淤泥研究黏粒含量对固化土强度的影响，发现当水泥掺量较低时，固化土强度随着黏粒含量的增加而升高；当水泥掺量较高时，固化土的强度随着黏粒含量增加先升高然后降低，存在一个最优黏粒含量。Chian 等（2017）考虑新加坡吹填土中不同比例和粒径的砂颗粒对后期水泥固化效果的影响，开展不同掺砂量新加坡软土和高岭土的固化试验，发现砂颗粒的掺入降低了固化土的强度。

第二种是土样颗粒粒径越大，也即粗颗粒含量越多，黏粒含量越少，固化土的强度越高。高国瑞等（1996）基于水泥固化软土试验，揭示了固化土加固机理，提出了提高加固效果和节约水泥用量的建议，即在固化土中加入一定量的骨架材料如粉细砂等粒状惰性材料改善固化土的结构，提高固化土的强度。范晓秋等（2008）开展不同掺砂量不同龄期条件下固化土的无侧限抗压强度试验，发现掺入适量的砂颗粒能够提高固化土的强度。王海龙等（2012）在水泥土中掺入一定量的砂，可有效提高水泥土强度，改善水泥土结构。赫文秀等（2011）发现在水泥掺量一定的条件下，掺入一定量的砂，可以提高固化土的强度，掺砂量为 50%时固化土的强度最高。刘鑫等（2011）对水泥砂浆固化土开展固结不排水三轴试验，发现采用水泥砂浆处理高含水率软弱地基可以较大幅度提高其抗剪强度。曹海文（2019）发现当掺砂量为 0%～15%时，固化土的抗压强度随着掺砂量的增加而升高，当掺砂量为 15%～20%时，其抗压强度变化不大。兰凯等（2006）考虑土特性对固化土性能的影响，开展掺砂固化土试验，发现随着掺砂量的增加，其 7 天和 14 天强度有所降低，但是 60 天和 90 天强度升高明显。

综上所述，目前固化土中粗细粒径的作用机理尚不明确，需要开展系统研究以揭示固化土中粗细粒径土颗粒的作用，从而根据实际工程需要，调控固相级配。

1.3.2 水相作用

影响固化土强度的因素很多，主要有水泥的种类和掺量、含水率、土的颗粒粒径和养护龄期等（Liu et al.，2019）。工程中一般采用增加水泥用量来提高固化土的强度。本书聚焦固化土中水相对固化土的作用机制，通过调控水相进而提升固化性能。

国内外对固化土中水相作用机理的研究很少，对水相调控的研究则更少。张春雷（2007）根据土水势将固化土中的水分划分为自由水、结合水和矿物水，并提出利用矿物水量和结合水量综合预测固化土的强度。固化土中矿物水量和结合水量不易测量，也没有与土样的物理性质建立联系，较难作为水相调控的支撑依据。Kasama 等（2007）发明了一种水泥搅拌桩机械脱滤法（cement-mixing and mechanical dehydration method，CMD），将固化土搅拌均匀后倒入模具，开始恒应力固结试验（固结压力为 5 MPa），试验装置如图 1-5 所示。发现当水泥含量为 20%并在 20 MPa 恒定压力脱滤后的 Kumamoto 黏土，试样的高度从 200 mm 降低到 100 mm，平均无侧限抗压强度接近 20 MPa，与低标号混凝土相当。因此采用机械脱滤控制水泥固化土含水率对提高无侧限抗压强度是有效的。

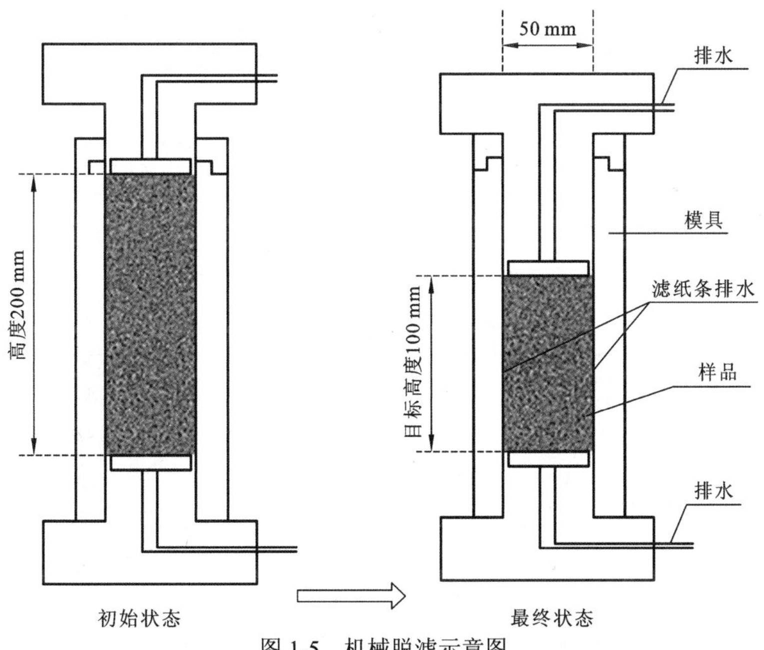

图 1-5　机械脱滤示意图

尽管对固化土脱滤技术的研究很少，但是在另一种水泥基材料-混凝土中的应用相对较多，国内外有很多学者研究了混凝土真空脱滤的性能和机理（田正林 等，2014；欧阳幼玲 等，2013；孔繁龙 等，2012；张燕迟 等，2012；Hatanaka et al.，2010，2008；袁承斌 等，2007a，2007b；刘辉，2001；陈环，1991；冯立南 等，1991；高志义，1989；

姜正平 等，1989）。Hatanaka 等（2010）研究发现真空脱滤能够提高混凝土板表面的强度和硬度，还能提高混凝土的密度。张燕迟等（2012）通过工程实例发现混凝土的真空脱滤密实过程明显增强混凝土抵抗表层变形开裂的能力。欧阳幼玲等（2013）发现真空脱滤工艺可以改善混凝土抗冲磨性能，其机理在于真空脱滤降低混凝土表层的孔隙率。Li 等（2017）研究了水对偏高岭土基地质聚合物凝胶结构和性能的影响，并采用真空脱滤的方式排出地聚物中水分，将样品放置在真空装置中，其中温度设置为 120℃，真空压力设置为 0.1 MPa，持续真空脱滤 24 h。结果表明真空脱滤后，试样抗压强度得到了提高，微裂纹得到了较好抑制。为此，开展固化土有效脱滤方法、效率和机理的研究可提高其强度，减少水泥掺量。

1.3.3　黏土矿物反应活性及水化特性

水泥砂浆是水泥、砂和水的混合物，普通混凝土是水泥、粗骨料（碎石或卵石）、细骨料（砂）和水的混合物，而水泥土则可以视为水泥、土和水的混合物。一般认为砂、粗细骨料为惰性介质，而软土由于黏土矿物存在，具有一定化学反应活性。

水化产物和黏土矿物作用形式主要为离子交换和团粒化作用。实际上，黏土矿物是以硅氧四面体（$[SiO_4]^{4-}$）和铝氧八面体（$[AlO_6]^{9-}$）为结构单元而形成的硅铝酸盐矿物，主要包括高岭石、蒙脱石、伊利石、绿泥石等，但它们的分子结合形态与晶体结构有所差别。由于结构特点，黏土矿物一般具有离子交换的性能，在水中具有双电层性质，在无水（干燥）情况下，层间距离很小（约 1 nm），而在有水的情况下，层间会吸附和填充大量的水，层间距离可能增加到 2～3 nm。由于黏土矿物的带电性，极性水分子被解离成 H^+和 OH^-，吸附到黏土的晶体平面（一般呈负电性）上和端面（一般呈正电性）上。与干燥黏土相比，水化黏土具有胶体性质，包括膨胀性、流变性、动电性、分散或絮凝性等。不同的黏土矿物水化特性与程度不同，导致其与水泥水化产物的相互作用表现形式和机理存在较大差异，对水泥土强度和性能产生不同影响（表 1-2；高翔，2017）。

表 1-2　主要黏土矿物结构和水化特性对比

项目	黏土矿物		
	高岭石	蒙脱石	伊利石
晶胞类型	1:1 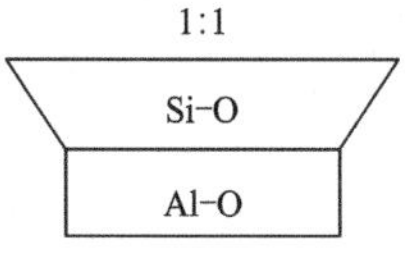 Si-O Al-O	2:1 Si-O Al-O Si-O 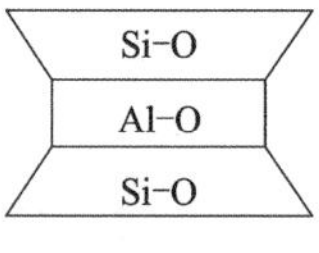	2:1 Si-O Al-O Si-O 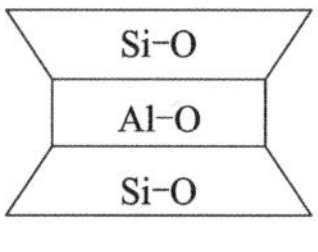
SEM 图像	 K	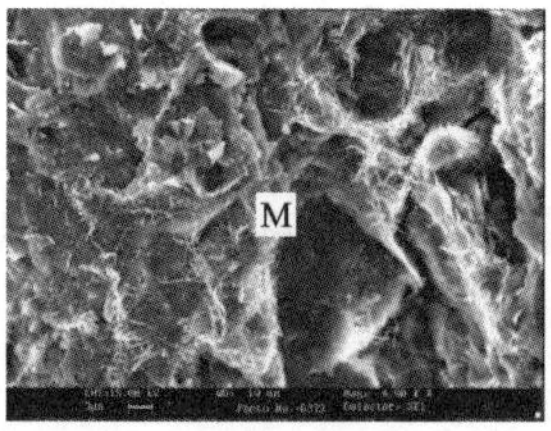 M	 I

续表

项目	黏土矿物		
	高岭石	蒙脱石	伊利石
层间力	氢键力	范德瓦耳斯力	分子力，晶格固定
层间距/nm	0.72	0.96～4	1
颗粒长或宽/Å	1 000～2 000	1 000～5 000	1 000～5 000
颗粒厚度/Å	100～1 000	10～50	50～500
层间离子	无	Na^{+}/Ca^{2+}	K^{+}
电荷来源	晶体边缘断键	Mg^{2+}或Fe^{2+}取代Al^{3+}	Al^{3+}取代Si^{4+}
晶格取代	几乎没有	有晶格取代	有晶格取代
CEC/（mmol/kg 土）	30～150	700～1 300	10～400
比表面积/（m^2/g 土）	9～70	600～850	65～180
水化程度	难以层间水化	易水化	不易水化

注：SEM（scanning electron microscope）为扫描电镜；CEC（cation exchange capacity）为阳离子交换。

如图 1-6 所示，土中的水分按其存在状态可以分为自由水（含毛细水）、物理结合水和化学结合水三种类型，它们影响黏性土的收缩性、液塑性、黏稠度等理化性质和强度变形等力学性质（Li et al.，2019）。黏土矿物结合水，由黏土矿物的水合活性和水分子的极性作用决定，通常情况下，蒙脱石、伊利石等黏土矿物的水化过程为化学结合水→物理结合水→自由水（王平全 等，2006）。

黏土水化受三种力制约：表面水化力、渗透水化力和毛细管作用，其中以表面水化和渗透水化尤为显著。表面水化是由黏土晶体表面（膨胀性黏土表面包括外表面和内表面）吸附水分子与交换性阳离子水化而引起的，第一层水是水分子与黏土表面的六角形网格的氧原子形成氢键而保持在表面上，第二层水也以类似情况与第一层水以氢键连接，以后的水层照此继续。氢键的强度随离开黏土表面的距离增加而降低，见图 1-7。表面水化水的结构带有晶体性质，例如，黏土表面上 10×10^{-1} nm 以内水的比容比自由水小 3%，

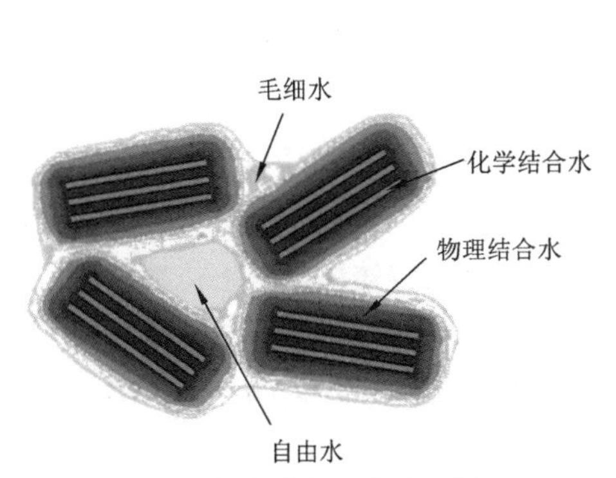

图 1-6　黏土水分赋存形态示意图

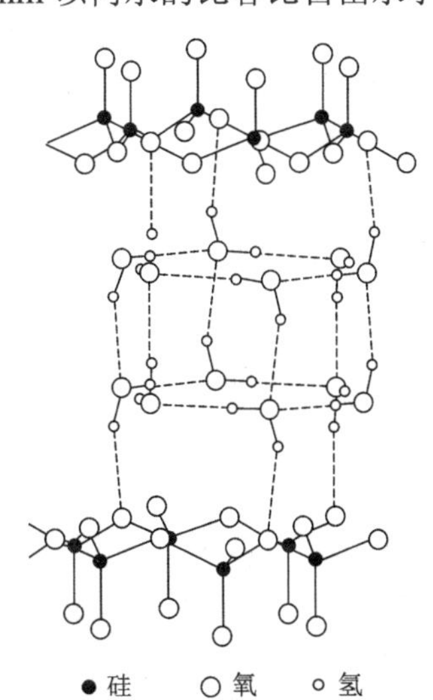

图 1-7　黏土表面水化示意图

其水的黏度也比自由水大。交换性阳离子以两种方式影响黏土的表面水化，即：①阳离子本身水化；②水化后阳离子键接到黏土晶体的表面上，倾向于破坏水-土结构。但 Na^+ 和 Li^+例外，它们与黏土键接很松弛，倾向于向外扩散。

黏土渗透（osmotic）水化行为可根据唐南（Donnan）平衡理论进行解释，即当一个容器中有一个半透膜，膜的一边为胶体溶液，另一边为电解质溶液时，如果电解质的离子能够自由地透过此膜，而胶粒不能透过，则在达到平衡后，离子在膜两边将不均等分布，整个体系称作唐南体系。膜两边为两个“相”，含胶体的一边称为“内相”，仅含自由溶液的一边称为“外相”。在这种情况下，胶粒不能透过半透膜的原因是孔径较小的半透膜对粒径较大胶粒有机械阻力。后来发现，形成唐南体系并不一定需要一个半透膜的存在，只要能够设法使胶体相与自由溶液相分开即可。当黏土表面吸附的阳离子浓度高于介质中浓度时，会产生渗透压，引起水分向黏土晶层间扩散，该扩散程度受电解质浓度差的控制。晶层之间的阳离子浓度大于溶液内部的浓度，水发生浓度差驱动的扩散，进入层间，增加晶层间距，形成扩散双电层。渗透膨胀引起的体积增加比晶格膨胀大得多，例如，在晶格膨胀范围内，每克干黏土大约可吸收 0.5 g 水，体积可增加 1 倍，但是，在渗透膨胀的范围内，每克干黏土大约可吸收 10 g 水，体积可增大 20～25 倍。

土壤胶体指的是粒径小于 1 μm 的矿物质颗粒及腐殖质（分散相）分散在孔隙水溶液（分散介质）中的分散体系，分为无机胶体、有机胶体及有机-无机复合胶体（陈永贵 等，2021；Deng et al.，2019）。土壤胶体巨大的比表面积，使土壤具有极高的表面活性。而土壤胶体表面带电，不仅是土壤胶体性质的基础，更是土壤具有独特的表面化学性质的根本原因（80%以上土壤电荷集中在胶体部分）。研究表明，土壤中的无机胶体在数量上远远多于有机胶体，主要由层状硅铝酸盐类黏土矿物及 Si、Al、Mn、Fe 等氧化物类黏土矿物组成。层状硅铝酸盐类矿物即为前面所述的由硅氧四面体和铝氧八面体两种基本结构单元所构成，含有不同吸附程度、不同化学成分的结晶水。Si、Al、Mn、Fe 等氧化物属于非层状、非晶质的硅铝酸盐，虽然其含量较少，为土壤胶体的次要组成部分，但是其在水泥基固化软土体系中发挥的作用仍不可忽视，水化过程中，土壤中的钙相、硅相、铝相及铁相理论上都具有一定活性并能参与水化反应。需要指出的是，土壤胶体巨大的比表面积，具有极高表面活性，但目前并未引起足够重视。类似于混凝土领域常用的高性能外加剂——硅灰（主要化学成分为 SiO_2）（Wu et al.，2021b），活性氧化物在碱性环境中将与 Ca^{2+}发生如下火山灰反应（吴燕开 等，2018），称为“二次反应”。这种火山灰反应在消耗 Ca^{2+}的同时生成 C-S-H 及 C-A-H 等胶凝物质，有利于改善水泥土的物理力学性能。

$$SiO_2 + Ca(OH)_2 + mH_2O \longrightarrow CaO \cdot SiO_2 \cdot (m+1)H_2O \quad (1\text{-}6)$$

$$Al_2O_3 + Ca(OH)_2 + nH_2O \longrightarrow CaO \cdot Al_2O_3 \cdot (n+1)H_2O \quad (1\text{-}7)$$

由于胶体溶液中存在溶解平衡，黏土中活性氧化物胶体在参与水化反应后，会引起黏土颗粒/团粒中胶体的再释放。黏土矿物成分不同，胶体在碱性环境下溶解度也存在差异，因此，胶体水化稳定（絮凝）及再溶出是一个复杂的行为机制，但在水泥基固化软土中起到不可忽略的作用，需要进行深入研究。

1.3.4 搅拌均匀性

固化土的性能受多种因素影响，从结构角度来看，水泥的分布（即搅拌均匀性）对水泥土的宏观行为影响重大。在搅拌机械的切削作用下，土体被分割成大小不一的土团，随着水泥的拌入，实则为水泥（浆）包裹土团。实践表明，搅拌得越充分，土体被分割得越小，水泥在土中的分布越均匀，表现出的宏观行为越强（席培胜 等，2007）。一般而言，混合物料随着搅拌时间增加而更加均匀，Shen 等（2004）通过室内模型试验探究了搅拌能耗与水泥土强度的关系（图 1-8），结果表明，水泥土强度随着搅拌能耗的增大而升高，且当能耗达到一定值后，能耗继续升高，水泥土强度不再升高，表明水泥土已达到较为均匀的状态。

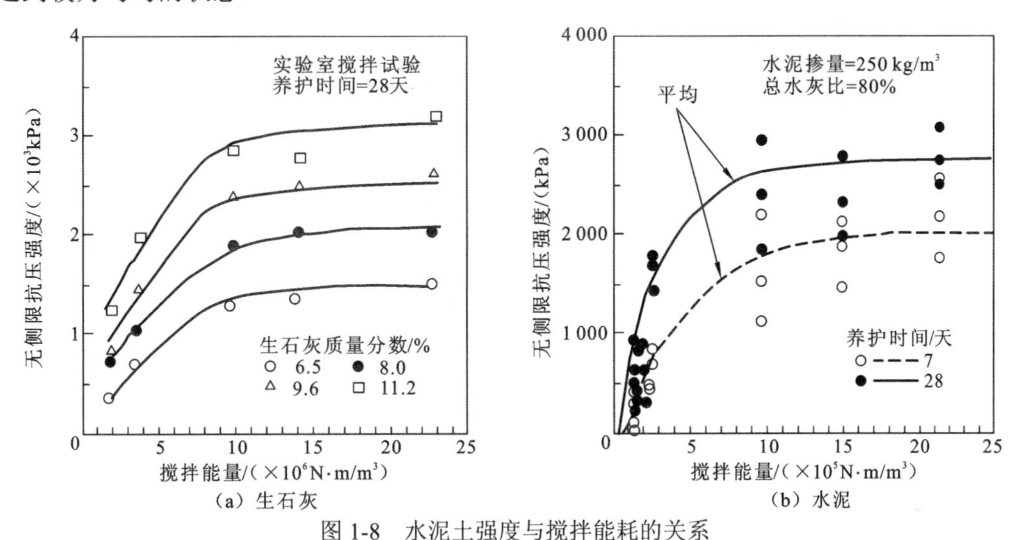

图 1-8 水泥土强度与搅拌能耗的关系

《复合地基技术规范》（GB/T 50783—2012）规定，搅拌机施工时，搅拌次数越多，拌和越均匀，水泥土强度越高，但施工效率降低。试验证明，当加固范围内土体任一点的水泥土经过 20 次拌和，其强度即可达到较高值。搅拌次数 N 由下式计算：

$$N = \frac{h\cos\beta\sum Z}{V}n \tag{1-8}$$

式中：h 为搅拌叶片的宽度；β 为搅拌叶片与搅拌轴的垂直夹角；$\sum Z$ 为搅拌叶片的总枚数；n 为搅拌头的回转数；V 为搅拌头的提升速度。

彭涛等（2016）为了研究不均质体对水泥土强度特性的影响，开展室内模拟试验，即在搅拌均匀的水泥土中填入球形的软黏土团作为不均质体，进行 28 天养护龄期的无侧限抗压强度试验。试验结果表明，不均质体的存在使水泥的强度和变形模量显著降低（图 1-9，图中横坐标体积百分比是指软土团体积占试样总体积的比值），较为均质的水泥土试样呈整体张裂破坏或整体剪切破坏，非均质的水泥土试样则呈局部破坏模式，如图 1-10 所示。

刘志彬等（2008）和席培胜等（2007）提出对水泥土搅拌桩芯样进行电阻率测试，通过分析电阻率及其表征水泥土微观结构的结构因子、形状因子和各向异性指数，阐述

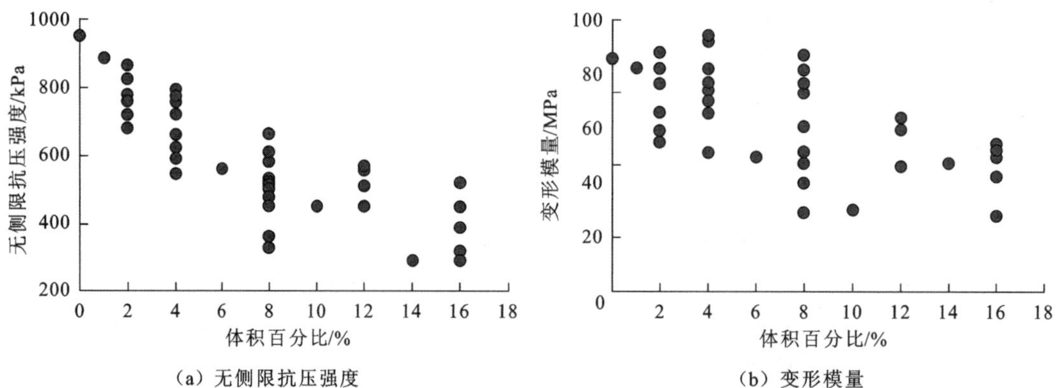

图 1-9　无侧限抗压强度、变形模量与不均质体体积百分比的关系

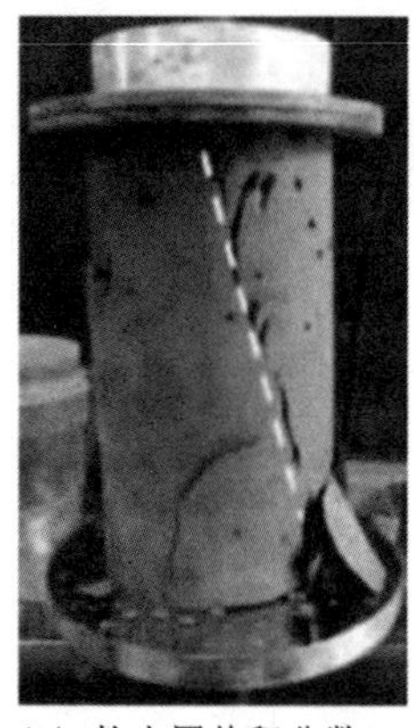

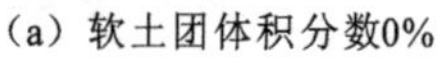

(a) 软土团体积分数0%　(b) 软土团体积分数2%　(c) 软土团体积分数12%

图 1-10　水泥土试样的局部破坏模式

了水泥土搅拌桩沿桩身方向和水平方向的均匀性，研究结果表明，水泥土搅拌桩芯样的无侧限抗压强度与电阻率之间存在很好的线性相关关系，在同一场地、同一龄期条件下，水泥土芯样的强度随着竖向电阻率的增大而增大（图 1-11）；水泥土搅拌桩水平向电阻率的标准差在一定程度上反映了搅拌均匀性（图 1-12）。席培胜等（2007）对随深度变化的无侧限抗压强度与标贯击数进行对比，如图 1-13 所示。试验表明，电阻率沿深度方向的分布与无侧限抗压强度、标贯击数沿深度方向的分布较为一致，均随深度的增加而衰减，验证了电阻率与均匀性的相关性。

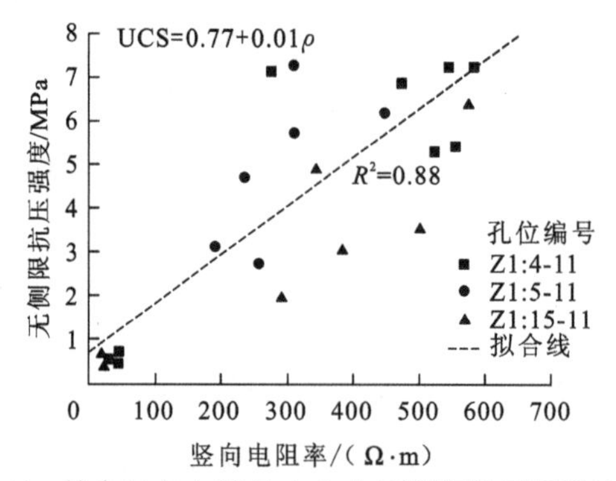

图 1-11　桩身竖向电阻率（ρ）与无侧限抗压强度的关系

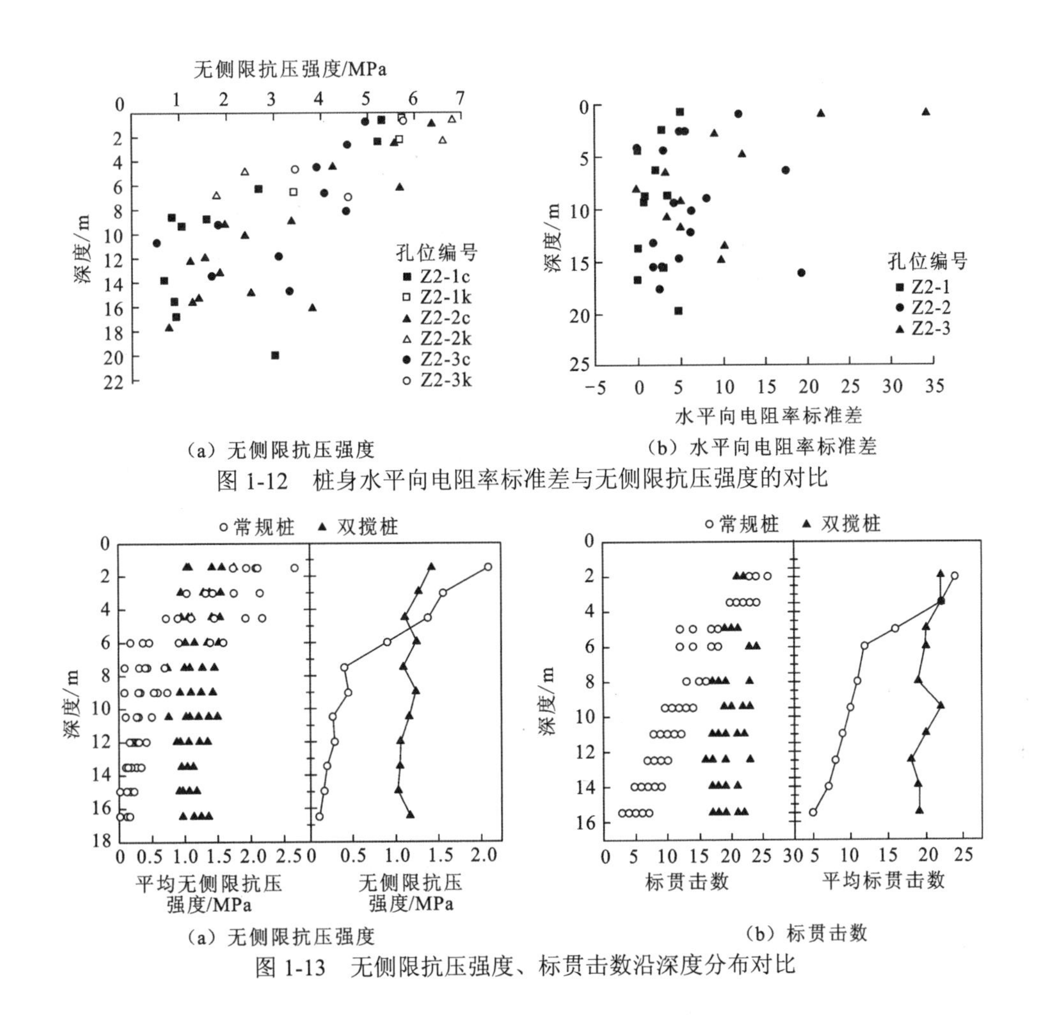

（a）无侧限抗压强度　（b）水平向电阻率标准差

图 1-12　桩身水平向电阻率标准差与无侧限抗压强度的对比

（a）无侧限抗压强度　（b）标贯击数

图 1-13　无侧限抗压强度、标贯击数沿深度分布对比

1.4　固化土微纳观物质鉴别

黏土矿物叠加水泥基材料显然会进一步使固化土变得更加多相和复杂。如何准确表征两者的相互作用过程，揭示不同物质相形成、分配和转化行为是了解固化土强度形成机制的必由之路，也是固化剂设计面临的主要瓶颈。水化产物和黏土矿物相互作用在宏观上表现出的复杂性本质是微观结构演化规律的外在体现，合理地认知宏观特性并改善力学性能的关键是：①把握好微观结构与物质相在力学响应过程中的演化特征和量化表征；②充分解读宏观特性响应与微观量化表征间的关联关系。

当前，固化土物相鉴别与测试方法大多借鉴水泥基材料领域的砂浆/混凝土微观测试技术，具体概括如表 1-3（史才军 等，2018）所示，主要包括扫描电镜（SEM）、X 射线衍射（XRD）及热重分析（thermogravimetric analysis，TGA）等。Yi 等（2015a，b）、Lang 等（2021a，b）、Deng 等（2020）在进行固化土的研究时均尝试采用了这些物相鉴别方法，积累了丰硕的成果。但需要注意的是，若考虑黏土矿物与水化产物的相互作用，现有的微观物相鉴别方法仍存在较多不确定性，主要表现在：①黏土矿物无论是在形貌还是元素组成上均与水化产物有一定相似之处，基于电子成像技术的 SEM+EDS（energy dispersive spectroscopy，能量分散光谱）难以准确将二者区分开来；②黏土矿物兼具晶体结构和结构（合）水特性，传统 XRD 和热分析难以区分水化产物与黏土矿物的重叠峰。

表 1-3　水泥基材料常用物质鉴别方法

测试项目	测试方法	适用性评价
电子成像	扫描电镜（SEM） 环境扫描电镜（environmental scanning electron microscope，ESEM） 背散射扫描电镜（back-scatter electron microscope，BSE） 透射电子显微镜（transmission electron microscope，TEM）	可直观判断固化土微观结构和物质相形态，结合 EDS 和二值化图像分析，可实现半定量分析。但物相判断结果因人而异，定量分析精度不够，图像筛选通常以预期目标为导向
晶体结构	X 射线衍射（XRD）	XRD 技术是水泥基材料中物相定性、定量分析的有力工具，可采用 Rietveld 法计算物相组成。但黏土原生矿物、次生矿物背景值高，经常会与水化产物产生重叠峰，掩盖水化产物的物相识别，且难以鉴别结晶度较低的物相（如 C-S-H 和 C-A-H）
热重分析	差热分析（differential thermal analysis，DTA） 热重分析（TGA） 导数热重（derivative thermogravimetry，DTG） 差示扫描量热（differential scanning calorimetry，DSC）	热重分析（TGA）应用最为广泛，且经常与 XRD 相结合，相互验证和补充，但难以区分温度区间相同或重叠的物相（如黏土矿物和水化产物），且试验结果对应的是气体或水的逸出量，不能定量对应物质相

事实上，在材料测试技术日益发展的今天，岩土工程以外的诸多领域（如砂浆/混凝土、石油天然气、地质学）已通过材料科学的进步完成物相识别技术的迭代更新。吕恒志等（2021）拓展了传统 XRD 测试方法，依次对经自然条件（N）、饱和乙二醇条件（EG）、加热条件（H）三种预处理方式的黏土样品进行 XRD 定向测试，对获得的叠加波谱进行综合对比分析，定量获得了黏土矿物的组成及晶体参数。Walkley 等（2019）探讨了固体高场核磁共振（nuclear magnetic resonance，NMR）技术在水泥基材料中的适用性，指出高场核磁共振既可用于对结晶度较高的固体物质的结构分析，也可用于结晶度较低的固体物质及非晶质物相的定量分析，其中 ^{29}Si 和 ^{27}Al 谱核磁可分别演绎分析 C-S-H 及 C-A-H 等关键水化产物的生成及转化过程。Luo 等（2020）将网格纳米压痕（grid nanoindentation）技术与大数据分析（big data analytics）方法结合起来，揭示了页岩中的物相赋存状态，为石油和天然气的科学开采提供了技术支撑。Geng 等（2020）利用纳米压痕技术分析了 3D 打印（3D-printing）混凝土的层间界面特性，构建了界面物质相云图，为打印参数的优化提供了理论依据。

固化土是由粒径跨越多尺度的水化产物、矿物和黏土矿物聚集而成的不均匀、非连续的复杂材料。其在纳观、微观、细观尺度上的基本力学特性仍未被完全解析，跨尺度力学参数衔接模式和关联机制的研究更是近乎空白，给描述和表征水化产物与黏土矿物的相互作用带来了许多挑战。因此，全面探知和描述多物质相协同下固化土的多尺度特性，递进式构建跨尺度分析模型具有十分重要的意义。

近年来，材料科学多尺度概念已成为国内外水泥基材料研究领域中的一个比较活跃的话题。在不同尺度上建立数学模型，然后基于一定的方法将每个尺度关联起来，形成多尺度率定体系，这样可系统了解材料的本质，进而为材料性能的功能化设计提供客观科学的依据。Constantinides 等（2006）将混凝土等水泥基复合材料划分为 4 种尺度，其中尺度 0 为 C-S-H 凝胶及少量的氢氧化钙（CH）基本单元；尺度 I 为水泥石，主要包括 C-S-H 凝胶和 CH 晶体、未水化的熟料颗粒及毛细孔隙等；尺度 II 为水泥砂浆，由水泥石、细集料及界面过渡区构成；尺度 III 则是宏观混凝土试样。受此启发，固化土也可参照划分为 4 个尺度，即纳观、微观、细观和宏观（图 1-14）。每个尺度对应不同的物质，纳观尺度对应的是水化、火山灰反应产物与黏土矿物晶胞结构，微观尺度对应的是水化、火山灰反应产物的单体与黏土颗粒，细观尺度对应的是胶凝基质与黏土颗粒，宏观尺度对应的是固化土试样。据此从尺度 0 出发，建立各尺度上的数学模型，再通过一定的方法将各尺度逐级越阶，可为材料本质系统掌握、固化土性能的有效提升奠定基础。

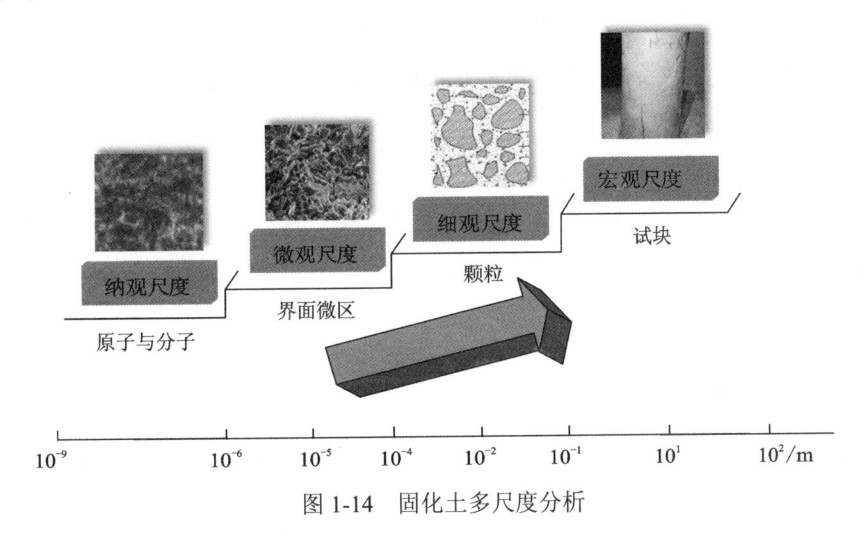

图 1-14　固化土多尺度分析

对固化土而言，虽特定测试项目可选方法众多，但由于其成分、与基材（如黏土）相互作用复杂性强，往往需要结合多种测试方法，甚至在其基础上衍生出新的测试技术进行分析。参照混凝土/砂浆中的多尺度研究方法，从纳观、微观、细观逐一建立定量分析框架，为了解固化土水化产物和黏土矿物反应过程提供一条重要的路径。

第 2 章 粉砂粒组作用机制与土源级配控制

水泥基材料固化是提高软土强度的一个比较高效和普遍的方法。同一河流流域，软土物质来源相同，但是上下游和南北岸土样颗粒级配不同，水泥基材料固化效果差异较大。另外，人工吹填造陆实践中，水力分选吹填场地土源级配变化较大，常导致相同固化处理后地基性质变异显著。本章针对固化土中的土源级配作用效应开展 3 部分研究：①在固化土中以 2 种不同的方式掺入不同粒径、含量和级配的砂颗粒，明确粉/砂粒组在固化土中的作用，在此基础上提出考虑级配效应的固化土修正灰水比。最后在控制低强度流动固化土流动度的情况下，掺入铁矿尾泥调整土源级配以实现对固化土强度的调控；②在相同流动度下，开展不同固相级配固化土的直剪、三轴和干湿循环试验，探究固化土的摩擦与耐久行为及其内在作用机制；③开展固化土的微观试验，通过扫描电镜观察固化土的微观形态及粉/砂粒组的分布，然后开展掺砂固化土细观数值模拟，研究不同掺砂粒径和比例对固化土的塑性应变、应力云图、无侧限抗压强度和摩擦角的影响，揭示粉/砂粒组在固化土中的作用机制。

2.1 固相级配对固化土胶凝行为的影响与调控

2.1.1 试验材料

1. 土样

试验土样取自江苏省连云港市宿徐路。从宿徐路施工现场挖取地下 3～4 m 处杂质较少的土样，装入密封桶中运回实验室。由于现场土样的含水率较高，首先将土样晾晒风干并去除其中少量贝壳、碎石等杂质；然后将土样碾碎过 2 mm 筛，采用 105℃烘干法确定其风干含水率，测定土样的基本物理性质，装入塑料桶密封待用。其中液限采用碟式液限仪测定，塑限采用“搓条法”测定，颗分试验综合采用密度计法和筛分法，比重采用比重瓶法测定。根据土的分类方法，连云港软土属于高液限黏土，其塑性图如图 2-1 所示。由表 2-1 可知，连云港软土主要包含黏粒组和粉粒组，砂粒质量分数仅占 2.5%，其中黏粒质量分数比较高，达到 55.8%，粉粒质量分数为 41.7%，如图 2-2 所示。液限和塑限比较高，其中液限 L_L 高达 54.7%，塑限 P_L 达到 26.4%。

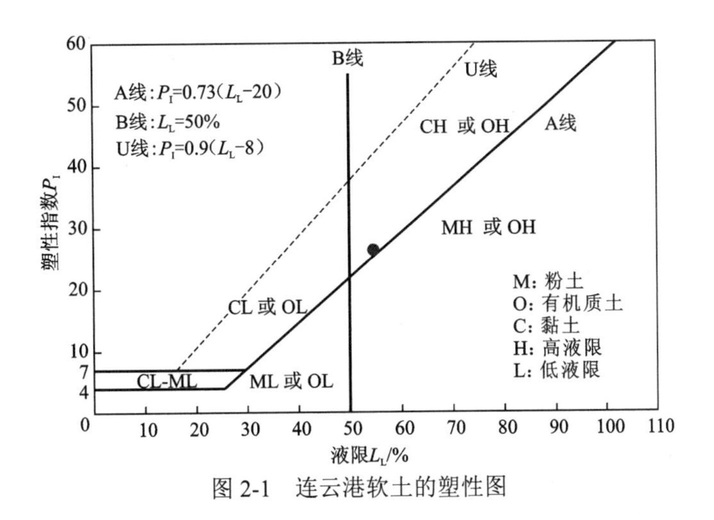

图 2-1　连云港软土的塑性图

表 2-1　连云港软土的基本物理性质

性质	数值/说明
天然含水率，w_0/%	56.6
比重，G_s	2.71
液限，L_L/%	54.7
塑限，P_L/%	26.4
塑性指数，P_I	28.3
砂粒组含量（>0.075 mm）/%	2.5
粉粒组含量（0.002～0.075 mm）/%	41.7
黏粒组（<0.002 mm）/%	55.8
土性划分	高液限黏土

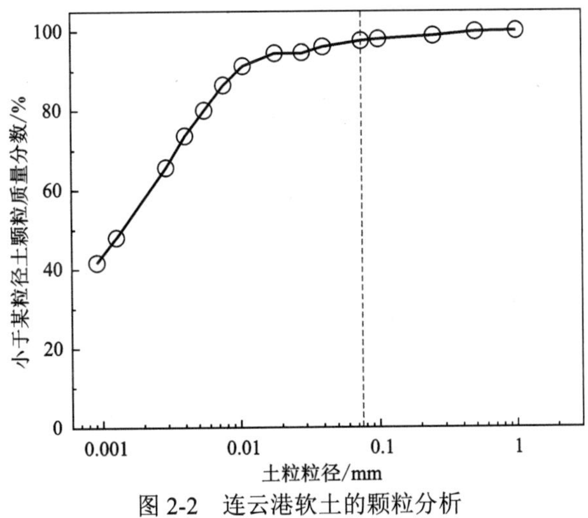

图 2-2　连云港软土的颗粒分析

2. 砂颗粒

本试验用砂为厦门 ISO 标准石英砂，如图 2-3 所示，SiO_2 质量分数大于 98%，含泥量不高于 0.18%，烧失量低于 0.47%，控制指标如表 2-2 和表 2-3 所示。经过筛分重组得到研究需要的砂粒组粒径和级配，为 0.075～0.250 mm、0.25～0.50 mm、0.5～1.0 mm 和 1.0～2.0 mm。

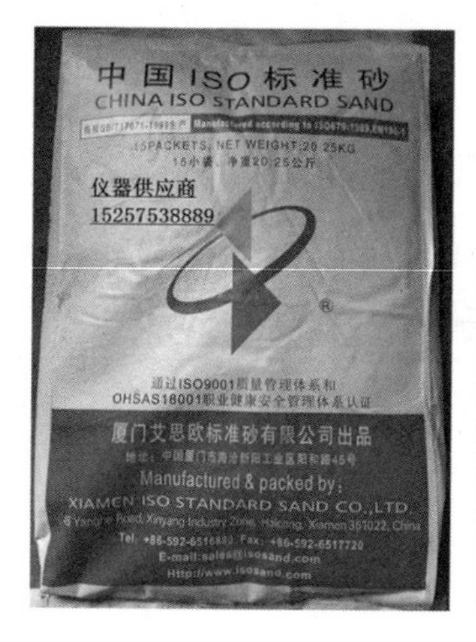

图 2-3　试验用标准砂

表 2-2　中国 ISO 标准砂生产控制指标

指标项目	ISO 标准砂/%	指标项目	ISO 标准砂/%
SiO_2 质量分数	>98	烧失量	<0.47
湿质量分数	≤0.18	氯离子质量分数	≤0.007 0
含泥量	≤0.18	漂浮物质量分数	≤0.002 0

表 2-3　中国 ISO 标准砂的粒度控制指标

网孔尺寸/mm	累计筛余/%	网孔尺寸/mm	累计筛余/%
2	0	0.5	67±4
1.6	7±4	0.16	87±4
1	33±4	0.08	99±4

3. 粉细砂（铁矿尾泥）

铁矿尾泥为铁矿石二次选矿后产生的工业废弃物，是钢铁工业固体废弃物的主要部分。随着连云港港口发展及长江经济带产业二次转移，大型钢铁企业在连云港地区落户，随之产生了大量的铁矿尾泥，如图 2-4 所示。本试验选用的铁矿尾泥（用于粉细砂调控）取自连云港徐圩区连云港恒鑫通矿业有限公司，为了有效提高铁矿的品位，采用新的球磨磁选后的铁矿尾泥，因此铁矿尾泥的颗粒较细，大部分颗粒粒径小于 1.0 mm，含有 55%以上的粉粒组，42%的砂粒组，其颗粒粒径分布如图 2-5 所示。

（a）铁矿尾泥堆场

（b）风干后的铁矿尾泥

图 2-4　铁矿尾泥堆场和风干后的铁矿尾泥

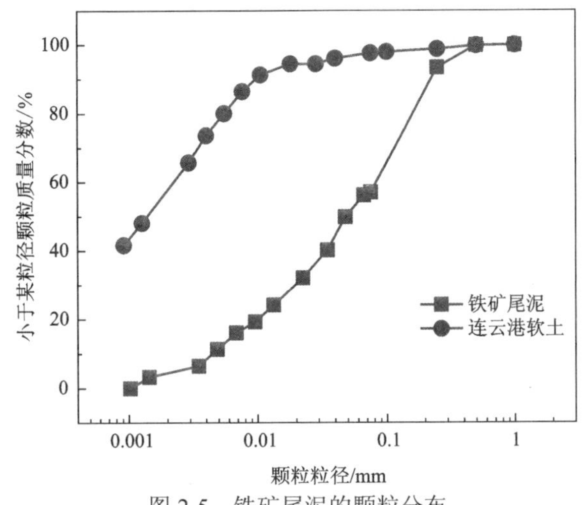

图 2-5　铁矿尾泥的颗粒分布

4. 水泥

本试验所用的水泥为普通硅酸盐水泥 P.O 42.5，如图 2-6 所示，主要物质成分为 CaO、SiO_2 和 Al_2O_3，烧失量（表 2-4），基本性质如表 2-5 所示。

图 2-6　海螺牌普通硅酸盐水泥 P.O 42.5

表 2-4　水泥的物质组成

成分	质量分数/%	成分	质量分数/%
CaO	57.4	MgO	1.7
Al_2O_3	7.5	SO_3	3.5
SiO_2	21.7	其他	1.9
Fe_2O_3	2.9	烧失量	3.4

表 2-5　水泥的基本性质

项目	技术要求	
	国家标准	实测值
氧化镁质量分数/%	≤5.0	3.02
烧失量/%	≤5.0	1.25
三氧化硫质量分数/%	≤3.5	2.01
比表面积/（m^2/kg）	≥300	357
安定性	合格	合格
初凝时间/min	≥45	175
终凝时间/min	≤600	235
28 天抗折强度/MPa	≥7.0	8.0
28 天抗压强度/MPa	≥42.5	49.0

2.1.2　试验设计与方法

影响水泥固化土强度的因素有很多，为了明确级配效应对水泥固化土强度的作用效应，需要在一定控制条件下改变掺砂量，采用两种控制方法将砂粒组加入固化土中：方法一是控制水泥、水和原始软土的质量不变，即控制黏土含水率不变，将砂颗粒按照干土质量的百分比加入固化土中，该方法掺砂量记为 S_0，含水率为水的质量相对于原始土样的质量，记为 w_0，水泥掺量为水泥质量相对于原始干土样的质量，记为 c_0；方法二是保持水泥和水的质量不变，利用砂颗粒替换部分软土，保持待加固土样和砂粒的总质量不变，即控制总含水率不变，将砂颗粒按照占原始土样和砂颗粒总质量的百分比掺入，该掺砂量记为 S_1，含水率为水的质量相对于原始土样和砂颗粒的总质量，记为 w_1，水泥掺量为水泥质量相对于原始干土样和砂颗粒的总质量，记为 c_1。这两种掺砂方法的示意图见图 2-7。

1. 控制黏土含水率不变试验设计

根据软土现场含水率和土样的液限含水率，设定土样的含水率为 87%，掺入干土质量分数为 20%、40%、60%和 80%的砂颗粒，砂颗粒的粒径范围有 4 组，分别是 0.075～0.250 mm、0.25～0.50 mm、0.5～1.0 mm 和 1.0～2.0 mm。根据工程中常用的水泥掺量，本试验设为干土质量的 15%，具体试验配比设计如表 2-6 所示。

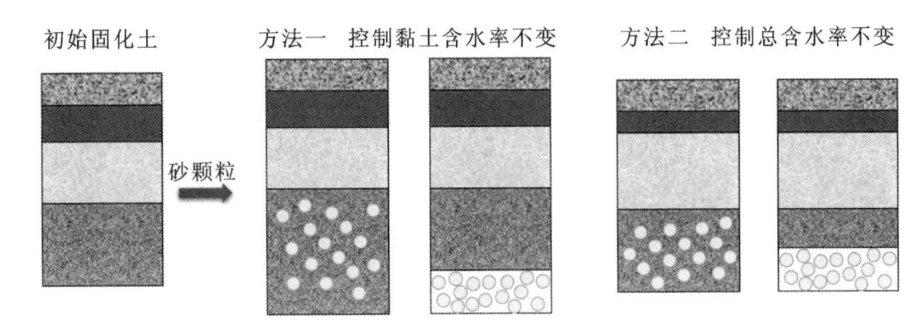

图 2-7　两种固化土掺砂方法的示意图

表 2-6　控制黏土含水率掺砂粒径和质量分数试验设计

试验设计	掺砂量 S_0/%	掺砂粒径/mm	含水率 w_0/%	水泥掺量 c_0/%
对照组	0	—	87	15
掺砂组	20、40、60、80	0.075～0.250 0.25～0.50 0.5～1.0 1.0～2.0	87	15

根据连云港软土的液限含水率，采用 1.1 倍、1.3 倍、1.5 倍液限左右的含水率（约为 60%、70%和 80%）开展不同掺砂级配固化土的强度试验，如表 2-7 所示。其中水泥掺量为干土质量的 15%，掺入干土质量 36%的不同级配砂颗粒。土和砂颗粒的综合级配如图 2-8 所示，级配#1 的砂颗粒粒径相对偏大，级配#5 的砂颗粒粒径整体最小，其中级配#6 是不掺砂颗粒的连云港软土，作为对照组进行对比。

表 2-7　控制黏土含水率掺砂级配试验设计

试验设计	掺砂量 S_0/%	掺砂级配	含水率 w_0/%	水泥掺量 c_0/%
对照组	0	#6	60、70、80	15
掺砂组	36	#1 #2 #3 #4 #5	60、70、80	15

2. 控制总含水率不变试验设计

根据软土的现场含水率，设置混合土样（包含初始软土和砂颗粒）的含水率为 87%，水泥掺量为干软土和砂颗粒质量总和的 15%。控制砂和软土总质量不变，改变砂和软土的质量比例，掺砂的百分比为砂和软土总质量的 0%、10%、20%和 30%，具体试验配比设计如表 2-8 所示。

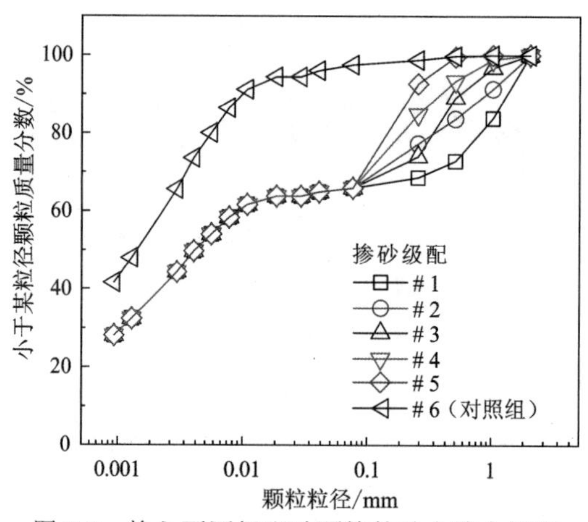

图 2-8 掺入不同级配砂颗粒的砂土综合级配

表 2-8 控制总含水率掺砂质量分数试验设计

试验设计	掺砂量 S_1/%	掺砂粒径/mm	总含水率 w_1/%	水泥掺量 c_1/%
对照组	0	—	87	15
掺砂组	10	0.25～0.5	87	15
	20	0.25～0.5		
	30	0.25～0.5		

3. 验证强度预测模型的试验设计

根据两种掺砂方法的试验得到砂颗粒在固化土中的作用，提出不同级配固化土的强度预测模型。为了验证该模型的适用性和正确性，开展不同水泥掺量、含水率和掺砂量的固化土强度试验，各组分的具体配比如表 2-9 所示。在此试验中，按照方法二掺入砂颗粒，掺砂量按照整个砂土混合土体的总质量设定，例如，土-砂混合为 8-2，即含有 80%的土样和 20%的砂颗粒。水泥掺量、含水率均按照混合土体的总质量设定，掺砂后混合土体的级配如图 2-9 所示。

表 2-9 控制总含水率掺砂质量分数试验设计

土-砂混合级配	掺砂量 S_1/%	总含水率 w_1/%	水泥掺量 c_1/%
10-0	0	86.6	20
8-2	20	71.2	20、15、10
7-3	30	66.6、63.6、60.6	20
6-4	40	51.9	20、15、10
5-5	50	44.3	20、15、10
4-6	60	36.6	20、15、10
3-7	70	30.0	20、15、10
2-8	80	25.3	15、10

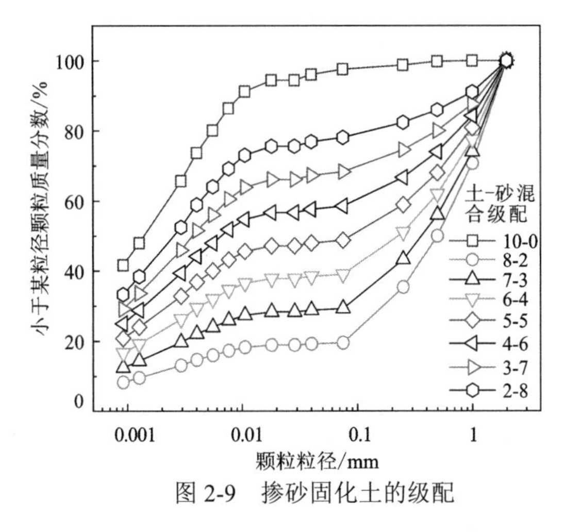

图 2-9 掺砂固化土的级配

由于粉粒组级配难以调控，试验采用颗粒组成主要为粉细砂粒组的铁矿尾泥（替代粉/砂粒组）掺入固化土，验证提出的修正模型的适用性和合理性。铁矿尾泥的掺入方式采用方法二替换黏土的方法，设计不同的含水率，水泥掺量为整个湿土质量的 8%。具体配比如表 2-10 所示。

表 2-10 铁矿尾泥掺入试验设计

水泥掺量/%	铁矿尾泥掺量/%	总含水率 w_1/%			
		组 1	组 2	组 3	组 4
8	0	111.3	117.3	123.3	129.4
	17	97.7	102.7	107.7	117.8
	29	86.5	90.8	95.1	99.4
	38	81.9	88.2	94.5	100.8
	56	74.8	78.2	81.6	85.0
	67	68.1	71.5	74.8	78.1
	80	59.2	62.2	65.2	68.2
	100	47.5	50.0	52.5	55.0

4. 流动性固化工况下粉/砂粒组调控试验设计

含水率较高的低强度流动固化土首先考虑的就是流动度要满足施工的需求，因此本试验通过控制流动度的条件下掺入主要为粉细砂粒组的铁矿尾泥来调控固化土的强度。参考美国材料与试验协会针对可控低强度材料制定的规范 ASTM D6103-97[standard test method for flow consistency of Controlled Low Strength Material（CLSM）]，采用一个直径为 76 mm、高度为 150 mm、上下开口、内壁光滑的圆柱形筒来测定流动固化土的流动度。其具体操作如下所示。

（1）首先将筒擦洗干净，内壁涂抹凡士林，以减小摩擦。将筒放在一个平整光滑的工作台上，如图 2-10 所示。

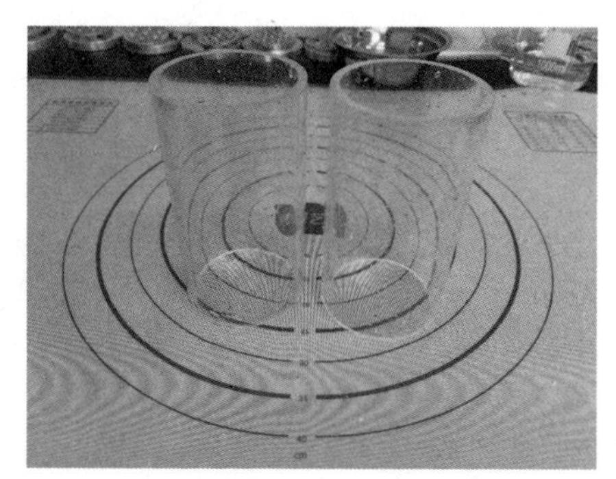

图 2-10　流动度测试筒

（2）将不同掺量的铁矿尾泥掺入固化土中，配制不同的含水率，搅拌均匀，其中铁矿尾泥的掺量为干土和铁矿尾泥总质量的 0%、17%、29%、38%、57%、67%、80%、100%，水泥掺量为铁矿尾泥和湿土总质量的 6%和 8%，具体配比如表 2-11 所示。

表 2-11　流动度试验设计配比

水泥掺量/%	铁矿尾泥掺量/%	初始含水率/%			
		组 1	组 2	组 3	组 4
6	0	110.1	111.7	128.4	137.6
	17	99.9	104.7	108.2	116.9
	29	89.3	92.2	96.7	101.1
	38	80.3	84.2	88.1	91.9
	57	70.0	72.3	78.1	81.5
	67	66.4	68.6	70.8	73.1
	80	56.5	59.5	62.5	68.8
	100	49.4	51.7	54.1	58.8
8	0	111.3	117.3	123.3	129.4
	17	97.7	102.7	107.7	117.8
	29	86.5	90.8	95.1	99.4
	38	81.9	88.2	94.5	100.8
	57	74.8	78.2	81.6	85.0
	67	68.1	71.5	74.8	78.1
	80	59.2	62.2	65.2	68.2
	100	47.5	50.0	52.5	55.0

（3）将搅拌均匀的掺铁矿尾泥的固化土快速装入筒中，装的过程分为三层，分层振捣，装满以后，用调土刀刮平固化土的顶部，使其与圆柱体筒的顶部齐平。

（4）在垂直方向上快速稳定地提升筒，确保没有旋转和扭动，整个提升的过程控制在 2～4 s，整个填充到提升的过程保证没有间断，并且控制在 60 s 以内。

（5）立即测量固化土的扩展直径，选取两个相互垂直的方向测定其直径，取其平均值作为该固化土的流动度，如图 2-11 所示。

对于可控性低强度材料，能够自流动，无须振动的状态下，其流动度为 20～30 cm。采用流动度 20 cm 作为控制标准，探究不同配比固化土的含水率和强度等各项性能。

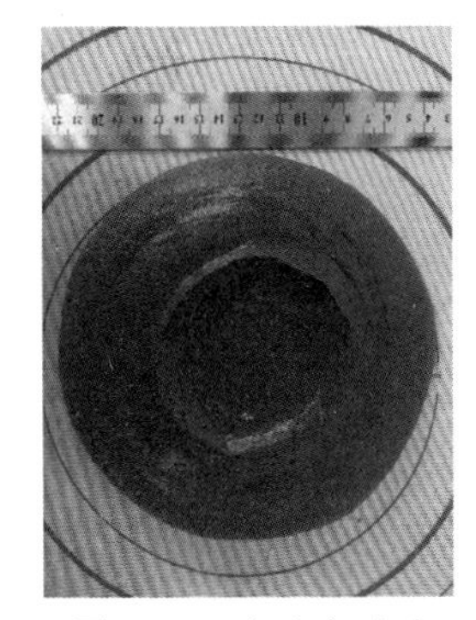

图 2-11　流动度试验

5. 无侧限抗压强度测试

本试验主要测试土样的无侧限抗压强度，首先按照设定含水率，配制软土土样，搅拌均匀至无颗粒状，密封保存 24 h 以上使土样充分水化。制样前再次测定土样的含水率，然后掺入规定粒径和质量分数的粉/砂颗粒搅拌均匀，同时设置一组不掺砂颗粒的固化土作为对照组，最后掺入水泥，搅拌均匀之后，分三层加入预先准备好的高度为 10 cm、内径为 5 cm 的 PVC 管模具中。每加一层振捣至无气泡状态，然后加入下一层直至加满模具，整个制样过程控制在 10 min 之内完成以减少水分流失和避免对固化土初凝的干扰。盖上顶盖密封养护在温度为 20（±2）℃、湿度为 95%以上的标准养护室。养护 1 天后脱模，将试样置于塑料密封袋中，继续养护。达到需要龄期后，削平试样的上下底面，测定其质量和高度，保证 3 个平行样的质量相差不超过 5 g。

参照《土工试验方法标准》（GB/T 50123—2019）开展无侧限抗压强度试验，采用南京土壤仪器厂生产的 CBR-2 型电动应变控制式承载比试验仪，试验前在圆柱形土样上下底面涂抹凡士林以减小摩擦，加载应变速率为 1.00 mm/min，每组测试 3 个平行样，取其平均值作为最终结果。

2.1.3　掺砂固化土的强度

1. 控制黏土含水率的强度变化

方法一主要是通过控制原始固化土各相成分不变，仅仅加入砂颗粒。掺砂粒径和比例对固化土强度影响的试验结果如图 2-12 所示，可以发现，按照方法一掺入砂颗粒，砂颗粒对固化土的强度基本没有影响。不论掺砂量从 20%到 80%，掺砂粒径从 0.075 mm 到 2.0 mm，固化土的强度基本保持不变，并且和不掺砂的固化土很接近。掺砂固化土的强度如表 2-12 所示，对于掺砂量为 20%的固化土，掺入不同粒径的砂颗粒，其 7 天强度在 0.63 MPa 上下波动，均值为 0.63 MPa，与不掺砂的固化土的 7 天强度 0.64 MPa 基本一致。掺砂量为 40%、60%和 80%的固化土 7 天强度的变化规律与 20%相似，随着掺砂量和掺砂粒径的改变基本没有太大变化，均在 0.64 MPa 上下波动。对于掺入 80%砂颗粒的固化土，其 28 天强度随着掺砂粒径在 0.82～0.87 MPa 波动，均值为 0.85 MPa，等于不掺砂固化土的 28 天强度。掺砂量为 20%、40%和 60%的固化土 28 天强度也在 0.84 MPa 上下波动。综上所述，对于掺砂量低于 80%的固化土，其强度不随掺砂粒径和质量分数的变化而变化。

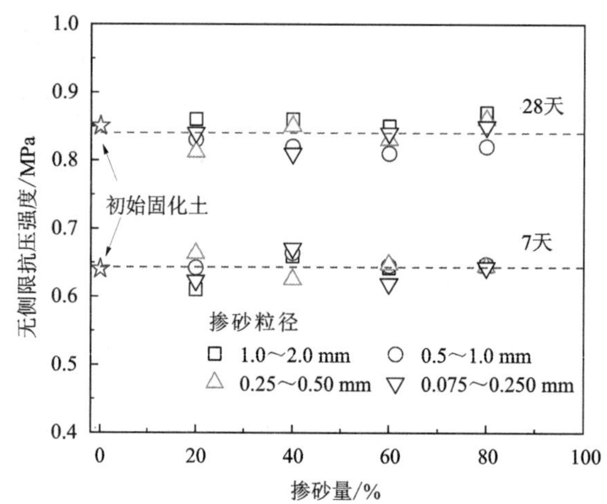

图 2-12　控制黏土含水率掺砂粒径和质量分数对固化土强度的影响

表 2-12　不同掺砂粒径和质量分数的固化土强度

龄期/天	掺砂量/%	强度/MPa				
		0.075～0.250 mm	0.25～0.50 mm	0.5～1.00 mm	1.0～2.00 mm	平均值
7	0	—	—	0.64	—	—
	20	0.62	0.66	0.64	0.61	0.63
	40	0.67	0.63	0.66	0.66	0.66
	60	0.62	0.65	0.65	0.64	0.64
	80	0.64	0.64	0.65	0.65	0.65
28	0	—	—	0.85	—	—
	20	0.84	0.81	0.83	0.86	0.83
	40	0.81	0.85	0.82	0.86	0.84
	60	0.84	0.83	0.81	0.85	0.83
	80	0.85	0.86	0.82	0.87	0.85

为进一步明确砂颗粒级配在水泥固化土强度发展中的作用，在不同含水率（如 60%、70%和 80%）下，6 种不同掺砂级配但比例相同的水泥固化土和不掺砂颗粒的固化土的无侧限抗压强度如图 2-13 所示。总体来看，当含水率保持恒定时，不同掺砂级配的固化土的强度基本保持恒定。很明显的是，掺入砂颗粒和不掺砂的固化土的强度均随着含水率的增加而降低。例如，当含水率为 60%时，养护 7 天后掺砂固化土的强度在 0.8 MPa 左右，且偏差小于 6.5%，而养护 28 天后，强度在 1.4 MPa 左右，偏差小于 7%。当含水率等于 70%和 80%时，也可以观察到类似的现象。

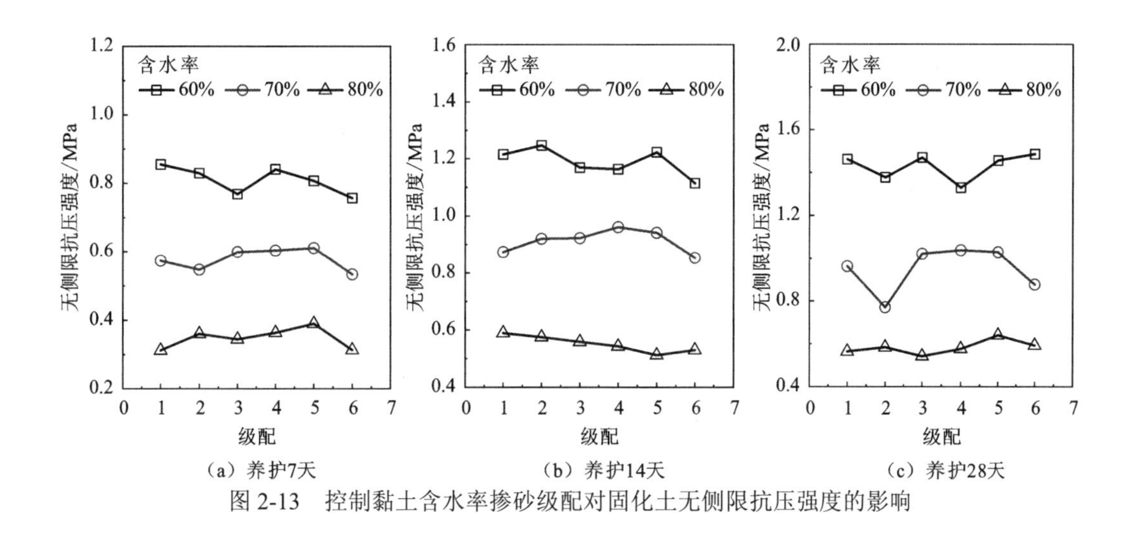

图 2-13　控制黏土含水率掺砂级配对固化土无侧限抗压强度的影响

2. 控制总含水率的强度变化

在控制水泥、土样和含水率不变的情况下，掺入砂颗粒对固化土的无侧限抗压强度基本没有影响。但是如果考虑在控制待加固软土和砂的总质量不变，水泥占整个软土和砂的总质量的百分比一定，整个混合土体的含水率固定不变，改变砂和软土的比例，即在固化土中用砂颗粒替换部分软土。掺砂量为 0%、10%、20%、30%的固化土的无侧限抗压强度结果如图 2-14 所示，可以发现，随着掺砂量的增加，固化土的无侧限抗压强度反而降低。不掺砂的固化土无侧限抗压强度最高，当掺砂量从 0%升至 30%时，固化土的 28 天无侧限抗压强度从 0.82 MPa 降到 0.60 MPa，降低了 27%左右。该结论与 Chian 等（2021）的研究结果一致，即在固化土中掺入砂颗粒，随着砂颗粒掺量的增加，固化土的强度反而降低。

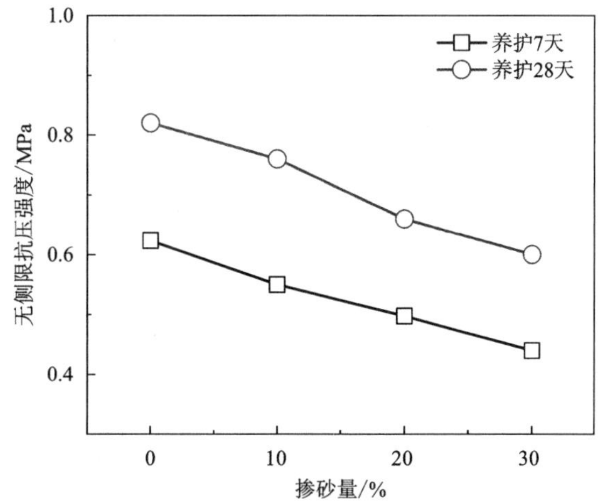

图 2-14　控制总含水率掺砂量对固化土无侧限抗压强度的影响

3. 砂颗粒的作用机制

综合上述两种掺砂固化土的强度变化结果来看，出现上述现象的主要原因是砂颗粒基本不参与水泥与黏土矿物的反应，并且基本没有表面水膜，表面吸附水相对于黏土矿物含水率的影响可以忽略不计。在方法一中，砂颗粒在固化土中仅作为一个硬质夹杂存在，主要起填充的作用；而在方法二中砂颗粒不仅起填充的作用，还调节其中自由水和结合水的分布。控制总含水率一定，随着砂颗粒的增加，黏土矿物减少，吸附的水分减少，自由水的质量分数增加，反之自由水的质量分数降低。研究发现影响固化土强度的因素有很多，包括水泥种类和掺量、黏土矿物含量、自由水含量等因素，其中水灰比是影响固化土强度的最重要因素。不论按照方法一还是方法二掺入砂颗粒，都不会影响固化土的水灰比，而两种掺砂方法对固化土的强度影响则不同。对于方法一，简单将砂颗粒加入固化土中，不仅水灰比没有变，软土对水分的吸附也没有变，因此固化土的强度基本没变化。对于方法二，掺入砂颗粒以替换固化土中的软土，总体的水灰比并没有改变，但是随着掺砂量的增加，软土减少，对水分的吸附减少，导致固化土中被吸附的水分减少，自由水增加。因此水灰比相同的固化土，由于土样的级配不同，固化土中自由水含量存在差异，其强度相差较大，有必要提出考虑级配效应的固化土强度预测模型。

2.1.4 考虑级配效应的修正灰水比

根据前述对不同掺砂方法固化土强度的研究发现，简单地利用水灰比来预测掺砂固化土强度不够准确。需要提出针对掺砂或不同级配的固化土强度预测模型，进而将不同级配固化土统一到一个强度模型中。

1. 修正灰水比的提出

Abrams（1919）通过大量的混凝土试验，首次提出了水灰比的概念，即混凝土中水的质量与水泥质量的比值 m_w/m_c。当混凝土组成、龄期和养护条件相同时，其无侧限抗压强度与水灰比存在如下关系：

$$\mathrm{UCS} = \frac{k_1}{k_2^{m_w/m_c}} \tag{2-1}$$

式中：k_1 和 k_2 均为通过大量试验得到的经验参数；混凝土无侧限抗压强度与水灰比呈负相关关系。

Lyse（1932）对大量混凝土无侧限抗压强度的结果进行整理，发现混凝土的无侧限抗压强度与灰水比（m_c/m_w）呈线性关系：

$$\mathrm{UCS} = a\frac{m_c}{m_w} + b \tag{2-2}$$

式中：a 和 b 均为根据试验得到的经验参数，与水泥的强度和粗骨料的级配相关。

固化土也是水泥基材料的一种，并且固化土的强度与水灰比呈线性负相关，Horpibulsuk 等（2003）将水灰比引入固化土中用来预测固化土的无侧限抗压强度，其预测公式如下：

$$\mathrm{UCS} = \frac{A}{B^{m_w/m_c}} \tag{2-3}$$

式中：A 和 B 均为经验参数。

在混凝土中，粗骨料不参与水化反应，仅起骨架的作用，其中的所有水分都是自由水，可以参与水泥的水化反应，进而控制混凝土的强度。但是在固化土中，水分处于多种状态（自由水和结合水），其中：自由水参与水泥的水化反应，影响胶凝强度的大小；而结合水吸附在土颗粒表面，只有部分参与水化反应，不会对胶凝强度有很大影响。

在自然界中，土的固相一般含有粉/砂粒组、黏粒组及少量的有机质。其中粉/砂粒组由原生矿物构成，黏粒组由次生黏土矿物构成，如图 2-15 所示。原生矿物是母岩风化后残留下来的大颗粒，化学成分保持不变，主要有石英、角闪石、长石等。而黏土矿物主要来源于长石、云母等硅酸盐矿物化学风化形成的片状或链状晶格的铝硅酸盐矿物，具有颗粒细小、亲水性强和胶体的部分特性，主要有蒙脱石类矿物、伊利石类矿物和高岭石类矿物等。

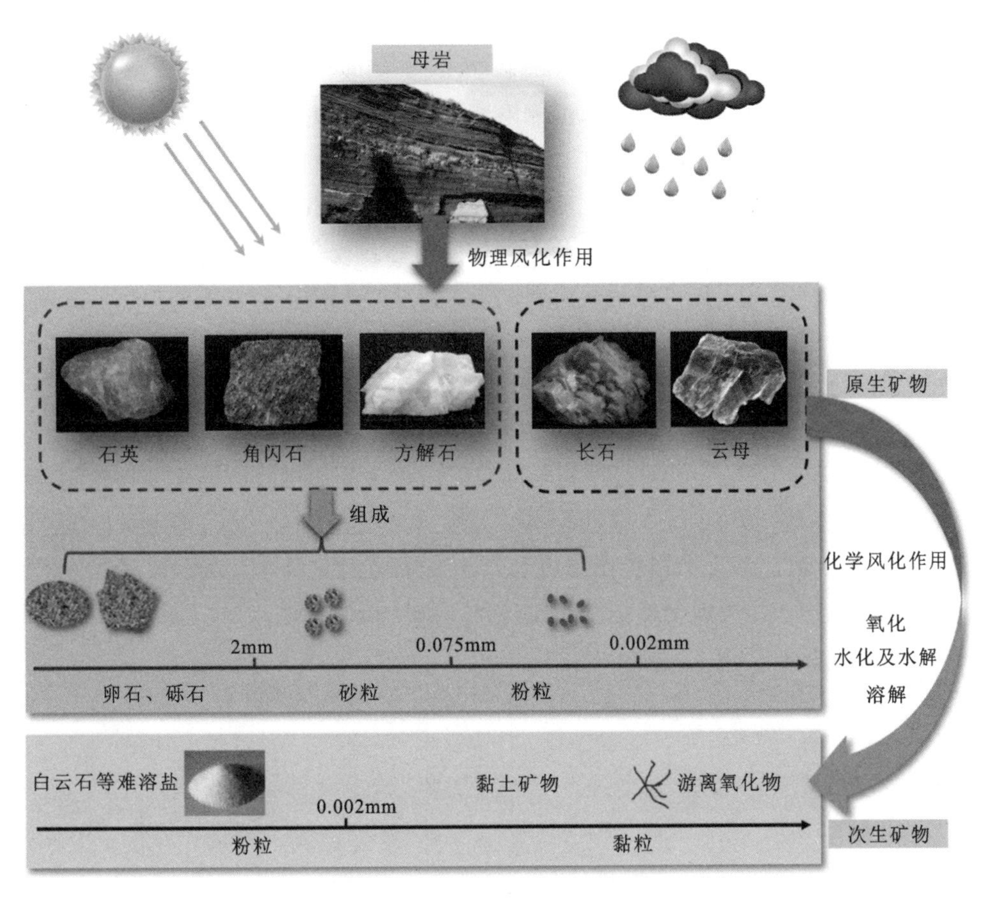

图 2-15　土壤中各组分的形成过程

矿物基本性质表明粉/砂粒组在固化土中对水分没有吸附作用，仅黏粒组影响固化土中水分分布和水泥水化反应。从而提出一个剔除固化土中粉/砂粒组，仅考虑黏土矿物亲水性的固化土修正灰水比 G：

$$G = \frac{m_c}{m_w} \exp\left(\frac{m_f}{m_w}\right) \tag{2-4}$$

式中：m_c/m_w 为灰水比；m_f/m_w 为黏粒组质量与水分的质量比，即黏粒组含水率的倒数。

固化土的无侧限抗压强度可以用如下公式预测：

$$\mathrm{UCS}=K\frac{m_{\mathrm{c}}}{m_{\mathrm{w}}}\exp\left(\frac{m_{\mathrm{f}}}{m_{\mathrm{w}}}\right)+l=KG+l \tag{2-5}$$

式中：l 为经验参数；K 为预测直线的斜率，取决于黏土矿物对水泥水化反应的影响。

2. 不同级配固化土强度结果验证

图 2-16 和图 2-17 所示为掺砂后不同级配固化土的无侧限抗压强度与灰水比和修正灰水比的关系，可以发现同一级配的掺砂固化土的无侧限抗压强度与灰水比呈线性正相关关系。将不同级配的固化土综合后，发现无侧限抗压强度与灰水比依然呈正相关关系，但并非线性关系，并且离散性较大。28 天无侧限抗压强度与灰水比的线性关系比 7 天更差，是由于随着龄期的增长，固化土中水分性态改变显著（Liu et al.，2019）。利用上述公式对水灰比进行修正后，得到 7 天和 28 天无侧限抗压强度与修正灰水比的关系［式（2-4）］，可以发现经过修正后，无侧限抗压强度与修正灰水比能够满足较好的线性正相关关系，相关系数能够达到 0.91 以上。并且随着龄期的增加，曲线的斜率呈增加的趋势，是由于随着龄期的增长，水化反应的进一步进行，水泥水化产物与黏土矿物的火山灰反应进一步加剧。值得注意的是，本试验采用掺砂改变固化土的级配，其原始土样及其黏土矿物相同，这一点可以反映出无侧限抗压强度与修正灰水比的拟合曲线斜率是一致的。同样的规律也被发现在不同粉细砂掺量固化土中，如图 2-18 所示，对于同一铁矿尾泥掺量的固化土，28 天无侧限抗压强度与灰水比呈较好的线性关系，但是将不同铁矿尾泥掺量的结果综合，发现无侧限抗压强度与灰水比的相关性较差，相关系数 R^2 仅为 0.48。通过修正灰水比，可以很好地将不同级配固化土的无侧限抗压强度收敛到一起，无侧限抗压强度与修正灰水比的线性关系相关系数 R^2 达到 0.85。综上所述，改变土源的粉/砂粒组质量分数，其无侧限抗压强度与修正灰水比的关系比与灰水比的线性关系更好，因此利用黏粒质量分数来修正灰水比具有合理性和适用性。

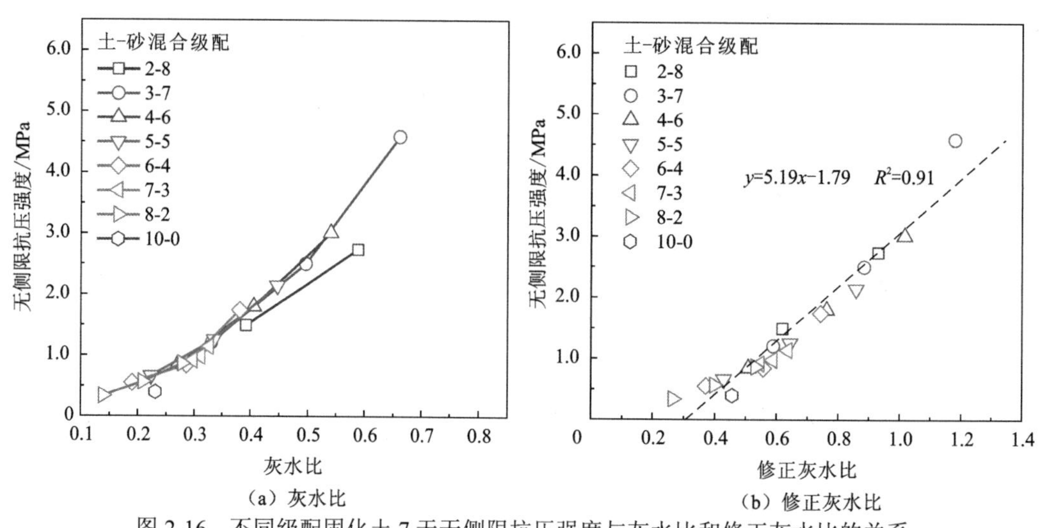

（a）灰水比　　（b）修正灰水比

图 2-16　不同级配固化土 7 天无侧限抗压强度与灰水比和修正灰水比的关系

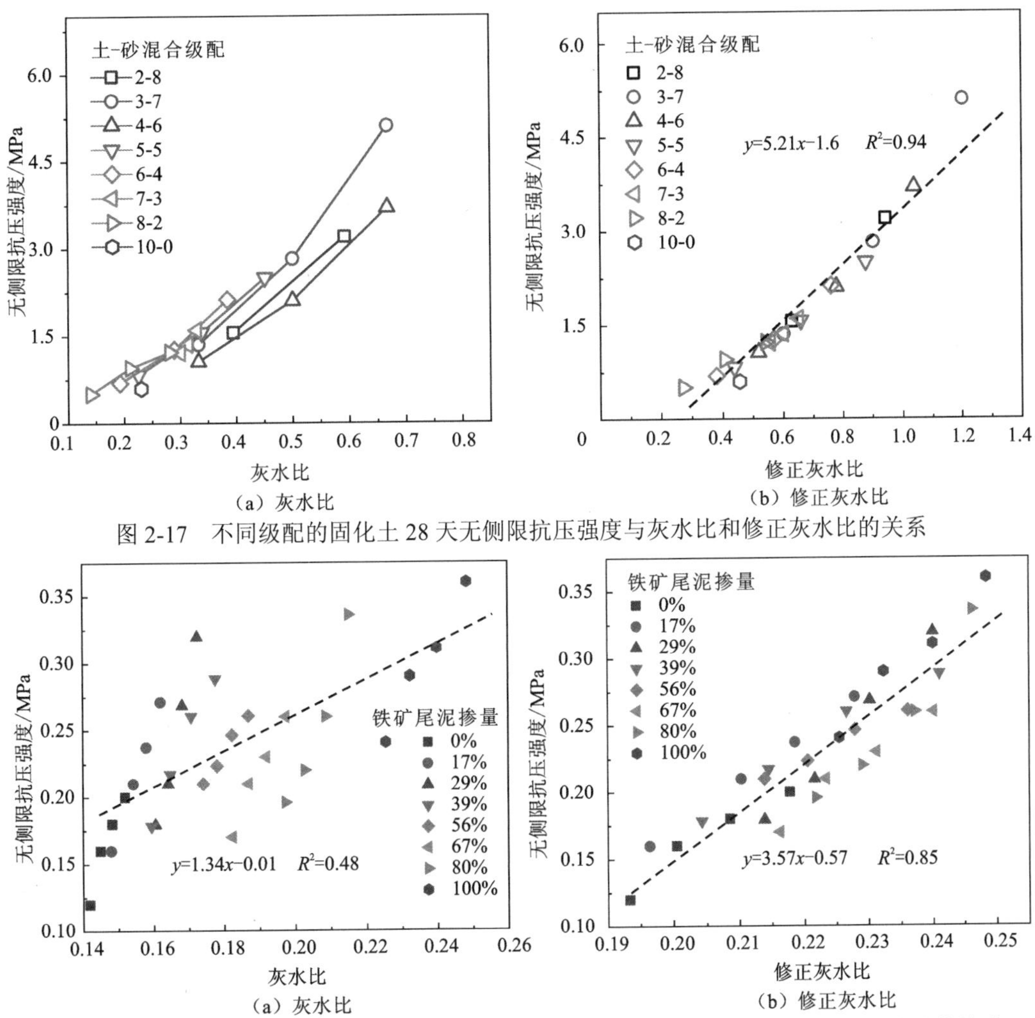

图 2-17 不同级配的固化土 28 天无侧限抗压强度与灰水比和修正灰水比的关系

图 2-18 不同铁矿尾泥掺量的固化土 28 天无侧限抗压强度与灰水比和修正灰水比的关系

3. 文献数据验证

为了进一步验证修正灰水比对不同土样的适用性，收集不同级配的淮安软土和不同掺砂量的新加坡软土进行验证，分析其无侧限抗压强度与灰水比和修正灰水比的关系。首先对于淮安的淤泥质软土，冯志超等（2007）将原始黏土煮沸后提取粒径小于 5 mm 的颗粒，然后与粉质土按照比例混合配制成不同黏粒质量分数的淤泥试样，所形成土样的颗粒级配曲线如图 2-19 所示，黏粒质量分数在 12.2%～45.2%变化。该试样 7 天无侧限抗压强度与灰水比和修正灰水比的关系如图 2-20 所示，可以发现，对于同一种级配的固化土，其无侧限抗压强度随灰水比增加而线性增加，但是对于级配不同的固化土，其无侧限抗压强度随灰水比变化的增长率不同。将 6 种级配固化土综合起来，发现无侧限抗压强度与灰水比的关系呈增长趋势，但是非常离散，用线性关系拟合后的相关系数较低，只有 0.64。用黏粒质量分数对灰水比进行修正后发现，其无侧限抗压强度与修正灰水比的关系呈现一个很好的线性关系，6 种级配固化土均收敛到同一直线中，拟合后的相关系数达到 0.81。

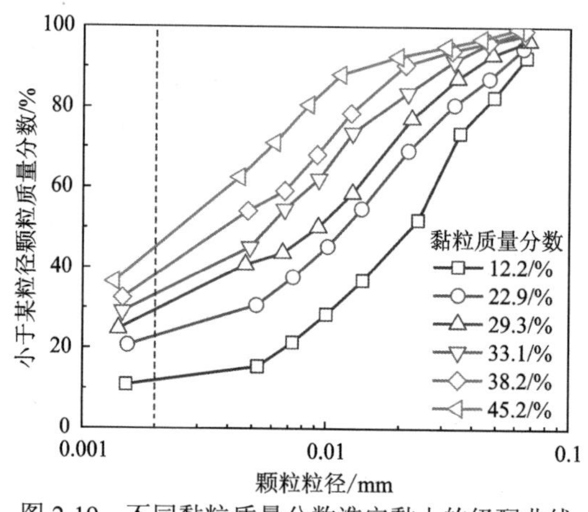

图 2-19　不同黏粒质量分数淮安黏土的级配曲线

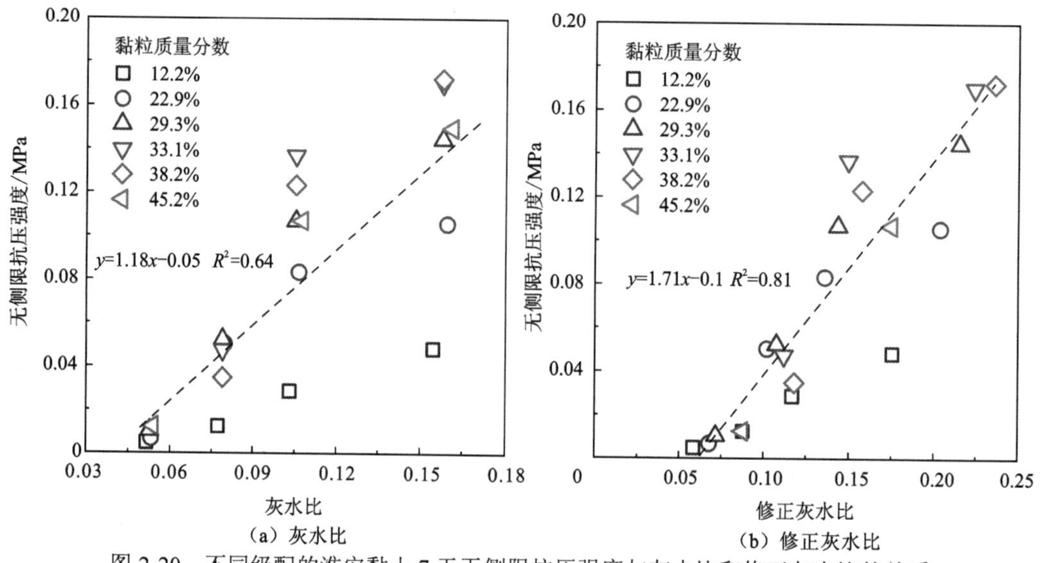

图 2-20　不同级配的淮安黏土 7 天无侧限抗压强度与灰水比和修正灰水比的关系

新加坡掺砂固化土的 3 天、28 天和 91 天无侧限抗压强度（Chian et al.，2017）用于验证本章提出的修正灰水比，结果如图 2-21～图 2-23 所示。无侧限抗压强度随着灰水比的增加总体呈增加的趋势，但是在同一灰水比下，无侧限抗压强度并不是唯一的，其变化范围较大，例如，当灰水比为 0.09 时，3 天的无侧限抗压强度在 0.04～0.16 MPa 变化，28 天的无侧限抗压强度在 0.22～0.60 MPa 变化，而 91 天无侧限抗压强度的变化范围更大，在 0.27～0.88 MPa 变化；同时线性拟合效果不好，相关系数较低，分别为 0.63、0.73 和 0.58。对灰水比进行修正发现，不论是 3 天、28 天还是 91 天的无侧限抗压强度与修正灰水比的线性关系更好，其相关系数更高，均高于 0.8。上述两种土的验证再次说明，利用黏粒质量分数对灰水比进行修正可以很好地描述不同级配固化土的强度特征，将不同级配差异的固化土统一到同一个强度预测公式中。

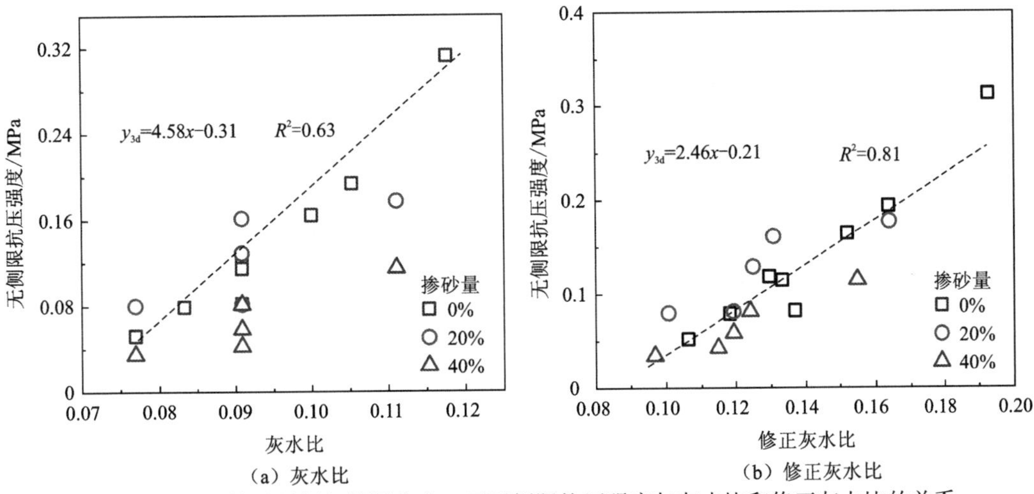

图 2-21　不同掺砂量新加坡固化土 3 天无侧限抗压强度与灰水比和修正灰水比的关系

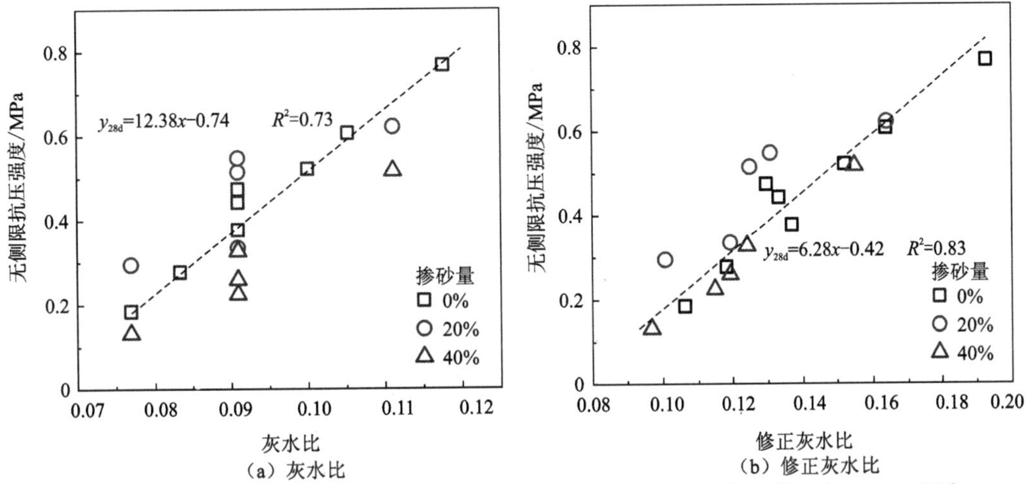

图 2-22　不同掺砂量新加坡固化土 28 天无侧限抗压强度与灰水比和修正灰水比的关系

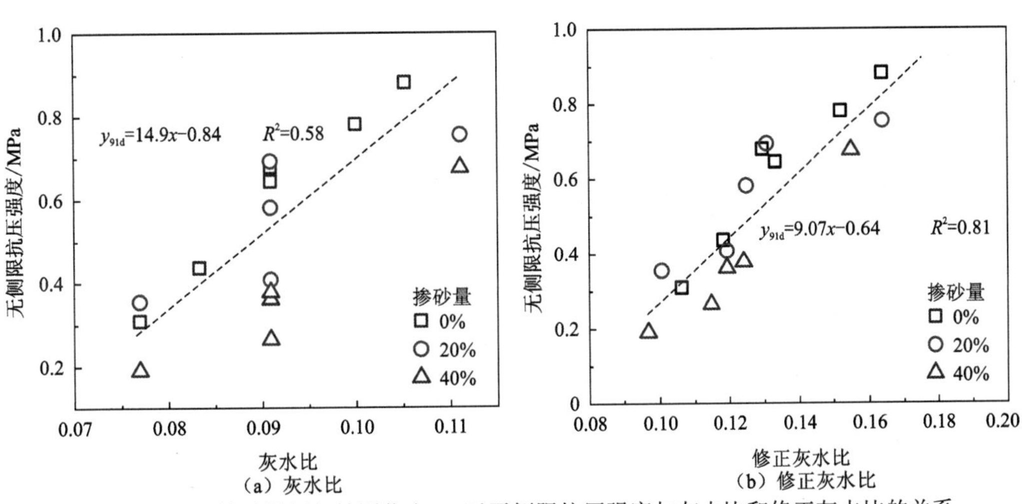

图 2-23　不同掺砂量新加坡固化土 91 天无侧限抗压强度与灰水比和修正灰水比的关系

4. 修正灰水比强度预测模型的参数分析

如上所述，修正灰水比比传统的灰水比更能有效地表征固化土的无侧限抗压强度。同时修正灰水比也反映了影响固化土强度的两个重要参数：灰水比和黏粒与水的比例。本小节引入黏粒与水的比例，也即黏粒含水率，是为了反映扣除黏土矿物吸附的水分之外的自由水对固化土强度的影响。水灰比（或灰水比）也被很多学者用来预测混凝土、砂浆和固化土的强度，相关预测公式如表 2-13 所示。在混凝土和砂浆中，粗骨料和砂浆仅作为骨料，并不参与水泥的水化反应，因此用灰水比可以很好地预测其抗压强度。而在固化土中，砂粒组和粉粒组仅作为填充不参与水化反应，而黏土矿物则参与水化反应，影响固化土的强度。在本章提出的预测公式中，有两个参数 K 和 l，分别为拟合直线的斜率和截距。为了明确这两个参数的物理意义，收集 12 个不同地方的固化土进行分析（詹博博，2018；Chian et al.，2017；丁建文 等，2013；严莉莉，2013；车东日，2012；吕海波 等，2009；冯志超 等，2007；Zhu et al.，2007b；栾晶晶，2006）。如图 2-24 所示 28 天无侧限抗压强度与灰水比和修正灰水比的关系，可以发现当灰水比相同时，固化土的无侧限抗压强度变化很大，对于同一种土，其无侧限抗压强度与灰水比呈线性关系，斜率在 2.7～8.45 变化，这主要是由于黏土矿物不同。利用黏粒质量分数修正灰水比后，无侧限抗压强度与修正灰水比的关系基本收敛到两条直线周围，其中上海、连云港、杭州的固化土无侧限抗压强度随修正灰水比的线性关系斜率为 2.56，而天津、深圳、大连、新加坡的固化土的拟合直线斜率为 4.36。考虑拟合直线的斜率反映水泥与黏土矿物和水之间的相互作用，收集了连云港、上海、大连、天津和深圳土样黏土矿物组成如表 2-14 所示，发现连云港和上海的黏土矿物中主要含有伊利石（或伊蒙混层矿物），而大连、天津和深圳土样中主要含有伊利石和高岭土。富含蒙脱石的黏土吸水性更强，活性更高，而高岭土与伊利石则活性较弱，因此大连、天津和深圳固化土的强度随修正灰水比的变化更灵敏，该观点与 Croft（1967）的结论相符。

表 2-13 固化土的无侧限抗压强度预测公式

参考文献	计算公式	说明
Abrams（1919）	$\mathrm{UCS}=\dfrac{k_1}{k_2^{m_w/m_c}}$	k_1、k_2 为经验参数；m_w/m_c 为水灰比
Lyse（1932）	$\mathrm{UCS}=a\dfrac{m_c}{m_w}+b$	a、b 为与胶结强度和粗骨料级配相关的参数；m_c/m_w 为灰水比
Gallavresl（1992）	$\mathrm{UCS}=\dfrac{q_0}{(m_w/m_c)^n}$	q_0、n 为试验拟合参数，一般分别为 5 000～10 000 kPa 和 1.5～3.0
Horpibulsuk 等（2011a）	$\mathrm{UCS}=\dfrac{A}{(m_w/m_c)^B}$	A、B 为经验参数
Lee 等（2005）	$\mathrm{UCS}=a\dfrac{e^{m(m_s/m_c)}}{(m_w/m_c)^n}$	a、m 和 n 为试验结果拟合值；m_s/m_c 为土样与固化剂比值
Chian 等（2017）	$\mathrm{UCS}=\dfrac{a}{b^{(m_w/L_L)/m_c}}(a\ln t+b)$	t 为养护龄期；a、b 为拟合参数

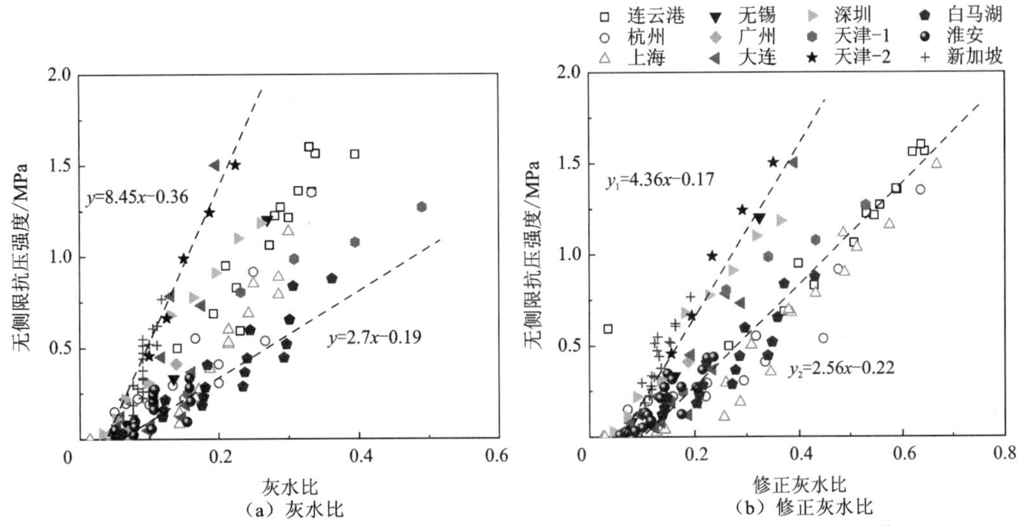

（a）灰水比　　（b）修正灰水比

图 2-24　不同地方固化土的无侧限抗压强度与灰水比和修正灰水比的关系

表 2-14　多地土样的黏土矿物成分　（单位：%）

土样	伊利石	高岭土	绿泥石	蒙脱石	伊蒙混层	蒙绿混层
连云港	29.0	13.0	14.0	—	44.0	—
上海	40.5	—	7.3	—	—	52.2
大连	63.0	10.9	11.9	14.2	—	—
天津	44.7	12.8	12.8	—	29.7	—
深圳	10.1	42.0	15.0	—	32.9	—

一般来说，水泥掺量越大，固化土的强度越高，Bergado 等（1996）发现当水泥掺量 c_0 低于 5%时，掺入水泥对软土强度的提高并没有太大影响。汤怡新等（2000）通过大量试验，也发现对于任意一种软土，存在一个最低的水泥用量，如果达不到这一用量，则固化效果基本没有。如图 1-4 所示，Horpibulsuk 等（2003）将固化土的强度变化随水泥掺量的增长划分为 4 个区域：①当水泥掺量比较低时，水泥的掺入无法提高原有土样的强度，此区域称为非活性区（inactive zone）；②随着水泥掺量的增加，水泥水化产物开始胶结土颗粒，形成一定的强度，此区域称为黏土-水泥相互作用区（clay-cement interaction zone）；③随着固化土强度的提高，水泥在提高原有土样强度方面没有充分发挥作用，没有改变原有土样的性能。此区域的黏土仍然具有连续性而胶结结构具有不连续性，介于黏土-水泥相互作用区与水泥-黏土相互作用区之间，称为过渡区（transitional zone）；④随着水泥掺量的增加，黏土的微观结构失去其作为土的结构特性，随着水化产物的增加，硬化水泥浆体成为一个连续的整体，而黏土只能镶嵌其中，此区域称为水泥-黏土相互作用区（cement-clay interaction zone）。当水泥掺量或灰水比低于某个值时，固化土的强度基本为 0，可见固化土的强度与修正灰水比的关系曲线并不是一条通过原点的直线，而是一条截距为负数的直线，因此拟合参数 l 一般为负数。

当固化土中黏粒质量分数为 0 时，即固化土中只含有粉/砂粒组，可以认为是粒径偏

小的砂浆，此时的预测公式为

$$\mathrm{UCS}=K\frac{m_c}{m_w}\mathrm{e}^0+l=K\frac{m_c}{m_w}+l \tag{2-6}$$

根据前人提出的砂浆和混凝土的强度预测模型可以看出，当 l 为 0 时，该预测公式能够回归砂浆和混凝土的强度预测中。因此该预测公式能够将固化土统一到水泥基材料的强度表征体系中，对揭示水泥基材料的本质，具有重要意义。

2.1.5 土源级配对固化土强度的调控

1. 粉/砂粒组对固化土流动度的影响

在控制流动度的情况下，利用铁矿尾泥调控固化土的强度，首先需要确定预拌固化土的流动度与含水率及铁矿尾泥掺量的关系，如图 2-25 所示。可以发现，对于所有铁矿尾泥掺量的固化土，其流动度随着含水率的增加而增加。不同之处在于随着铁矿尾泥掺

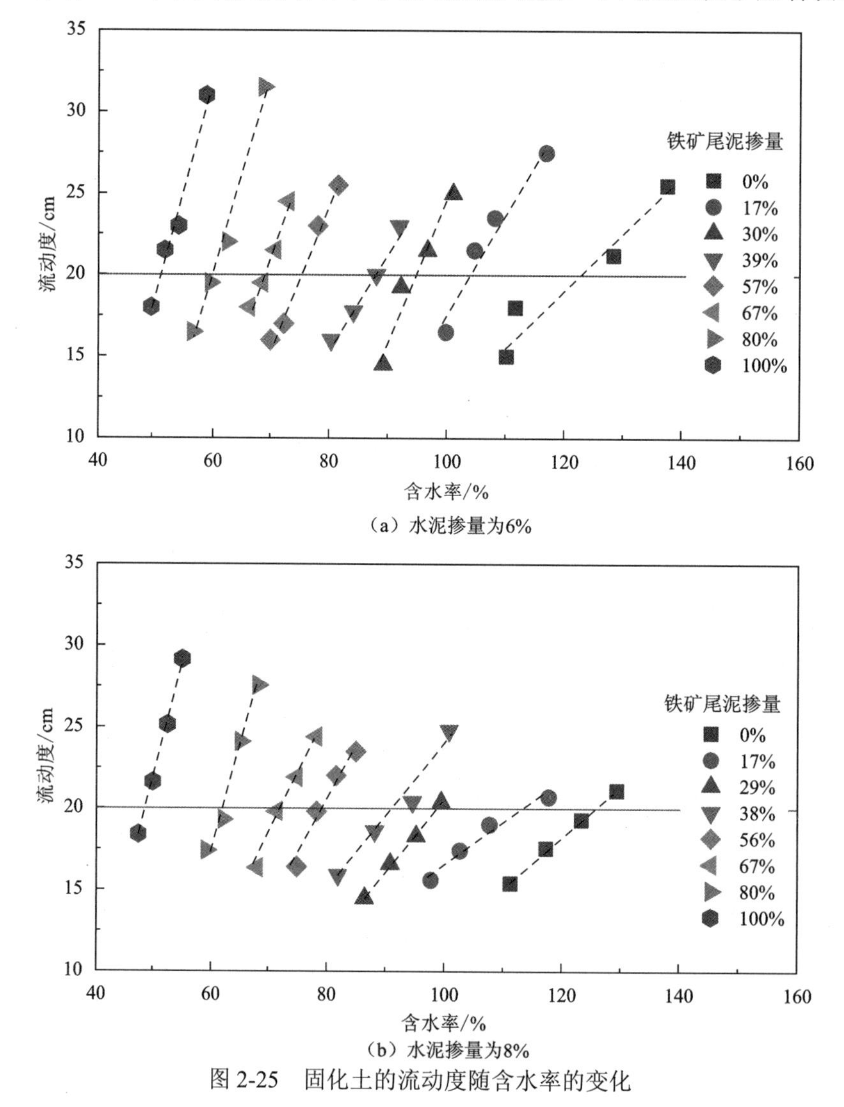

图 2-25 固化土的流动度随含水率的变化

量的增加，其流动度对含水率的变化反应更灵敏，例如：不掺铁矿尾泥的纯固化土（6%水泥掺量），流动度从 18 cm 增加到 25.5 cm，含水率从 111.7%升高到 137.6%，含水率提高了 25.9%；而对于掺 57%铁矿尾泥的固化土，流动度从 16 cm 增加到 25.5 cm，含水率从 70%升高到 81.5%，提高了 11.5%。对于纯铁矿尾泥，其流动度的反应更为灵敏，流动度从 18 cm 增加到 31 cm，含水率仅提高了 9.4%。可见随着铁矿尾泥掺量的增加，流动度随着含水率变化越来越显著。并且随着铁矿尾泥掺量的增加，达到相同流动度所需的含水率越来越低。水泥掺量 8%的固化土具有同样的规律，并且随着水泥掺量的提高，固化土的流动度会降低，水泥的增加会降低固化土的流动性。

根据工程需要，选择流动度为 20 cm 作为控制的标准。在流动度为 20 cm 时，不同铁矿尾泥掺量的固化土的含水率如图 2-26 所示，可以发现在相同流动度下，水泥掺量为 8%的固化土含水率比水泥掺量为 6%的固化土要稍高，这是由水泥早期水化需水导致随着铁矿尾泥掺量的增加，达到相同流动度所需的含水率降低。

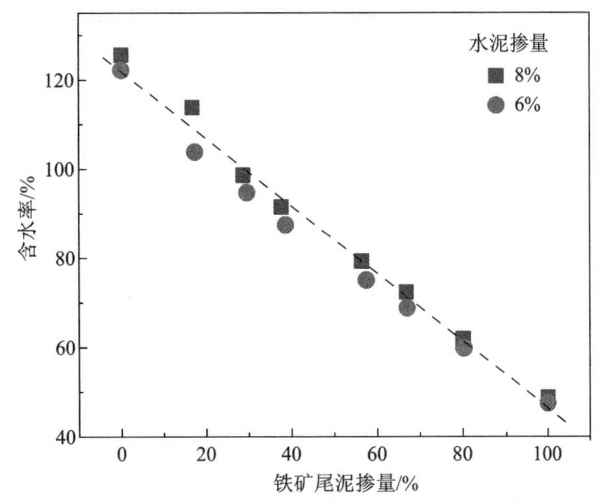

图 2-26　流动度为 20 cm 时固化土的含水率随铁矿尾泥掺量的变化

2. 粉/砂粒组掺入对固化土强度的调控

在相同流动度（20 cm）下，不同铁矿尾泥掺量及水泥掺量固化土的无侧限抗压强度如图 2-27 所示。结果表明，不论水泥掺量为 6%还是 8%，固化土的无侧限抗压强度随着铁矿尾泥掺量的增加而提高。当水泥掺量为 8%时，固化土的无侧限抗压强度随着铁矿尾泥掺量的增加出现很大的提高，不掺铁矿尾泥的固化土，其 28 天无侧限抗压强度为 0.20 MPa，掺入 80%铁矿尾泥的固化土无侧限抗压强度能达到 0.31 MPa，而纯的铁矿尾泥的 28 天无侧限抗压强度能够达到 0.44 MPa。对于水泥掺量为 6%的固化土，无侧限抗压强度变化并没有水泥掺量为 8%的固化土变化显著，但是无侧限抗压强度的整体趋势是增加的，铁矿尾泥掺量较小（17%和 29%）时，强度提高稍大，而后期强度提高不是很明显。

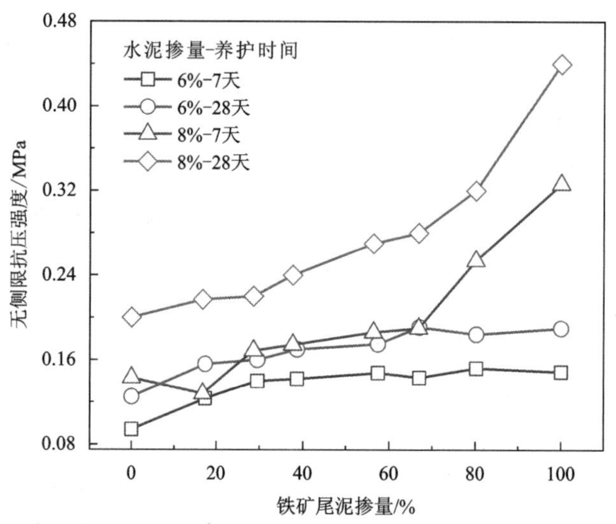

图 2-27　流动度为 20 cm 时铁矿尾泥掺量对固化土无侧限抗压强度的调控

2.2　固相级配对固化土摩擦与耐久行为的影响

2.2.1　试验内容

本小节开展同一流动度（20 cm）时粉/砂粒组掺入后固化土的摩擦和抗干湿循环性能等试验，确定土源级配对固化土两个性能的影响，并给出调控方法。

1. 直剪试验

直剪试样的制备与无侧限抗压强度的试样制备类似，区别在于样品尺寸和模具，采用环刀制备流动固化土试样，制样程序如下。

（1）首先取一块毛玻璃，擦干净表面，抹上凡士林，然后将直径为 6.18 cm、高度为 2 cm 的环刀内壁涂抹凡士林，方便脱模，以减少试样的损坏。将环刀刀口向上，放在毛玻璃上。

（2）用小勺子将搅拌均匀的流动固化土填充装入环刀模具，分为三层，每加一层均摊平。加到环刀顶部时，用调土刀刮平，表面覆盖一层保鲜膜。

（3）每组制备 4 个试样，密封养护 3 天后，从环刀中脱下固化土样，放入密封袋，再次密封养护至 28 天。

根据流动固化土特征，本小节采用快剪试验，即施加垂直压力后，立即水平剪切。通过快剪试验可以得到固化土的黏聚力和摩擦角，从而明确粉/砂粒组在固化土中的摩擦贡献。试验采用南京土壤仪器厂的 ZJ 型应变控制式直剪仪，如图 2-28 所示，具体试验过程如下。

（1）首先对准上下剪切盒，插入固定插销，在下盒依次放入透水石和不透水膜。然后将试样放入剪切盒，由于试样是用标准环刀制得，其大小正好不需要特别处理，可以直接放入剪切盒。在试样上部依次放入不透水膜和透水石。

图 2-28　直剪仪

（2）传动装置，使剪切上盒前段钢珠与测力计接触，依次加上传压板和加压框架，调整测力计百分表初始读数为 0。

（3）施加垂直压力，拔出固定销，立即开动秒表，以 0.8 mm/min 的速度进行剪切。试验考虑流动固化土的性能，垂直压力设为 100 kPa、200 kPa、300 kPa、400 kPa，每组试验分别采用这 4 种垂直压力进行剪切。

（4）当测力计百分表读数保持不变或者后退时，记下破坏值，继续剪切至剪切位移为 4 mm 时停止。

2. 三轴试验

采用 GDS 应力路径三轴仪对试样开展固结不排水试验，得到流动固化土的黏聚力和摩擦角。选取水泥掺量为 8%固化土的三个具有代表性配比开展试验，分别是连云港海相软土、掺 57%铁矿尾泥、纯铁矿尾泥。试验的具体操作过程如下。

（1）制备流态固化土试样，其制样过程与无侧限抗压强度试验的制样基本一致，三轴试验的试样为直径 3.91 cm、高度 8.0 cm 的圆柱体，如图 2-29 所示。

图 2-29　三轴样品模具

（2）制备好的样品密封置于养护室养护 3 天后脱模，然后密封继续养护至 27 天取出。固定到饱和器中，置于饱和缸中真空抽气饱和，先对试样进行抽气 6 h 以上，然后在水中静置 12 h，如图 2-30 和图 2-31 所示。

图 2-30　饱和器

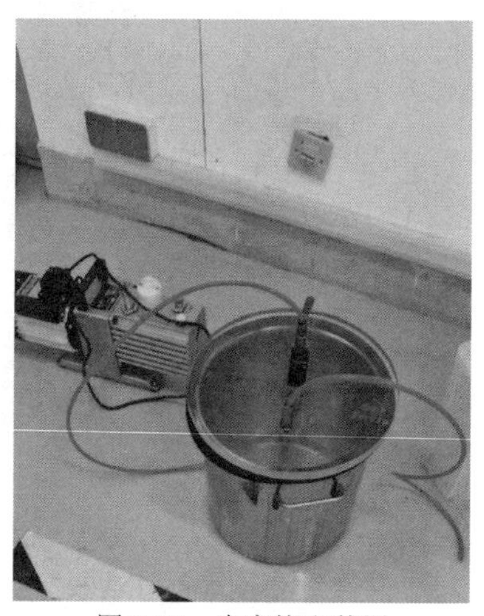

图 2-31　真空饱和装置

（3）真空饱和以后开始上样，开始固结之前再对试样进行反压饱和，从而确保试样达到更高的饱和度。等压固结后开始不排水剪，剪切速率设为 0.08 mm/min，如图 2-32 所示。

图 2-32　三轴试验装置

3. 干湿循环试验

考虑流态土浅层固化作为地基，将受到干湿循环的环境荷载作用，测定流动固化土在经历多次干湿循环之后的质量损失和强度变化，获得流动固化土的抗干湿循环能力，可为该类地基材料长期服役提供参考。具体试验操作如下。

（1）制备流动固化土试样，具体过程与无侧限抗压强度试验一样。每组试样制备 3 个平行样，拟开展 6 次干湿循环，故每个配比制备 18 个试样，如图 2-33 所示。

图 2-33　干湿循环试样

（2）将养护 28 天的试样置于 60℃烘箱中烘 23 h，拿出烘箱于室温静置 2 h，然后放到标准养护室中浸水 23 h，此为 1 次干湿循环。

（3）分别经历 1～6 次干湿循环以后，拿出试样擦净其表面的水分，测定其质量损失和强度变化。

2.2.2　固化土的摩擦行为

1. 直剪试验结果

直剪试验结果如图 2-34 所示，随着垂直压力的增加，固化土的抗剪强度也相应提高，基本与垂直压力呈线性关系。不同铁矿尾泥（替代粉/砂粒组）掺量下固化土的摩擦角和黏聚力变化分别如图 2-35 和图 2-36 所示，表明随着铁矿尾泥掺量的增加，固化土的摩擦角和黏聚力都呈增加的趋势。其中水泥掺量为 6%的固化土，其摩擦角从 11.2°增加到 13.8°，提高约 23%；而水泥掺量为 8%的固化土，其摩擦角从 11.5°提高到 16.3°，提高约 42%。如图 2-37 所示，随着铁矿尾泥掺量增加，剪切面的粗颗粒增加，能有效提高

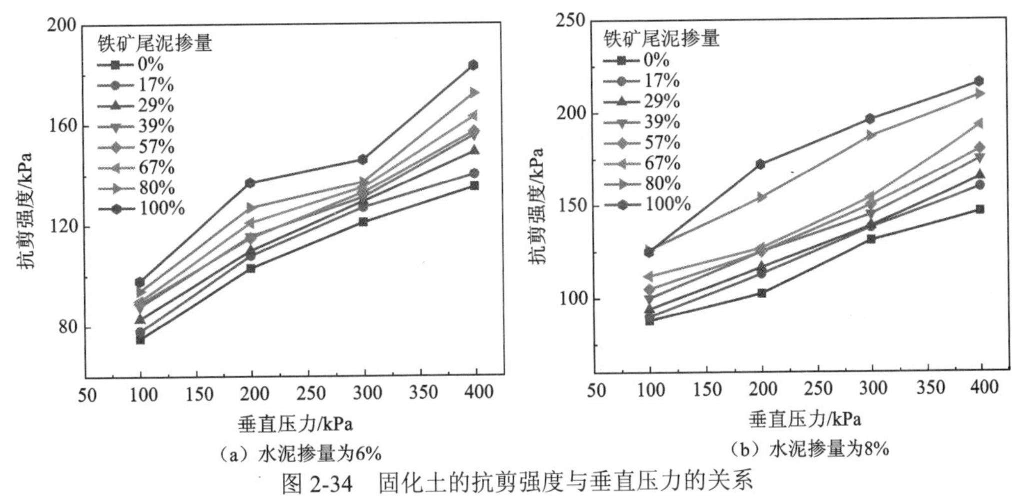

图 2-34　固化土的抗剪强度与垂直压力的关系

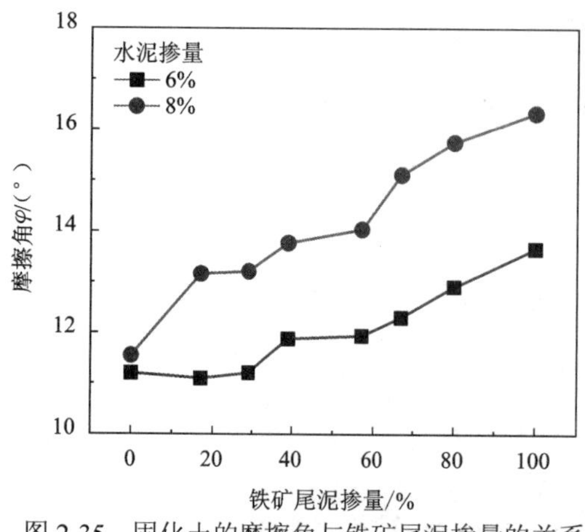

图 2-35　固化土的摩擦角与铁矿尾泥掺量的关系

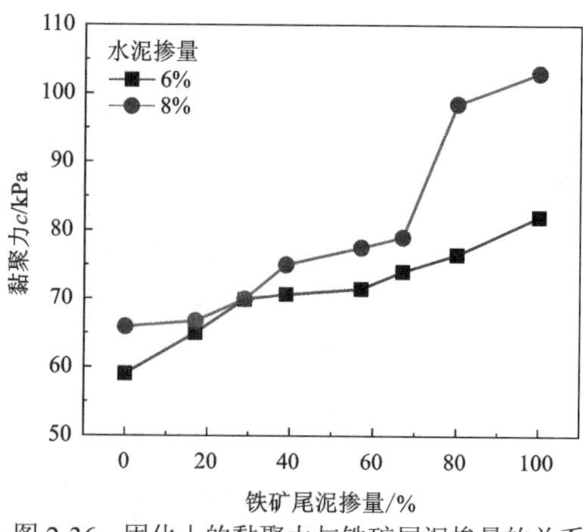

图 2-36　固化土的黏聚力与铁矿尾泥掺量的关系

图 2-37　水泥掺量 8%的固化土直剪破坏面形态

固化土的摩擦角。铁矿尾泥掺入导致粗粒组增加，提高固化土中砂粒与混合固化土体之间的机械咬合能力，有效阻止剪切面的相对滑动，阻止剪切带的扩展。铁矿尾泥的掺入对固化土黏聚力的提高也是比较明显的，水泥掺量为 6%的固化土，黏聚力从 59 kPa 提高到 80 kPa，提高约 36%；而水泥掺量为 8%的固化土，其黏聚力提高得更多，从 65.9 kPa 提高到 103 kPa，提高约 56%。

2. 三轴试验结果

选择 3 组具有代表性的固化土，粉/砂粒组掺量分别为 0%、57%、100%，开展三轴试验，结果如图 2-38 所示。固化土在三轴试验中的应力-应变曲线随着轴向应力的增加，呈现三段：①应力-应变曲线线性增长，基本符合胡克定律；②固化土的塑性应变开始发展，应变增长率增大，应力-应变曲线平缓上升，曲线斜率减小；③当轴向应力达到最大后，应力-应变曲线开始进入下降阶段，曲线呈现应变软化型。试验中三种固化土均是应变软化型，并在围压较低时，最大偏应力基本不变；但随着围压的增加，固化土的偏应力峰值显著增加，破坏应变也相应提高，偏应力达到峰值后，应力-应变曲线的下降比较平缓，如图 2-39 和图 2-40 所示。

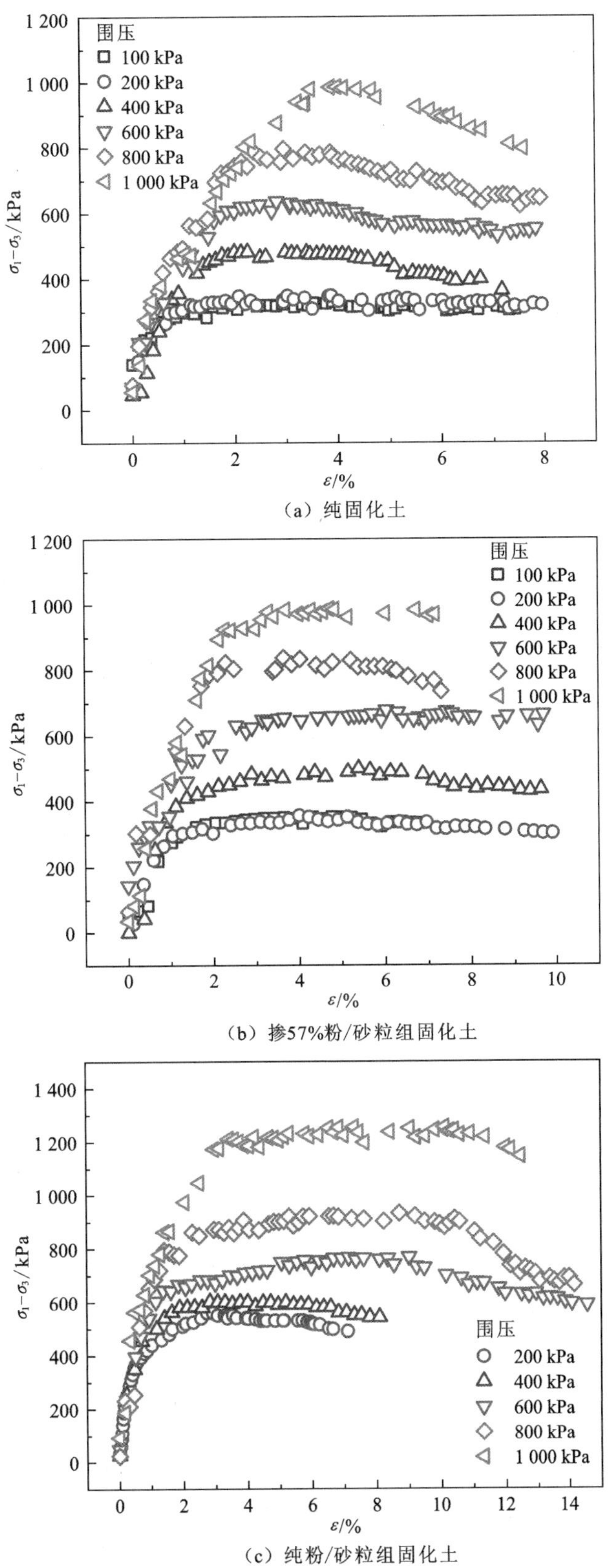

(a) 纯固化土

(b) 掺57%粉/砂粒组固化土

(c) 纯粉/砂粒组固化土

图 2-38　固化土在不同围压下的应力-应变曲线

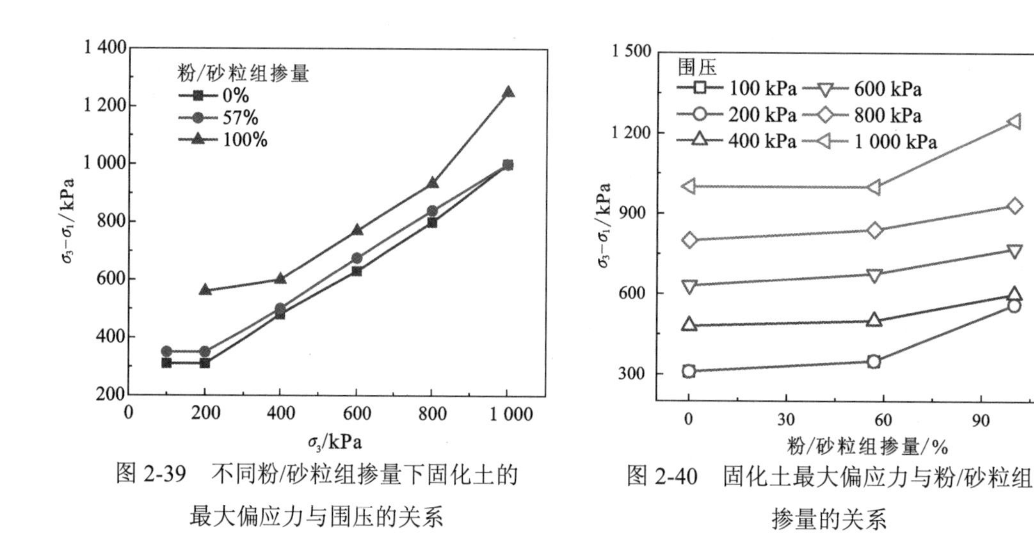

图 2-39　不同粉/砂粒组掺量下固化土的最大偏应力与围压的关系

图 2-40　固化土最大偏应力与粉/砂粒组掺量的关系

根据莫尔-库仑强度准则，获得不同粉/砂粒组掺量固化土的莫尔圆与其强度包线，如图 2-41 所示。固化土由于具有很强的结构性，其强度包线由两条直线组成。当围压较低时，包线与横坐标的夹角较小，近似平行，当围压较高时，强度包线发生转折，与横坐标的夹角在 20° 左右。丁建文等（2011）和郭印（2007）将两条直线交点位置的法向应力定义为结构屈服应力σ_{cr}。屈服前，法向应力小于固化土的结构屈服应力，固化土的胶结基本保持原状，强度包线比较平缓，此阶段的抗剪强度主要取决于固化土的结构性所产生的抵抗力。屈服后，法向应力大于固化土的结构屈服应力，固化土的胶结结构发生破坏，强度包线斜率增大，摩擦发挥作用，抗剪强度取决于有效围压。

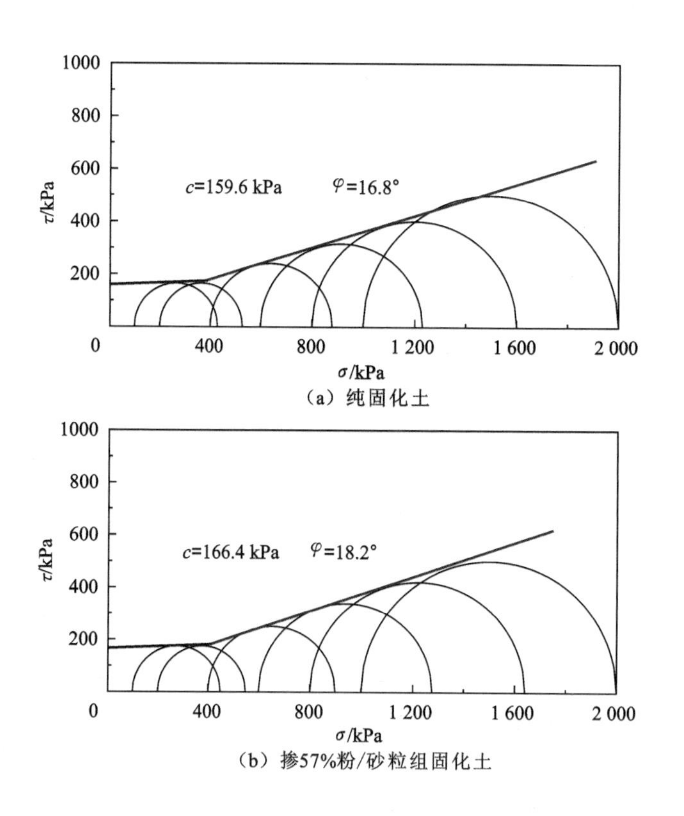

（a）纯固化土

（b）掺57%粉/砂粒组固化土

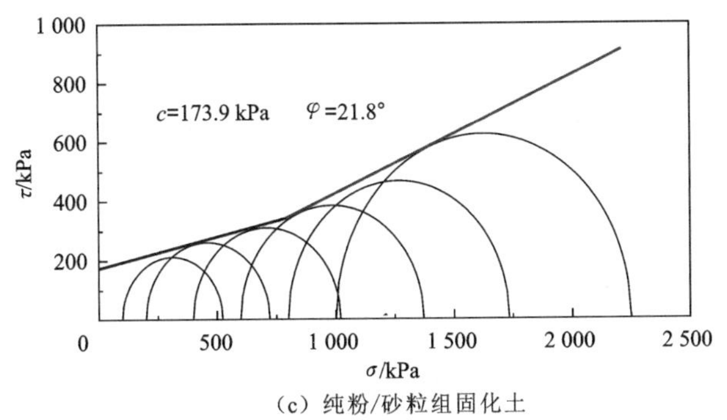

（c）纯粉/砂粒组固化土

图 2-41　不同粉/砂组掺量固化土的莫尔圆与其强度包线

图 2-42 所示为三种固化土的抗剪强度包线，可以发现，当围压较低时，固化土的抗剪强度包线与横坐标夹角很小，纯固化土和掺 57%粉/砂粒组固化土的只有 2° 左右，而纯粉/砂粒组固化土的稍大一点，为 12.0°。随着围压的增加，抗剪强度包线与横坐标的夹角普遍增大。将屈服后的强度包线反向延伸，可以发现其与纵坐标的截距很小，说明屈服后固化土的抗剪强度主要由摩擦角决定。黏聚力和摩擦角与粉/砂粒组掺量的关系如图 2-43 所示，摩擦角随着粉/砂粒组掺量的增加而增加，主要由于粗颗粒的摩擦系数更大，剪切过程需要克服更大的咬合力。

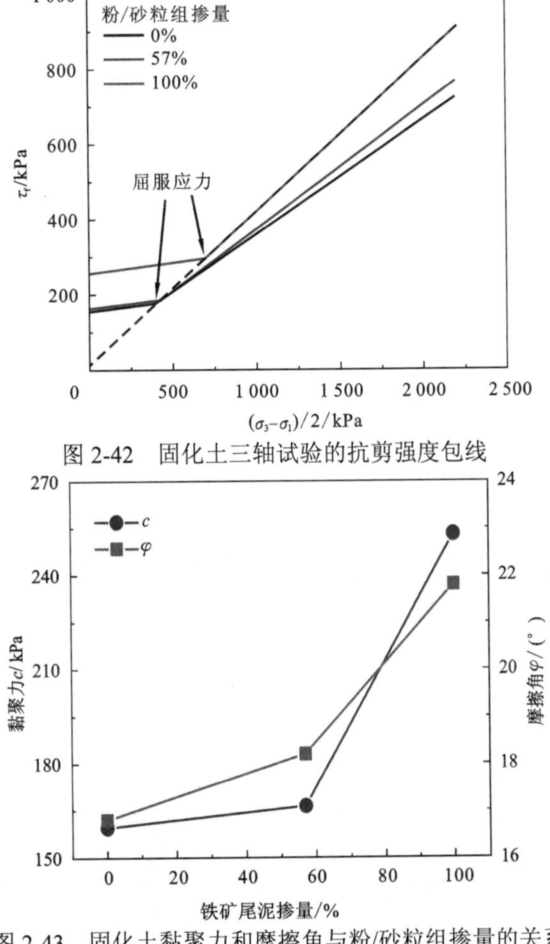

图 2-42　固化土三轴试验的抗剪强度包线

图 2-43　固化土黏聚力和摩擦角与粉/砂粒组掺量的关系

2.2.3 粉/砂粒组的掺入对固化土耐久性的影响

从大量的工程案例可以发现，外界环境的反复变化所引起的干湿循环会引起地基材料的破坏，具体表现为在雨季的时候吸水膨胀，而在干旱气候下会失水收缩，如此反复几次很容易引起固化土结构的破坏。考虑现场气候条件，为了明确流动固化土多次干湿循环后还具保持强度的能力，本小节开展不同粉/砂粒组掺量下固化土的干湿循环试验，以揭示粉/砂粒组的掺入对固化土抗干湿循环性能规律的影响及劣化机理。

1. 质量变化

水泥掺量为6%和8%的固化土经历1～6次干湿循环后的形态如图2-44所示。从试样的表面破坏程度可以发现，经历干湿循环后，固化土试样的破坏主要有两种：一种是表面剥落，这种破坏出现在所有固化土干湿循环后，主要由于固化土的强度比较低，颗粒之间的胶结作用较弱，经历干循环后，内外温度差导致试样表面产生裂缝；另一种是从试样中间断裂，这种破坏大部分出现在粉/砂粒组掺量比较低的固化土中。随着粉/砂粒组掺量和水泥掺量的增加，固化土经历干湿循环后表面的脱落越少，试样的完整性越好。水泥掺量为8%的固化土由于强度较高，比水泥掺量为6%的固化土表面破坏得更少，抗干湿循环能力更强。

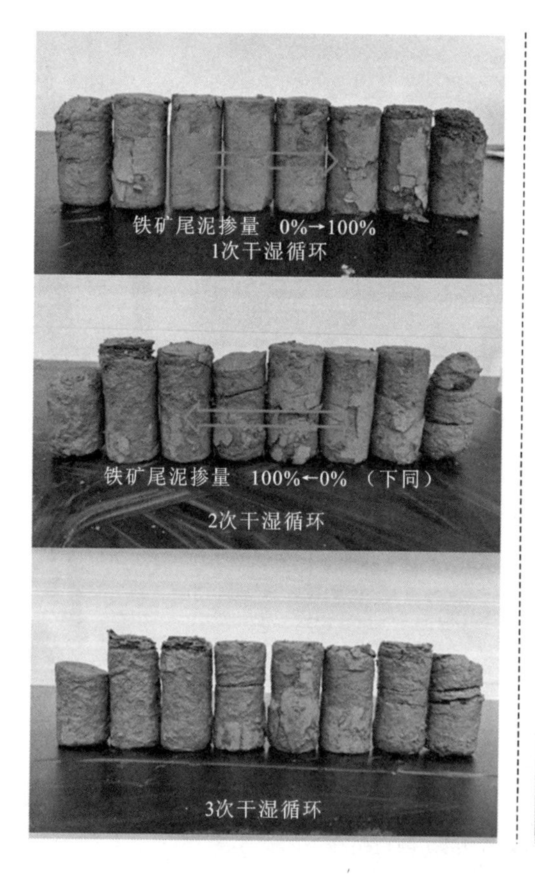

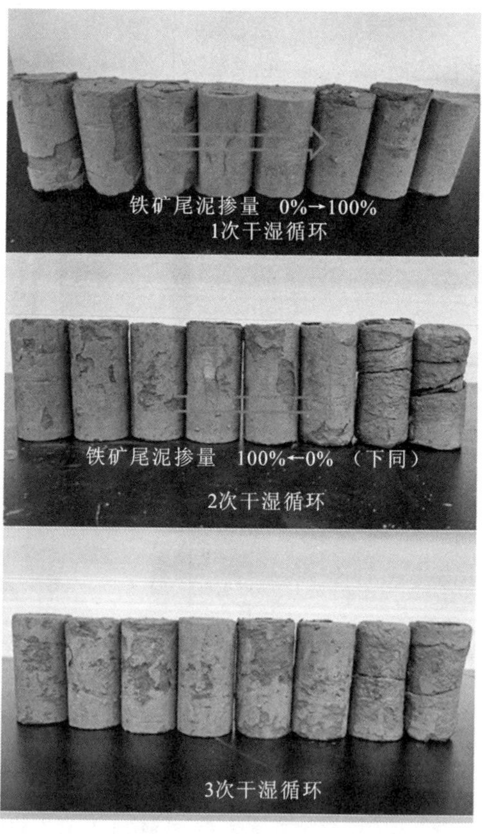

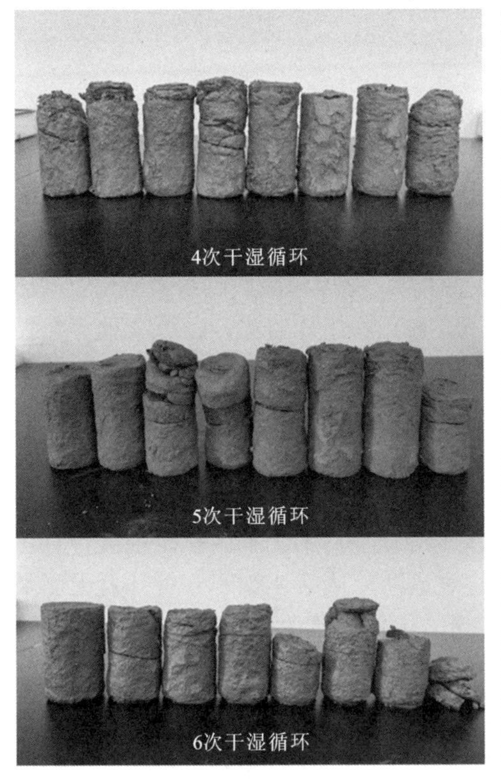

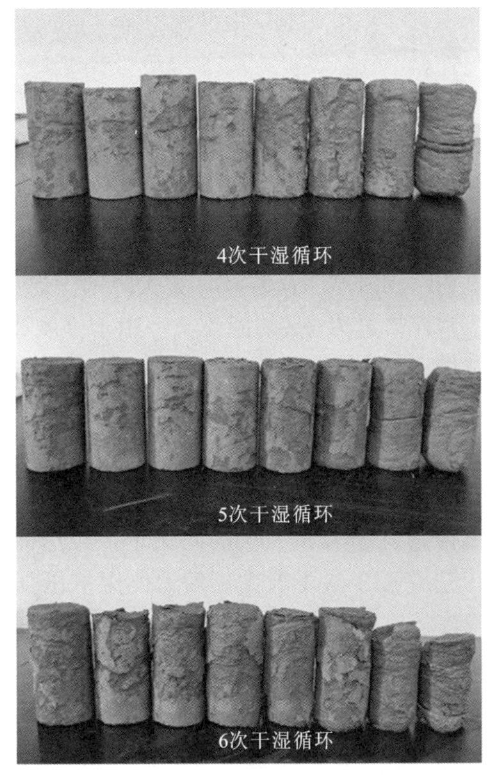

（a）水泥掺量为6%　　（b）水泥掺量为8%

图 2-44　不同粉/砂粒组掺量固化土经历 1～6 次干湿循环之后的形态

固化土经历 6 次干湿循环后的质量损失如图 2-45 所示，固化土的强度越高，其抗干湿循环的能力越强，质量损失也越少。水泥掺量为 8%比水泥掺量为 6%的固化土，干湿循环 5 次以内质量损失更少。当水泥掺量为 8%时，粉/砂粒组掺量高于 29%的固化土经历 5 次干湿循环后质量基本没有损失（均低于 5%），经历 6 次循环后质量损失增加（除粉/砂粒组掺量为 67%的固化土外，其余仍低于 15%）；不掺粉/砂粒组和掺 17%粉/砂粒组的固化土由于强度较低，质量损失稍大但是也低于水泥掺量 6%的固化土。

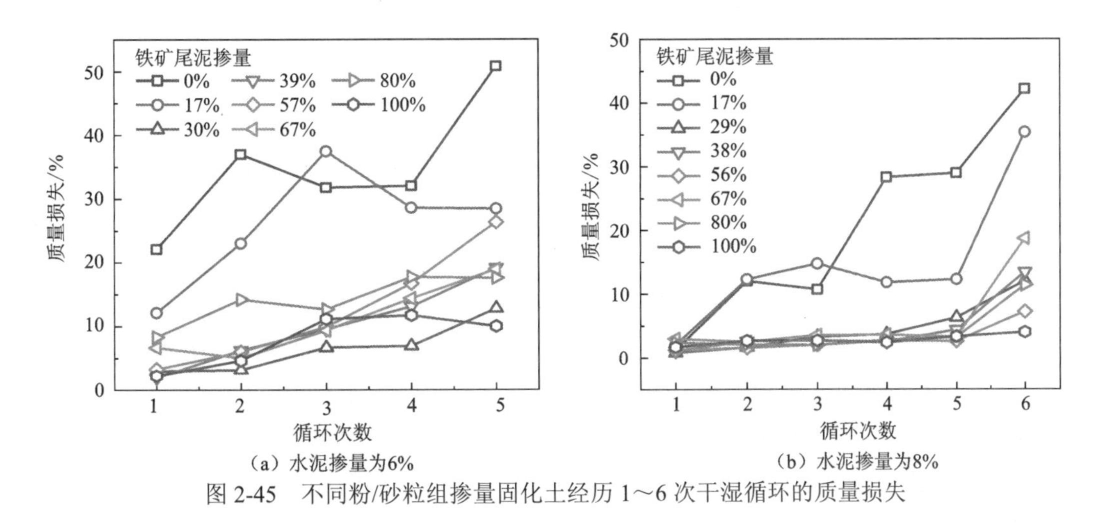

（a）水泥掺量为6%　　（b）水泥掺量为8%

图 2-45　不同粉/砂粒组掺量固化土经历 1～6 次干湿循环的质量损失

2. 强度变化

固化土经历6次干湿循环后的强度变化如图2-46所示，可以发现经历干湿循环后固化土的强度总体呈降低的趋势。但是部分固化土经历1次干湿循环后，其强度反而升高了，主要是由于经历一次干湿循环试样仅出现表面脱落，内部还没有遭受破坏，同时干循环的温度较高，促进固化土的养生作用。随着干湿循环次数的增加，细微裂纹继续发展贯通，同时产生新裂纹，大大降低固化土的整体性，强度呈降低趋势直至完全破坏。对于水泥掺量为6%的固化土，由于强度比较低，胶结作用比较弱，经历2次干湿循环后试样均有所破坏，经历4次干湿循环后，试样无侧限抗压强度基本降为0。对于水泥掺量为8%的固化土，掺入粉/砂粒组越多，其抗干湿循环的能力越强。纯固化土和粉/砂粒组掺量仅为17%的固化土，经历一次干湿循环后，强度有所提高。但是随着干湿循环的进行，无侧限抗压强度呈现一直降低的趋势，直至最后完全破坏。而对于粉/砂粒组掺量为38%和56%的固化土，经历前3次干湿循环后的无侧限抗压强度一直在增加，完成第3次干湿循环后无侧限抗压强度达到最高，从第4次干湿循环后无侧限抗压强度才开始降低，但是直到经历6次干湿循环，无侧限抗压强度仍然比初始强度高。对于粉/砂粒组掺量为56%以上的固化土，其抗干湿循环的性能更强，经历前4次循环后无侧限抗压强度一直增加，第4次干湿循环后无侧限抗压强度达到最高，第5次干湿循环后无侧限抗压强度才有所降低，直到第6次干湿循环，其无侧限抗压强度始终高于初始强度。

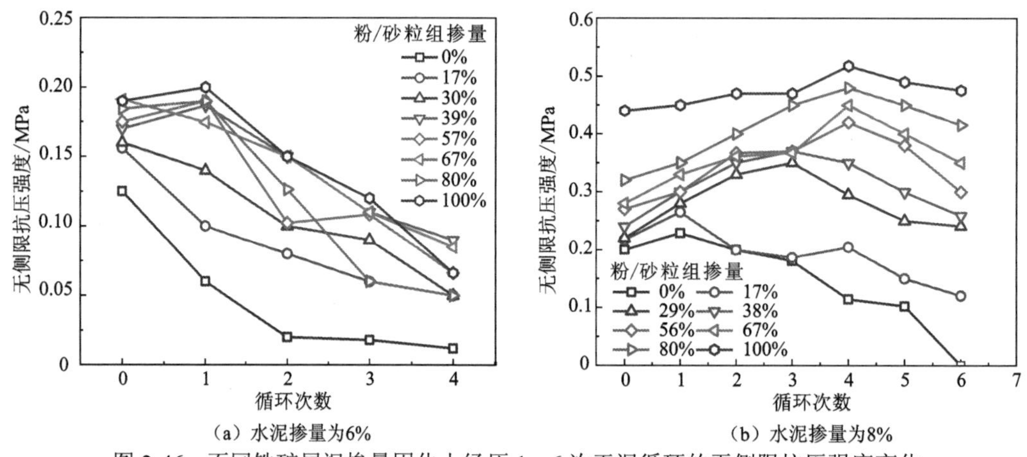

图2-46 不同铁矿尾泥掺量固化土经历1～6次干湿循环的无侧限抗压强度变化

3. 劣化机理

随着干湿循环次数的增加，固化土在不断吸湿和脱湿的过程中，含水率和结构发生很大变化。吕海波等（2009）发现原状土在干湿循环过程中强度主要受集聚体内和集聚体间孔体积变化的影响。但是固化土具有较强的结构性，在干湿循环过程中，强度主要受裂隙发展和干循环过程中较高温度的养生作用影响。在施加前几次干湿循环时，试样虽然表面会有些许剥落，但是适宜的温度（60℃）促进试样的进一步水化反应，增强了其胶结强度，此时，养生增强作用明显优于裂隙的破坏作用。但是在干循环过程中，固化土内外温度差导致内部不均匀的温度应力对其结构产生损伤，试样表面产生细微裂纹和剥落。随着干湿循环次数的增加，固化土的强度达到最大，裂隙也越来越大，此时干循环过程中的养生作用不再是主要作用，试样的裂隙不断扩大、发展，形成大而长的裂隙，破坏其完整性。

对于水泥掺量为 8%的固化土，随着粉/砂粒组掺量的增加，其抗干湿循环的性能提高，主要有 4 个方面的原因。①根据前述无侧限抗压强度、三轴和直剪试验得到的固化土黏聚力，发现随着粉/砂粒组掺量的增加，固化土的胶结强度提高，因此抵抗干湿循环的性能有所提高。②随着粉/砂粒组掺量的增加，软土的比例降低，黏粒质量分数随之降低。黏粒的干缩和湿胀变形大于粉/砂粒组和铁矿尾泥，当黏粒质量分数较高时，固化土在经历干湿循环后的变形大，容易引起过大的应力，从而发生破坏。③随着粉/砂粒组掺量的增加，固化土中的粉/砂粒组的比例提高，当经历干湿循环产生微裂缝时，粗颗粒能够有效地限制裂缝的扩展，限制试样内部的变形，类似于混凝土中粗骨料的作用。王建华等（2006）开展试验研究干湿循环过程中水泥改良粉质黏土和粉土的强度衰减，发现水泥改良粉土的抗干湿循环性能优于黏质粉土；高玉琴等（2006）研究了循环失水过程中固化土的强度变化，在固化土中掺入一部分砂颗粒，发现可以有效降低循环失水对固化土强度的影响。上述发现也与本节的干湿循环结果相符，说明粉/砂粒组的掺入可以有效提高固化土的抗干湿循环性能。④铁矿尾泥中的粉/砂粒组的导热性能较固化土更好。彭帆等（2018）研究了压实砂-膨润土混合物的导热特性，发现由于石英砂的导热系数较大，形成优势传导路径，能够有效提高混合物的导热系数。随着粉/砂粒组掺量的增加，固化土中形成较好的导热通道，能够降低干湿循环过程中试样外部和内部温度差导致的应力差。特别是纯粉/砂粒组固化土，其中粉/砂粒组互相接触，形成完整的导热通道，便于干湿循环过程中温度的传递。

2.3 固化土中粉/砂粒组夹杂作用的微细观机制

2.3.1 固化土的微观形貌

1. 扫描电镜试验

扫描电镜（SEM）技术是目前研究固化土微观结构形貌的最主要也是最清晰有效的方法，可以有效观察水化产物的形态、大小、分布、水化产物及水化产物与黏土矿物之间的连接等。本小节开展扫描电镜试验观察固化土试样的微观形貌，从而明确粉/砂粒组对固化土的影响机理。首先选取养护 28 天后的试样，切成 1 cm×1 cm×1 cm 的立方体，冷冻干燥后，掰成小试块，选取相对平整的新鲜面。然后真空镀金，装置如图 2-47 所示，镀金时间为 180 s，厚度为 10～12 nm。样品表面形成导电通道，从而可以清晰地观察到其形貌。扫描电镜采用诺瓦（Nova）场发射扫描电镜，如图 2-48 所示，型号为 Navo Nano SEM450，该设备采用超高亮度肖特基（Schottky）场发射灯丝，分辨率能够达到 1.0 nm。

图 2-47　真空镀金装置

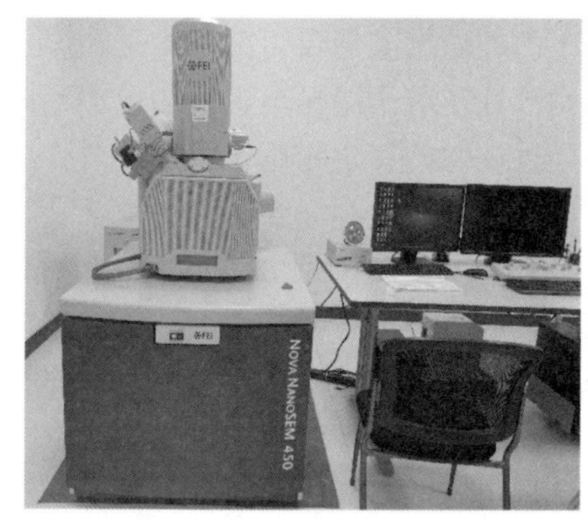

图 2-48　Nova 场发射扫描电镜

2. 掺砂固化土的微观形貌

级配#1 掺砂固化土的微观结构如图 2-49（a）所示，图中圈出了固化土中砂颗粒的分布，表明砂颗粒随机分布在固化土中并夹杂在固化土基体上，而且砂颗粒之间没有接触，也没有形成一定的砂骨架。图 2-49（b）～（d）则展示了砂颗粒表面的形态及砂颗粒与固化土的接触界面，砂颗粒的表面和形状没有变化，证明了砂颗粒不参与水泥与黏土的反应。值得注意的是，砂颗粒嵌入固化土中，在其表面形成一些水泥水化产物（例如 C-S-H），并将砂颗粒与固化土基体连接起来。级配#3 和#5 的掺砂固化土的微观结构

（a）9倍　（b）120倍

（c）1 500倍　（d）5 000倍

图 2-49　级配#1 掺砂固化土在不同放大倍数下的微观结构

同样如此。综上所述，砂颗粒仅作为固化土基体中的硬质夹杂物，为此，在保持黏土含水率的情况下，在固化土中加入不同级配的砂颗粒对固化土的强度影响很小。

3. 掺铁矿尾泥固化土的微观形貌

考虑水泥掺量 6%和 8%固化土是平行试验，所呈现的规律是相似的，本小节选取水泥掺量为 8%的固化土进行观察。鉴于铁矿尾泥掺量较接近的固化土形貌差别不大，间隔选取 4 组固化土进行扫描电镜成像：纯固化土、掺 29%铁矿尾泥固化土、掺 57%铁矿尾泥固化土和纯铁矿尾泥固化土。

如图 2-50 所示，随着铁矿尾泥掺量的增加，生成的水化产物越多。在纯软土制成的固化土中，能够观察到的主要水化产物是网状 C-S-H；在铁矿尾泥掺量为 29%的固化土中，能观察到单斜针状的二水石膏和更多的网状 C-S-H，并且其结构更为致密；在铁矿尾泥掺量为 57%的固化土中，其水化产物更为丰富和明显，大量网状 C-S-H 覆盖在铁矿尾泥大颗粒的表面，同时还有大量针状钙矾石（AFt）和单斜针状的二水石膏。当铁矿尾泥掺量达到 100%（不含黏土矿物），其结构更为致密，水化产物更丰富。总体来看，随着铁矿尾泥掺量的增加，软土比例降低，黏土矿物质量分数减少，水泥水化产物越来越多，胶结结构越来越密实。因而反映到宏观方面，无侧限抗压强度试验、直剪试验和三轴试验得到的黏聚力随着铁矿尾泥掺量的增加都是呈增大的趋势。

（a）不含铁矿尾泥固化土

（b）掺29%铁矿尾泥固化土

（c）掺57%铁矿尾泥固化土

（d）纯铁矿尾泥固化土

图 2-50　养护 7 天试样的扫描电镜图片

固化土养护 28 天后的微观结构如图 2-51 所示，进一步表明随着铁矿尾泥掺量的增加，结构趋于致密，水化产物更为丰富，胶结作用更为明显。

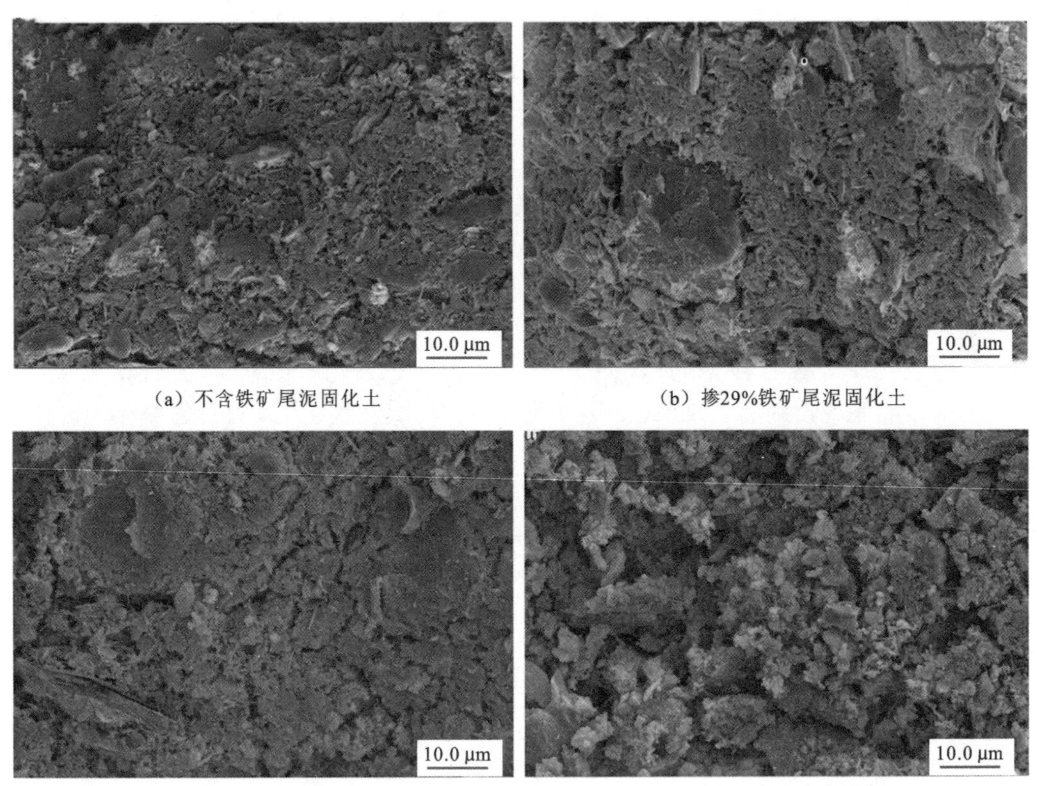

（a）不含铁矿尾泥固化土　　（b）掺29%铁矿尾泥固化土

（c）掺57%铁矿尾泥固化土　　（d）纯铁矿尾泥固化土

图 2-51　固化土养护 28 天试样的扫描电镜图片

扫描电镜的结果表明，对于原本含水率很高的软土，由于水泥的加入，不仅改变土颗粒的结构和形态，还改变了土颗粒之间的联结，形成具有强度和稳定结构的流态固化土。铁矿尾泥的掺入可以改善固化土的胶结和结构，其强度提高主要来自胶结和填充作用。①胶结作用：由于粉/砂粒组的掺入，软土的比例减少，参与反应的黏土矿物减少。从扫描电镜的图片可以看出，纯固化土的水化产物与黏土颗粒胶结形成骨架，部分黏土填充在骨架之中。随着粉/砂粒组掺量的增加，水化产物胶结铁矿尾泥颗粒形成骨架，部分黏土填充于骨架的孔隙之中。②填充作用：随着粉/砂粒组掺量的增加，固化土的含水率降低，水灰比更低。通过扫描电镜观察可以画出不同铁矿尾泥掺量固化土的概念图，如图 2-52 所示，当不掺铁矿尾泥时，固化土中仅含有软土中的黏粒和粉/砂粒，由于含

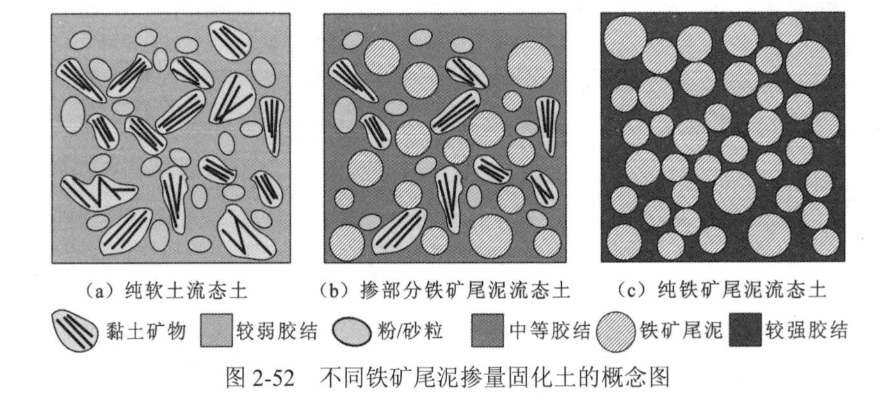

（a）纯软土流态土　　（b）掺部分铁矿尾泥流态土　　（c）纯铁矿尾泥流态土

图 2-52　不同铁矿尾泥掺量固化土的概念图

水率高，黏粒质量分数大，固化土胶结较弱。当掺入部分铁矿尾泥时，其中部分软土被铁矿尾泥替代，并且含水率降低，因此固化土胶结变强。纯铁矿尾泥固化土中仅有铁矿尾泥颗粒，没有黏土矿物参与胶结反应，因此胶结最强。

2.3.2 数值仿真建模

为了进一步揭示掺砂对固化土性能的影响规律，并与前述掺砂固化土的结果进行对比，本小节开展掺砂固化土的无侧限抗压强度和三轴试验的数值模拟，研究不同掺砂方法、掺砂量、粒径等对固化土的强度和破坏的影响。主要工作包括：首先进行随机夹杂的二次开发；然后建立掺砂固化土试样的模型，设置材料的参数，定义试验对应的边界条件，划分网格；最后进行计算，得到掺砂固化土的等效塑性应变、应力云图和强度。

1. 骨料夹杂随机分布

采用 Python 语言对 ABAQUS 软件进行二次开发生成随机分布的砂颗粒，同时为了简化计算，采用二维平面模型进行建模。利用 Python 生成随机分布的砂粒的过程中，最重要的是多边形砂颗粒的随机生成及颗粒之间的相交判别，本小节参考杜成斌等（2006）和周晓青等（2014）的混凝土随机骨料建模的二次开发方法。砂颗粒粒径较小，表面相对较为光滑，颗粒形状也比较规整，本小节掺砂固化土的模型中，砂颗粒统一采用圆形表示，既能够有效简化判别，又可以保证砂颗粒的有效性，只需要保证相邻圆的圆心距大于其外径之和，即圆处于相离的状态。

2. 单元的生成

本小节的单元共有两种：砂颗粒和固化土基体。考虑两种掺砂方法及砂颗粒粒径和质量分数对固化土强度的影响，开展 11 组与室内试验对应的掺砂固化土的数值模拟，其具体参数设置如表 2-15 所示。方法一的掺砂粒径主要有两组，0.25～0.50 mm 和 0.50～1.00 mm，掺砂量为 0%、20%、40%、60%、80%。方法二的掺砂粒径为 0.25～0.50 mm，掺砂量为 10%、20%、30%。另外，为了研究掺砂量较多时砂颗粒在固化土中的作用，开展了 8 组高掺砂量的数值模拟。试样的尺寸参考标准三轴试样切面尺寸 39.1 mm×80.0 mm，考虑砂颗粒质量分数比较高，为提高计算效率，根据对称性，将建模试样的尺寸设为 7.82 mm×32.00 mm。

表 2-15 模型相关参数设置

掺砂方法	掺砂粒径/mm	固化土的黏聚力/MPa	砂颗粒的质量分数/%	砂颗粒的面积占比/%
控制黏土含水率不变	0.25～0.50 0.50～1.00	0.425	0	0
			20	6
			40	11
			60	16
			80	20

续表

掺砂方法	掺砂粒径/mm	固化土的黏聚力/MPa	砂颗粒的质量分数/%	砂颗粒的面积占比/%
控制黏土含水率不变	0.25～0.50 0.50～1.00	0.425	100	25
			180	35
			220	40
			270	45
控制总含水率不变	0.25～0.50	0.38	10	3
		0.33	20	6
		0.30	30	9
三轴试验	0.25～0.50	0.16	20	6
			60	16
			180	35

由于固化土中掺砂量是质量的占比，建模时需要将掺砂的质量比换算为面积比。以掺砂量为 20%为例，根据室内试验测得的不掺砂固化土的密度为 1.614 g/cm^3，砂颗粒的比重为 2.7。固化土中土的质量设为 100 g，则砂的质量为 20 g，根据含水率和水泥掺量分别为 87%和 15%，那么水的质量为 87 g，水泥的质量为 15 g。将土、水泥和水作为一个均匀密实的基体，将掺砂量代入转化为砂颗粒的面积占比为 5.6%。同样的方法可以得到不同掺砂量固化土中砂颗粒的面积占比。考虑水泥水化反应及水泥水化产物与黏土矿物的反应，固化土的体积有所降低，实际上掺砂的面积会比理论计算的结果大，因此在计算掺砂面积时，适当调高其面积占比，则方法一保持黏土含水率不变，砂颗粒的面积占比依次取 6%、11%、16%和 20%。方法二保持总含水率不变，砂颗粒的面积占比依次取 3%、6%和 9%。根据上述原则得到的掺砂固化土的模型如图 2-53～图 2-57 所示，当砂颗粒质量分数较低时，砂颗粒在固化土中分散分布，颗粒之间接触较少，当砂颗粒质量分数增加，颗粒之间的接触增加，逐渐形成局部骨架。

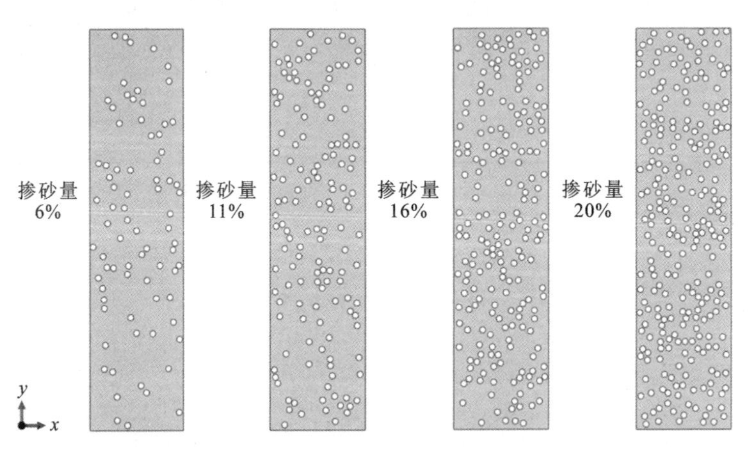

图 2-53　保持黏土含水率不变掺砂量为 6%～20%的固化土示意图（砂颗粒粒径为 0.25～0.50 mm）

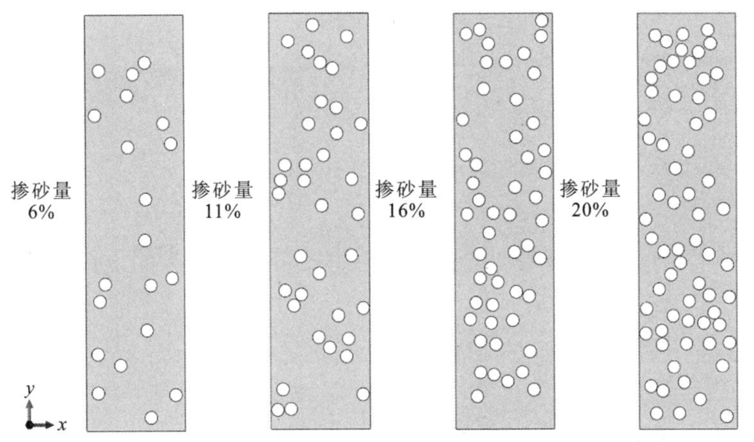

图 2-54　保持黏土含水率不变掺砂量为 6%～20%的固化土示意图（砂颗粒粒径为 0.5～1.0 mm）

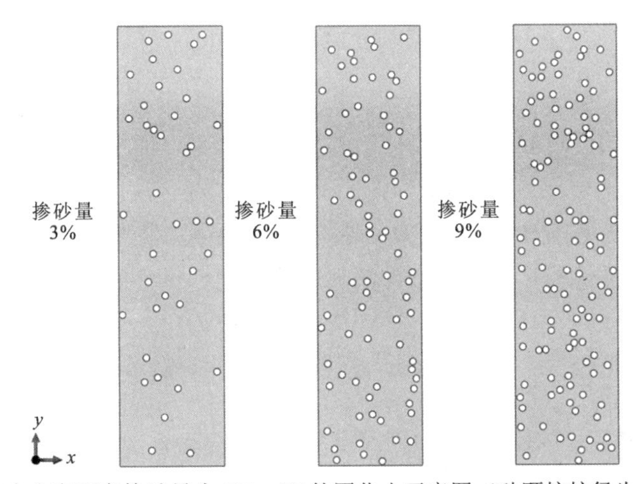

图 2-55　保持总含水率不变掺砂量为 3%～9%的固化土示意图（砂颗粒粒径为 0.25～0.50 mm）

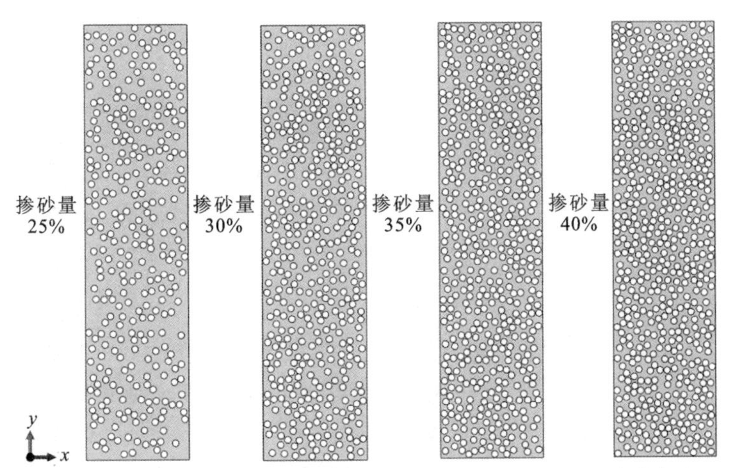

图 2-56　保持黏土含水率不变掺砂量为 25%～45%的固化土示意图（砂颗粒粒径为 0.25～0.50 mm）

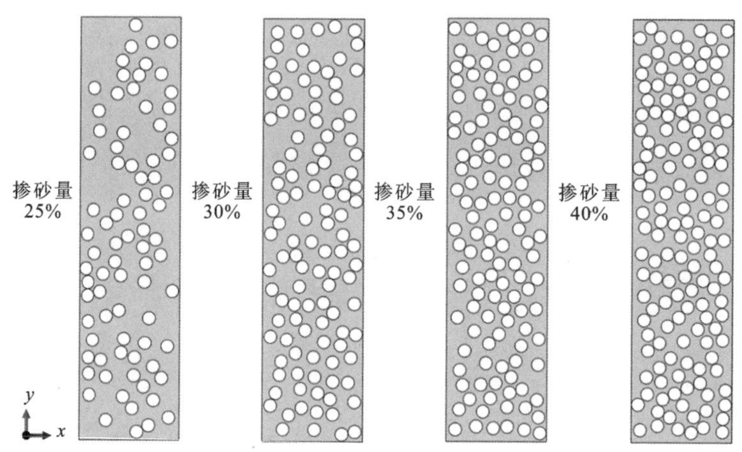

图 2-57　保持黏土含水率不变掺砂量为 25%～45%的固化土示意图（砂颗粒粒径为 0.5～1.0 mm）

3. 材料参数

仅考虑将外掺的砂颗粒作为粗颗粒投放到固化土中，而不考虑固化土中自身含有的粉/砂粒组，即将未掺砂颗粒的固化土作为一个具有胶凝强度的均匀基体。以该部分为模型的第一个部件，设置其满足弹性模型和莫尔-库仑模型。模型的另一个部件则是随机分布的砂颗粒，满足弹性模型。两个部件的材料属性根据试验的相关结果确定，参考养护 28 天不掺砂固化土的力学性能，莫尔-库仑模型中取固化土的黏聚力为无侧限抗压强度的 1/2，内摩擦角为 15°。在弹性模型中，取固化土的弹性模量为 200 MPa，泊松比为 0.25；对于砂颗粒的参数，取弹性模量为 5.5×10^4 MPa，泊松比为 0.13，相关的参数选取如表 2-15 所示。

4. 边界条件

本小节在试样尺度开展掺砂固化土的无侧限抗压强度试验的模型计算。计算过程分为两步：初始分析步 Initial 和施加位移荷载的分析步 U1，如图 2-58（a）所示。在初始分析步中，由于模型的对称性建模时考虑对称性，对对称轴位置的边界添加水平位移约束，底部添加垂直位移约束。根据无侧限抗压强度试验采用的恒定应变加载方式，分析步 U1 中在试样的顶端施加垂直的位移（应变控制），获得轴向力。同时，为了研究砂颗粒掺入对固化土摩擦角影响，在上述模型的基础上，针对粒径为 0.5～1.0 mm 的砂掺入比例为 6%、16%和 35%的固化土试样，分析三轴剪切行为。边界条件主要分为 3 步：首先是初始分析步，与无侧限抗压强度试验计算模型的边界相同；在分析步 U1 上对试件施加围压，围压大小为 100 kPa、200 kPa、400 kPa、600 kPa、800 kPa 和 1 000 kPa；在分析步 U2 中施加顶端位移，如图 2-58（b）所示。

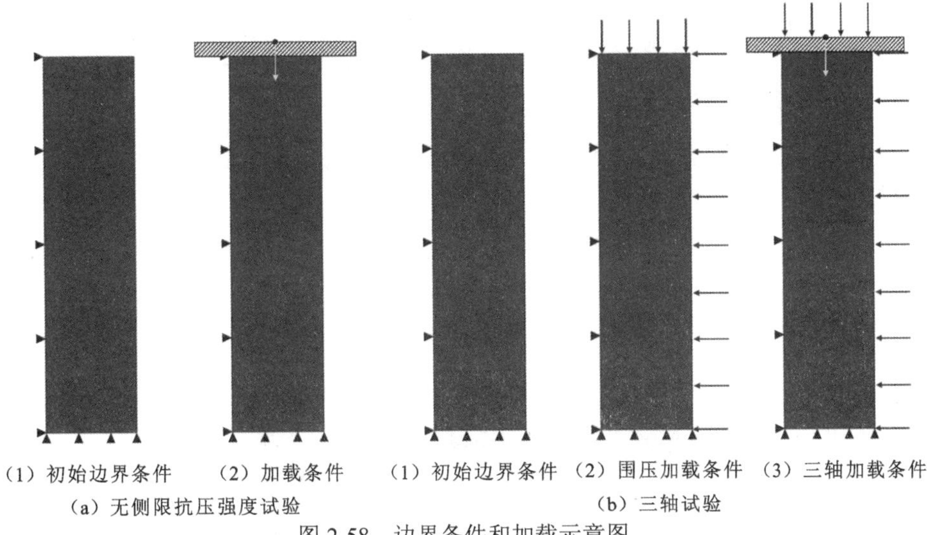

图 2-58　边界条件和加载示意图

5. 网格划分

获得砂颗粒在固化土中随机分布后，采用自由划分和进阶算法进行网格划分，如图 2-59 所示（砂颗粒划分的网格较大，固化土基体划分的网格较小）。该划分主要考虑固化土破坏发生在基体范围内，同时为了简化计算不考虑砂颗粒与基体的界面，直接以节点相连。

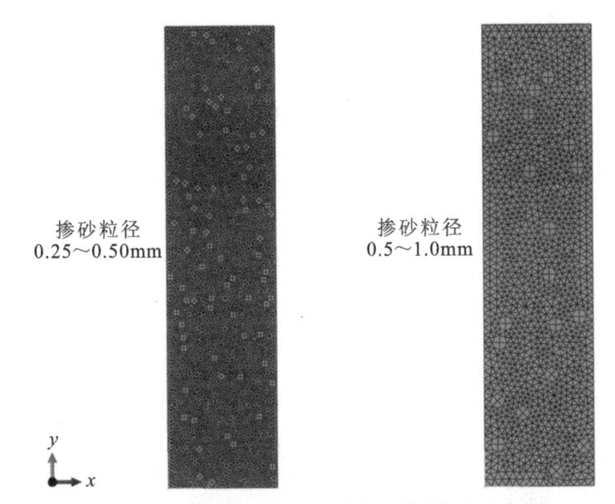

图 2-59　掺砂固化土试件的网格划分示意图

掺砂量为 6%

2.3.3　计算结果

1. 等效塑性应变

图 2-60～图 2-63 为方法一控制黏土含水率不变，掺砂量为 6%～45%的固化土的无侧限抗压强度试验等效塑性应变（equivalent plastic strain，PEEQ）图。从总体上看，塑

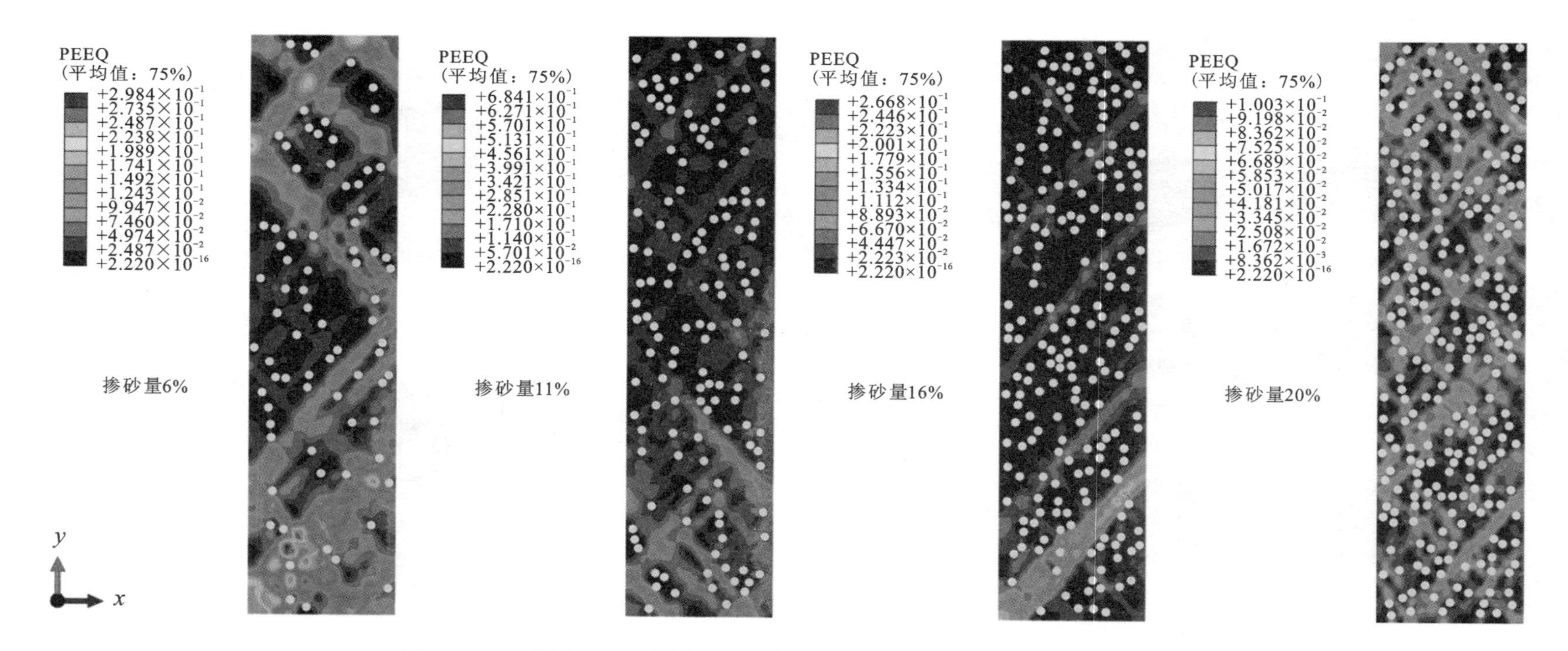

图 2-60　掺砂量6%~20%固化土的塑性应变图（砂颗粒粒径为0.25~0.50 mm）

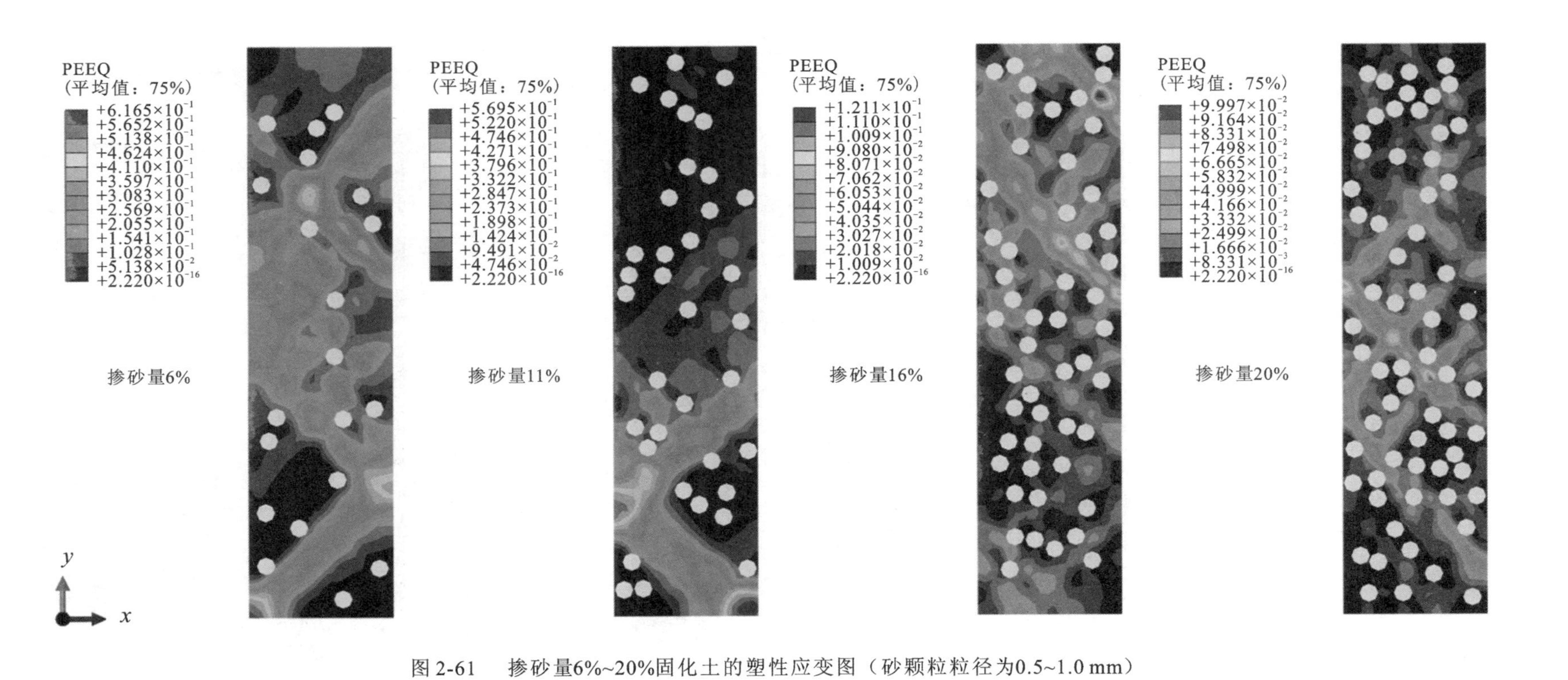

图 2-61　掺砂量6%~20%固化土的塑性应变图（砂颗粒粒径为0.5~1.0 mm）

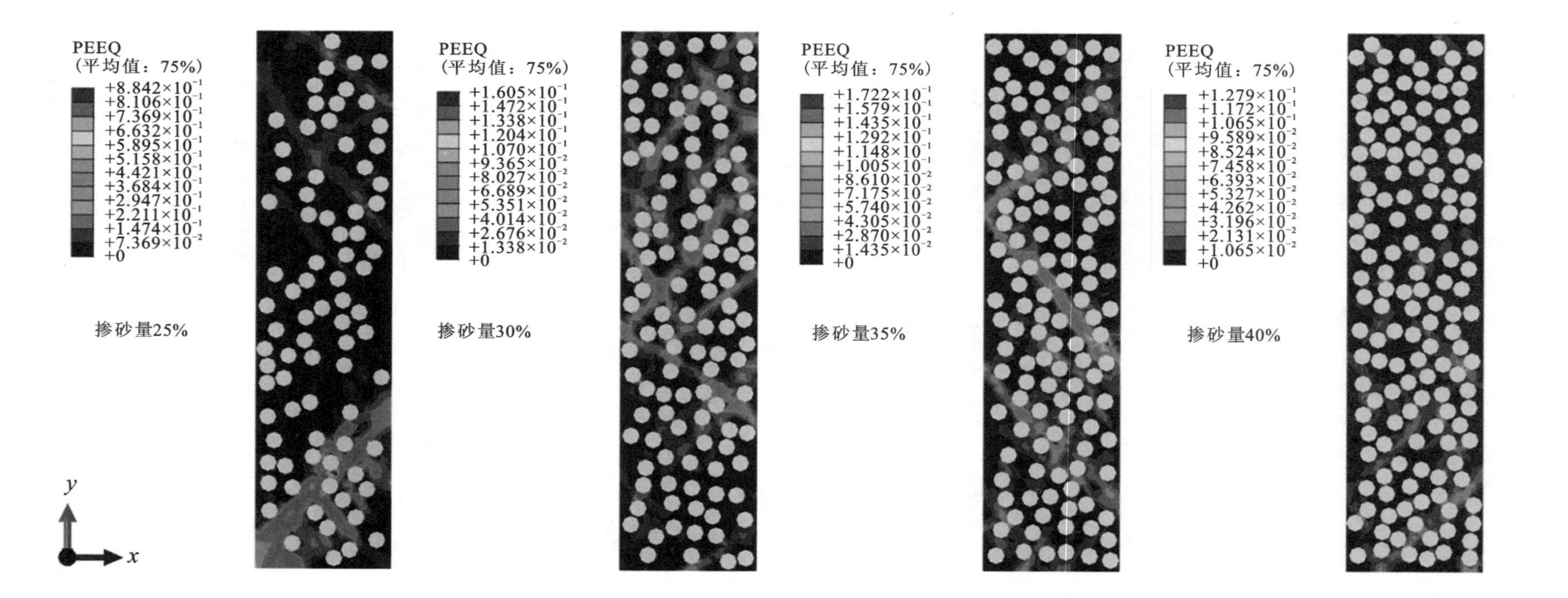

图 2-63　掺砂量25%~45%固化土的塑性应变图（砂颗粒粒径为0.5~1.0 mm）

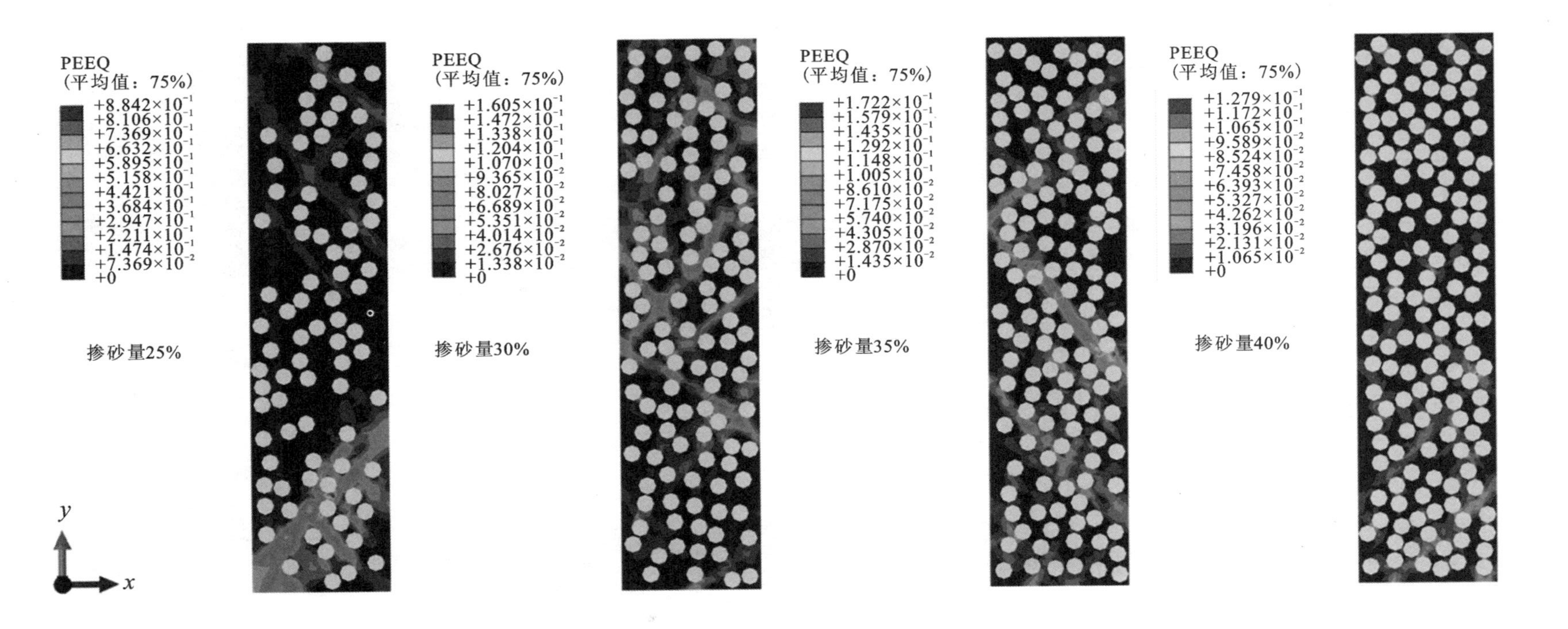

图 2-63　掺砂量25%~45%固化土的塑性应变图（砂颗粒粒径为0.5~1.0 mm）

性应变基本发生在砂颗粒分布稀疏区域的基体上，剪切带绕过了大部分砂颗粒。改变掺砂粒径和掺砂量，可以发现随着掺砂量的增加，塑性应变的值变小，剪切带的宽度也减小；掺砂粒径较大的固化土的塑性应变普遍大于掺砂粒径小的固化土样，并且其剪切带宽度也比掺砂粒径小的试样大。本试验中砂颗粒的掺量为 15%～45%，无法形成砂骨架，剪切过程中，主要是基体承受荷载，发生变形，但砂颗粒增强固化土刚度，改变剪切带发育形态，抵抗固化土的体积变形。

2. 控制总含水率的无侧限抗压强度试验

在方法二保持总含水率不变的情况下，掺砂量 10%～30%固化土的塑性应变如图 2-64 所示。需要指出的是，在该种掺砂方法下，掺砂量越高，固化土的胶凝强度越低。图 2-64 表明随着掺砂量的增加，固化土的塑性应变减小，同时剪切带的宽度也减小。

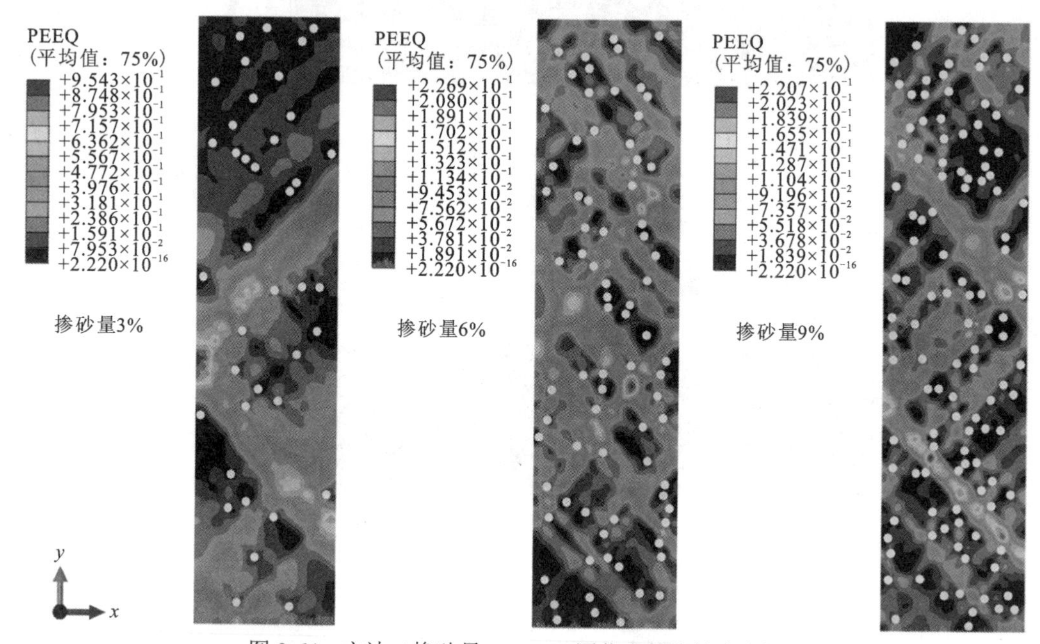

图 2-64　方法二掺砂量 3%～9%固化土的塑性应变图

3. 应力云图

图 2-65～图 2-68 为掺砂量 6%～40%固化土的应力云图，可以发现砂颗粒所在的区域轴向应力偏高，发生应力集中，并且应力集中带沿着砂颗粒的分布而发展，主要在垂直方向，逐渐形成应力链。当掺砂量较低时，砂颗粒分散分布在固化土中，应力集中带无法形成；随着掺砂量的增加，固化土中逐渐形成完整的贯通竖向应力集中带，间接表明力链骨架作用。在相同掺砂量下，随着砂颗粒粒径的减小，固化土中的应力链形成得更明显，主要是由于砂粒径减小，则砂颗粒数量增加，单个砂颗粒与基体的接触增加。同时还可以发现在不同掺砂粒径下，基体应力大小非常接近，说明砂颗粒的掺入并不会影响固化土中大部分区域的应力大小，只会在砂颗粒周围引起应力集中。

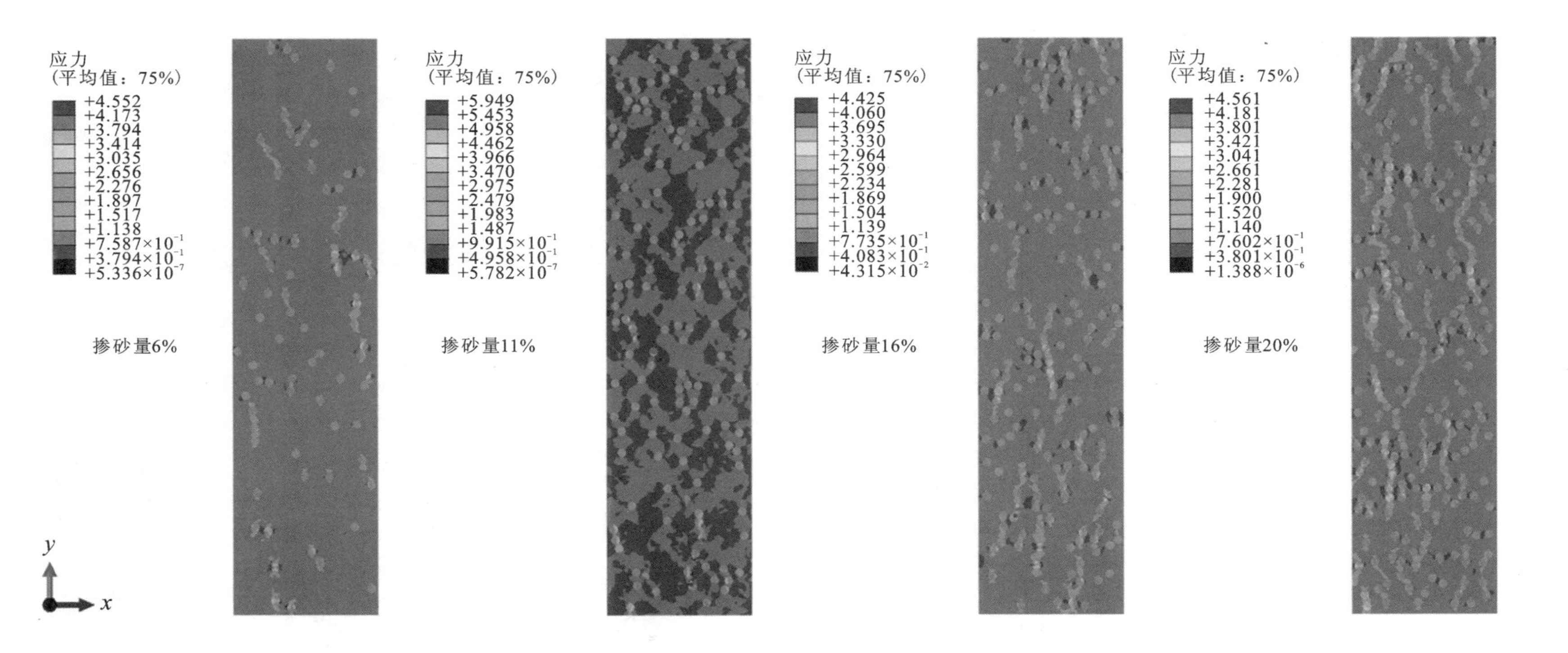

图 2-65　掺砂量6%~20%固化土的应力云图（砂颗粒粒径为0.25~0.50 mm）

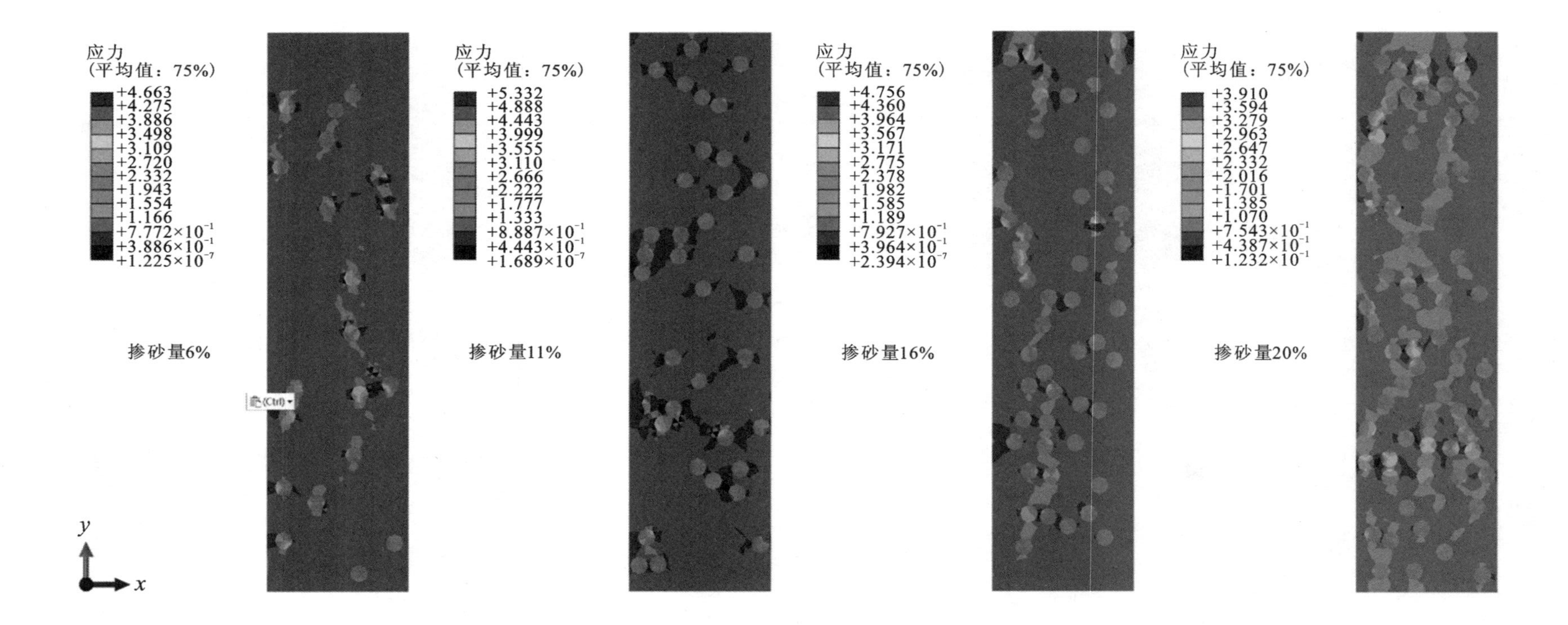

图 2-66　掺砂量6%~20%固化土的应力云图（砂颗粒粒径为0.5~1.0 mm）

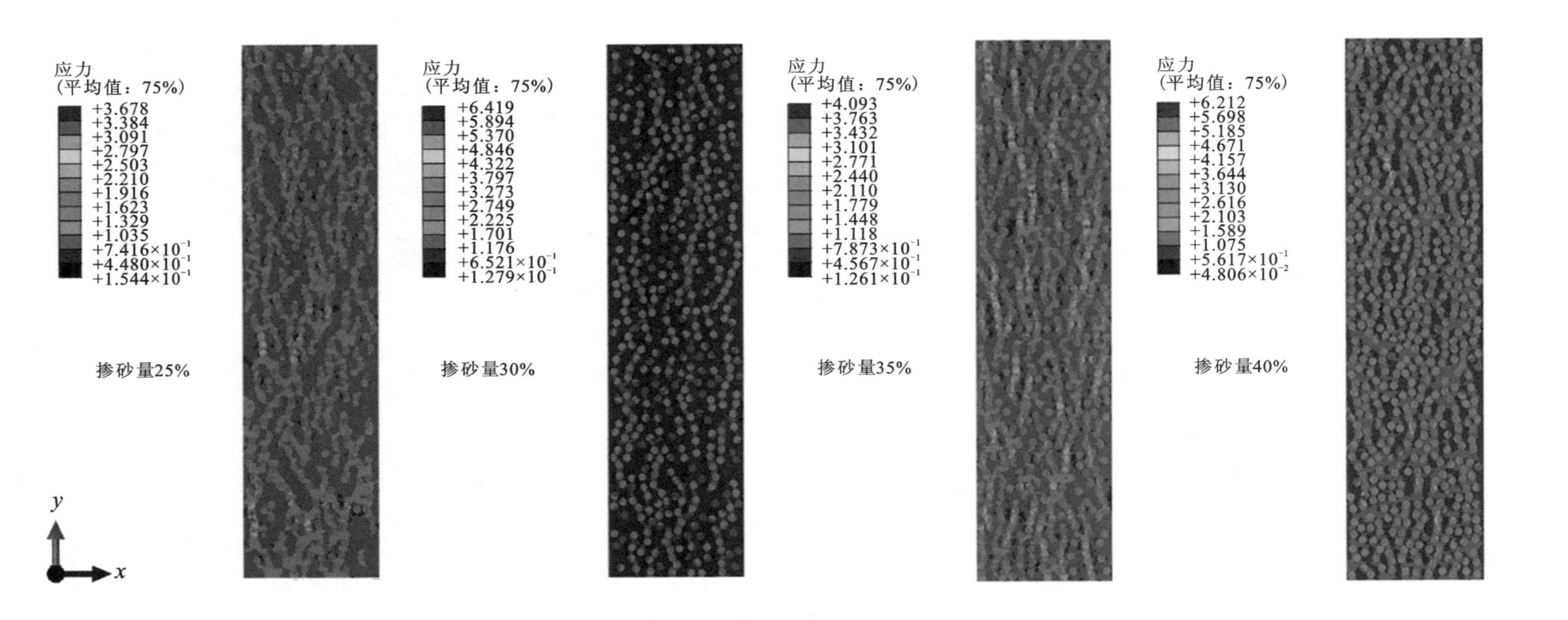

图 2-67　掺砂量25%~40%固化土的应力云图（砂颗粒粒径为0.25~0.50 mm）

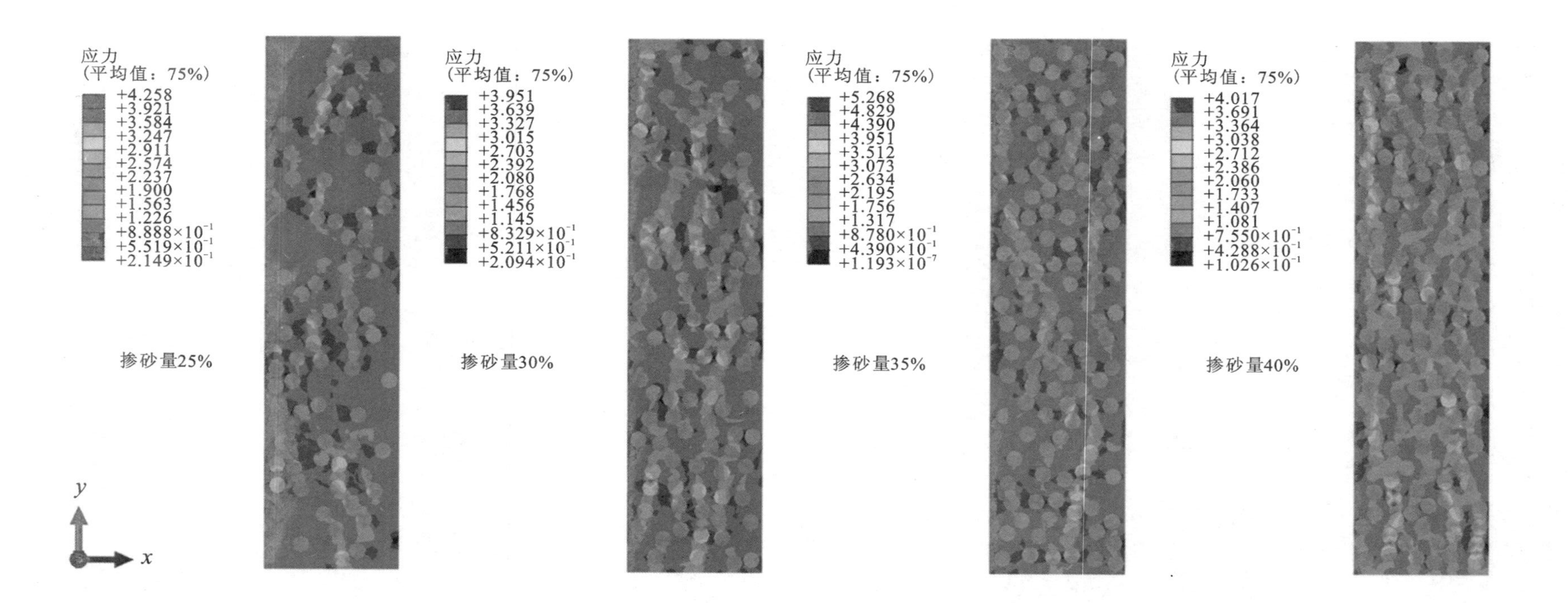

图 2-68 掺砂量25%~40%固化土的应力云图（砂颗粒粒径为0.5~1.0 mm）

按照方法二降低胶凝强度掺入砂颗粒的应力云图如图 2-69 所示，同样可以发现砂颗粒的掺入会引起应力集中，随着砂颗粒掺量的增加，应力集中越明显。但是砂颗粒掺量不超过 10%，不足以形成应力链。

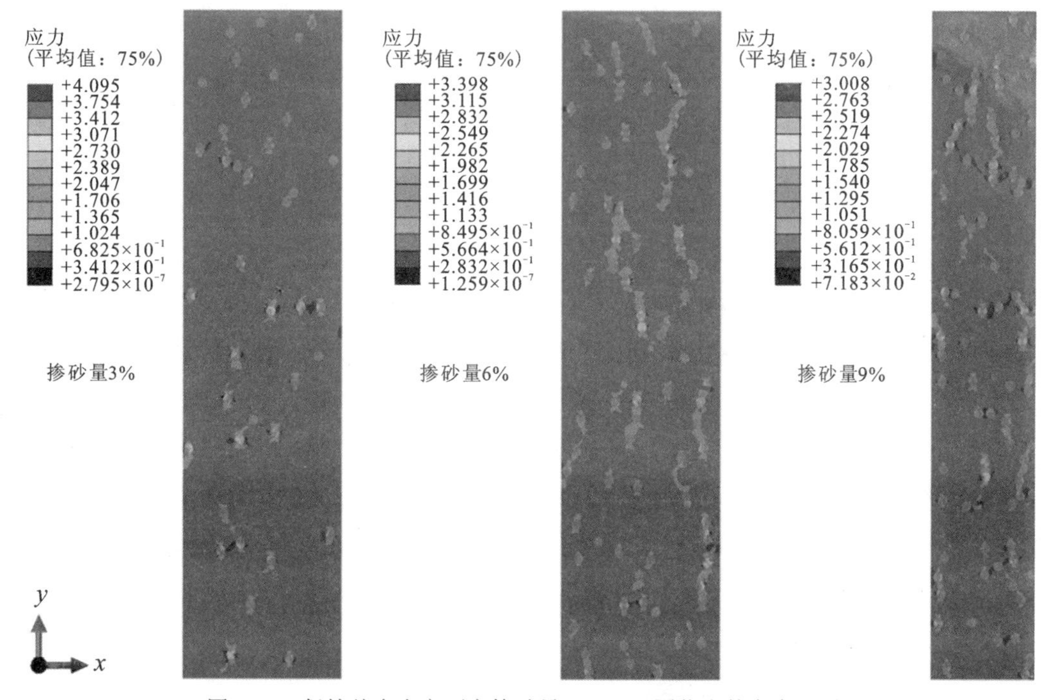

图 2-69　保持总含水率不变掺砂量 3%～9%固化土的应力云图

4. 无侧限抗压强度

通过数值模拟还能得到固化土的无侧限抗压强度，结果如图 2-70 所示。将数值模拟计算得到的强度与室内试验得到强度进行对比，发现数值模拟的结果与室内试验的结果非常接近，略微高于室内试验的结果，主要原因为：首先在本章的数值模拟中没有考虑砂

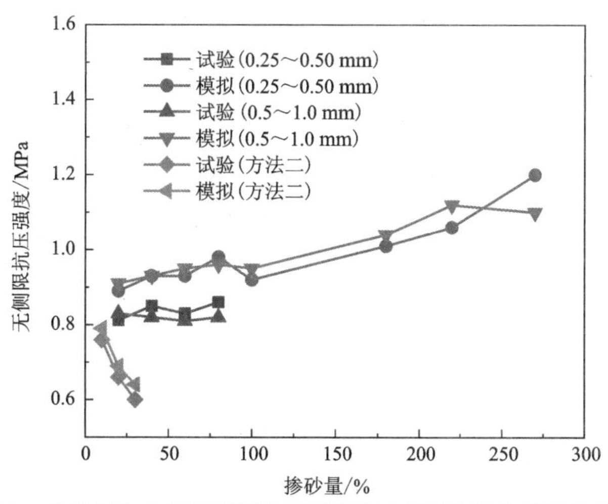

图 2-70　掺砂固化土的无侧限抗压强度室内试验与数值模拟结果对比

颗粒与基体的界面过渡区，实际中砂颗粒与基体的界面非常复杂，而且界面过渡区是掺砂固化土中比较薄弱的部分，破坏可能在该区发生；数值模拟采用的是二维模型来代替三维试样。虽然数值模拟的结果与试验值略有偏差，但是数值模拟结果基本能反映固化土的掺砂规律。在掺砂量低于100%、面积占比低于20%时，砂颗粒的掺入对固化土强度的影响并不大，这与室内试验的结果比较相符。当掺砂量高于180%、面积占比大于25%时，固化土的强度略有提高；因为掺砂固化土中，随着掺砂量的增加，砂颗粒会在基体中形成局部骨架，会分担一部分荷载。

5. 三轴试验模拟结果

对不同掺砂量固化土开展三轴固结排水试验模拟，其强度包线如图2-71所示。可以发现随着围压和掺砂量的增加，固化土的抗剪强度不断增加。根据强度包线得到不同掺砂量下固化土的摩擦角，随着掺砂量的增加，固化土的摩擦角也增大，初始不掺砂固化土的摩擦角为15°。当掺砂量为6%时，摩擦角略有增大，为15.2°；当掺砂量增加到15%时，摩擦角为15.6°；当掺砂量为35%时，摩擦角增大到17.4°。可见砂颗粒的掺入可以有效增大固化土的摩擦角，提高其抗剪强度。

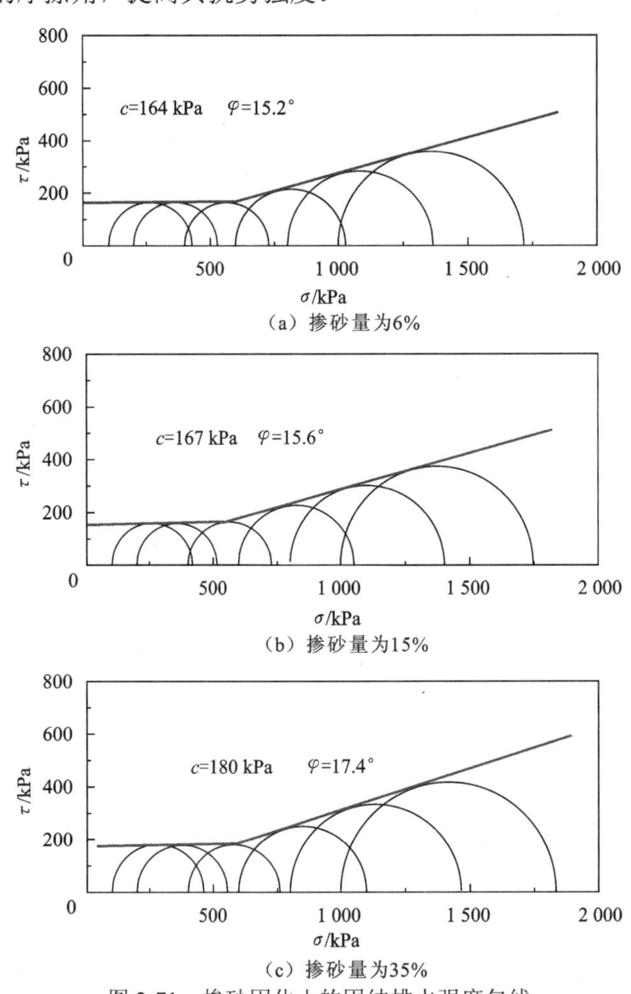

（a）掺砂量为6%

（b）掺砂量为15%

（c）掺砂量为35%

图2-71　掺砂固化土的固结排水强度包线

第 3 章　水相作用鉴别与真空脱滤调控

第 2 章对粉/砂粒组在固化土中的作用机理分析表明，在黏土矿物基本相同时，可利用黏粒与水分的比值来修正灰水比。当黏土矿物组成不同时，即黏土的物理性质不同时，修正固化土中水分需进一步对水进行划分，探讨水分对固化土强度的影响。采用商品高岭土对连云港软土的黏土矿物成分进行调整，制备不同初始含水率和黏土矿物组成的固化土，讨论参与水化过程的水分作用机理。基于固化土中水分鉴别，开展固化土初期水分调控，以期揭示真空脱滤工艺对固化土中水分调控的作用、效果与机理。

3.1　水相作用机理

3.1.1　试验材料

1. 土样

本试验采用的土样有连云港软土和镇江高岭土，其基本物理性质如表 3-1 所示。加入高岭土的目的是改变软土的物理性质（黏土矿物组成）。高岭土取自江苏镇江，为低塑性土，其塑性图如图 3-1 所示，其液限为 42.0%，塑限为 23.0%，塑性指数为 19.0。镇江高岭土的颗粒比较细，主要含有粉粒组，黏粒质量分数较小，约为 21.7%，如图 3-2 所示。为了改变初始土样的基本性质，将不同比例的镇江高岭土掺入连云港软土中：纯连云港软土，记为土样 A；掺入软土干质量 50%的镇江高岭土的混合土，记为土样 B，其液限为 44.1%，塑限为 24.1%；掺入软土干质量 100%的镇江高岭土的混合土，记为土样 C，其液限和塑限分别降到 42.7%和 21.8%。其中土样 A 为高塑性土，土样 B 和土样 C 为低塑性土，如图 3-1 所示，镇江高岭土的掺入会降低软土的塑性和亲水性。

表 3-1　连云港软土和镇江高岭土的基本物理性质

土样	L_L/%	P_L/%	塑性指数 P_I	粒径分布/%			比重 d_s
				砂粒 >0.075 mm	粉粒 0.002～0.075 mm	黏粒 <0.002 mm	
连云港软土	54.7	26.4	28.3	2.6	39.6	57.8	2.71
镇江高岭土	42	23	19	0.2	78.1	21.7	2.74

2. 固化剂

本试验采用的固化剂为钢渣复合基材，主要含有水泥、钢渣和偏高岭土。根据前期的研究（赵余，2017；周晓青 等，2014）发现，当水泥、钢渣、偏高岭土的比例（质量

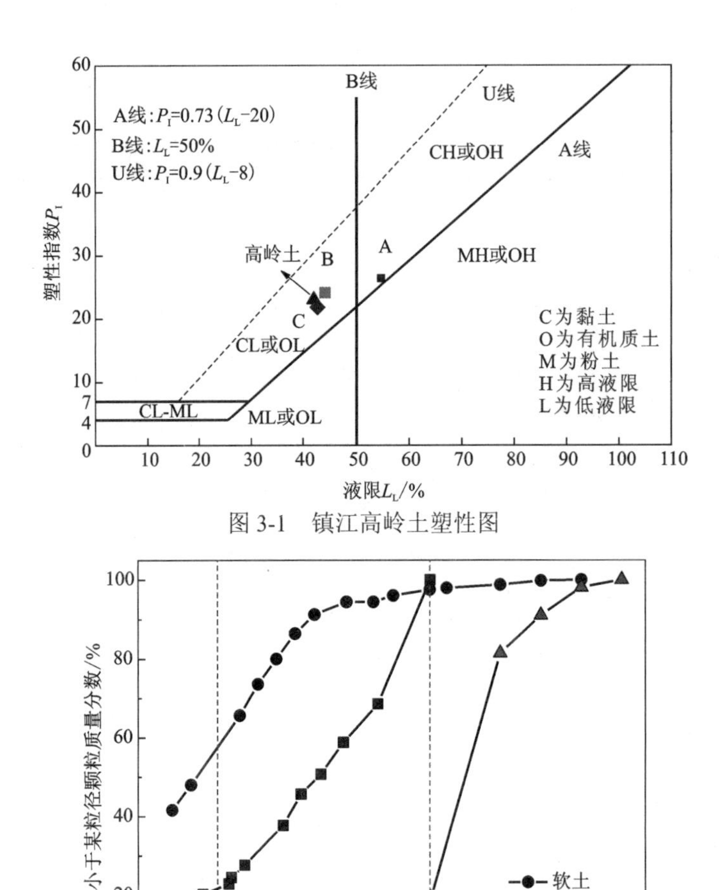

图 3-1　镇江高岭土塑性图

图 3-2　软土、钢渣和高岭土的颗粒级配曲线

比)为 85∶50∶15 时,其净浆强度最高,养护 28 天后的无侧限抗压强度能够达到 40 MPa。因此本试验中采用该配比的复合基材作为固化剂，验证固化剂在不同性质土样中的作用效果。

1）水泥

采用普通的硅酸盐水泥 P.O 42.5，水泥中含有活性的硅、钙和铝相，其具体成分如表 3-2 所示。水泥可以作为一种激发剂，不仅提供一个碱性的环境，还能为钢渣提供活性成分。

表 3-2　水泥、钢渣和偏高岭土的组成成分　　（单位：%）

材料	CaO	Al_2O_3	SiO_2	Fe_2O_3	MgO	SO_3	其他	烧失量
水泥	54.7	7.5	21.7	2.9	1.7	3.5	4.6	3.4
钢渣	48.8	2.1	27.9	8.3	3.3	1.7	8.2	1.6
偏高岭土	1.0	40.0	52.0	2.5	0.8	—	—	—

注：因修约，加和可能不为 100%。

2）钢渣

本试验采用的钢渣来自浙江嘉兴某钢铁厂，为采用湿式磁选法进行预处理的二次钢渣。风干后过 2 mm 的筛，如图 3-3（a）所示，总体呈灰色。其化学成分如表 3-2 所示，其中主要含有 CaO 和 SiO_2，而 Al_2O_3 的质量分数则较小，仅有 2.1%。钢渣的粒径分布如图 3-2 所示，80%的颗粒粒径在 0.075～1.0 mm，0.01 mm 以下粒径的颗粒非常少，不足 5%，因此未经激发的钢渣活性较低。利用 X 射线衍射分析钢渣的矿物成分如图 3-4 所示，发现钢渣中主要含有 γ-Ca_2SiO_4、β-Ca_2SiO_4 和 Ca_3SiO_5，具有潜在的胶凝特性。

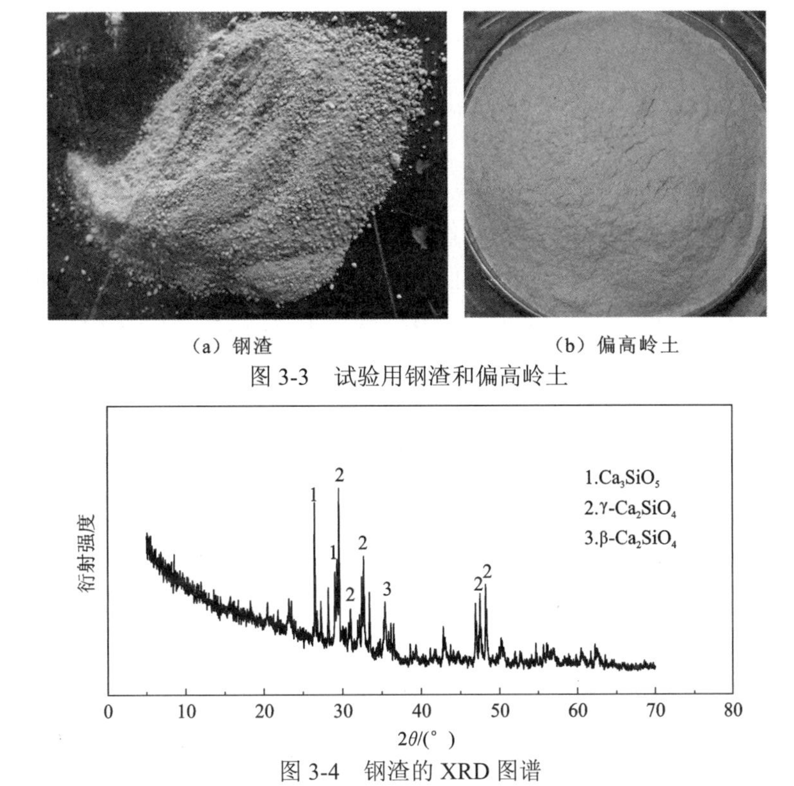

（a）钢渣　　（b）偏高岭土

图 3-3　试验用钢渣和偏高岭土

图 3-4　钢渣的 XRD 图谱

3）偏高岭土

本试验采用德国巴斯夫偏高岭土，平均粒径为 5 μm，如图 3-3（b）所示，呈极细的白色粉末状。偏高岭土是高岭土在高温（600～900℃）下灼烧脱滤形成的无定形无水硅铝酸（$Al_2O_3 \cdot 2SiO_2$，记为 AS_2），呈现热力学介稳状态，在碱激发条件下具有胶凝性和很高的火山灰活性。在钢渣复合基材中主要起成分增补的作用，其化学成分如表 3-2 所示，含有丰富的活性铝，能够有效地弥补钢渣中缺失的铝相。

3.1.2　试样制备与试验方法

1. 试样制备

首先将风干的连云港软土过 2 mm 筛，去除石头和贝壳等较大的杂质。然后按照设定的比例加入镇江高岭土以调节其液限和塑限，由于软土含水率一般较高，按照含水率为

1.0 倍、1.15 倍和 1.3 倍液限加入蒸馏水，如表 3-3 所示。搅拌均匀后养护 24 h 使其充分水化。加入按照比例配制的钢渣复合基材，其中钢渣复合基材的质量为干土质量的 20%。搅拌均匀后，分层装入高度为 10 cm、直径为 5 cm 的模具中，密封放入温度为（20±2）℃、湿度为 95%以上的标准养护室养护。

表 3-3　土样的含水率设置

土样	高岭土掺量/%	L_L/%	P_L/%	w_0/%			养护时间/天
A	0	54.7	26.4	54.7	62.9	71.1	7，14，28
B	50	44.1	24.1	44.1	50.7	57.3	
C	100	42.7	21.8	42.7	49.1	55.5	

2. 试验方法

养护到固定龄期后，将试样拆模，修平试样上下底面。按照加载速度 1.00 mm/min 测试其无侧限抗压强度，当强度达到峰值或应变达到 15%时，终止加载。本试验除了开展无侧限抗压强度试验，还收集了不同地方的固化土数据进行强度分析，其具体参数如表 3-4 所示。

表 3-4　文献中收集到的固化土的相关性能

土样	L_L/%	P_L/%	w_0/%	水泥种类	水泥掺量/%	养护龄期/天	参考文献
无锡	75	29	108	Type I 普通硅酸盐水泥	7.3～101.9	7，28	Zhu 等（2007a）
深圳	73	32	93		6.4～90.7	7，28	
广州	62	35	95		6.6～92.9	7，28	
新加坡	87	35	90，120	Type I 硅酸盐水泥	5～60	7，28，90	Chew 等（2004）
曼谷-1	103	43	80～160	Type I 硅酸盐水泥	10	7，28	Lorenzo 等（2004）
曼谷-2	89	30	89，119，148	Type I 硅酸盐水泥	10～30	7，14，28，90	Horpibulsuk 等（2011b）
日本水岛	65.3	15.5	97.95～130.60	普通硅酸盐水泥	2.04～25	7，28，90	Kang 等（2017，2016，2015）
日本德山	107.6	35.4	161.4，215.2		11.1～25	7，28，90	
日本响滩	61.2	20.7	91.8		11.1～25	7，28，90	
日本门司	89.5	29.3	134.25		11.1～25	7，28，90	
日本有明	120	57	106，130，160	普通硅酸盐水泥	10，15，20	7，28	Horpibulsuk 等（2003）
印度-红壤	38	15	38，57，76	硅酸盐水泥	1.9～15.2	7，14，28	Narendra 等（2006）
印度-棕壤	60	23	60，90，120		3～25	7，14，28	
印度-黑棉土	97	35	97，135.5，194		4.85～38.8	7，14，28	

3.1.3 试验结果

1. 无侧限抗压强度与含水率的关系

本章通过将高岭土掺入软土改变软土的基本物理性质，可以发现随着高岭土的掺入，土样的液限和塑限均发生改变，随着高岭土掺量的增加而降低，土样由高液限黏土变为低液限黏土。

如图 3-5 所示，初始含水率对固化土的强度有很大影响。对于几乎所有的固化土，其无侧限抗压强度会随着含水率的增加而降低，即含水率的增加弱化了水泥水化产物的胶结。三种固化土的强度随含水率变化的敏感性不同，固化土与混凝土和砂浆不同，固化土中水分并不完全是自由水。固化土中水分主要分成两部分：一部分水附着在土颗粒表面，特别是黏粒和富含蒙脱石土的土样，形成结合水；另一部分为自由水，参与水泥的水化反应，与混凝土和砂浆中的自由水作用相似。这两种水在土样中很难定量化区分，但是与土样的液限和塑限相关。

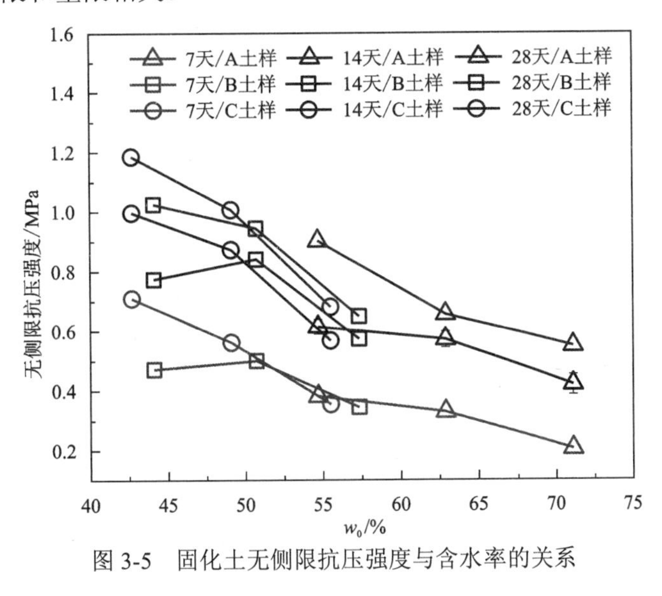

图 3-5 固化土无侧限抗压强度与含水率的关系

2. 液限和塑限对强度的影响

图 3-6 和图 3-7 所示分别为固化土 7 天、14 天和 28 天无侧限抗压强度与液限和塑限的关系，可以发现对于同一 w_0/L_L 值，当液限和塑限较低时，无侧限抗压强度反而较高，并随着液限和塑限的升高，固化土的强度呈降低趋势。虽然整体变化的趋势相似，但是无侧限抗压强度随着 w_0/L_L 值和养护龄期变化发生变化。当 w_0/L_L 值相对较低时，无侧限抗压强度随着液限和塑限急剧降低；当 w_0/L_L 值较高时，无侧限抗压强度变化稍缓慢。当 w_0/L_L 值大于 1.15 时，无侧限抗压强度随液限的变化趋势线的斜率基本不变。当 w_0/L_L 值较低时，无侧限抗压强度与塑限基本呈线性关系，当 w_0/L_L 值大于 1.0 时，塑限小于 24%时，固化土的无侧限抗压强度变化不大；当塑限大于 24%时，无侧限抗压强度随塑限的增加急剧下降。高含水率固化土的无侧限抗压强度取决于土源基本性质，包括初始含水率与界限含水率。

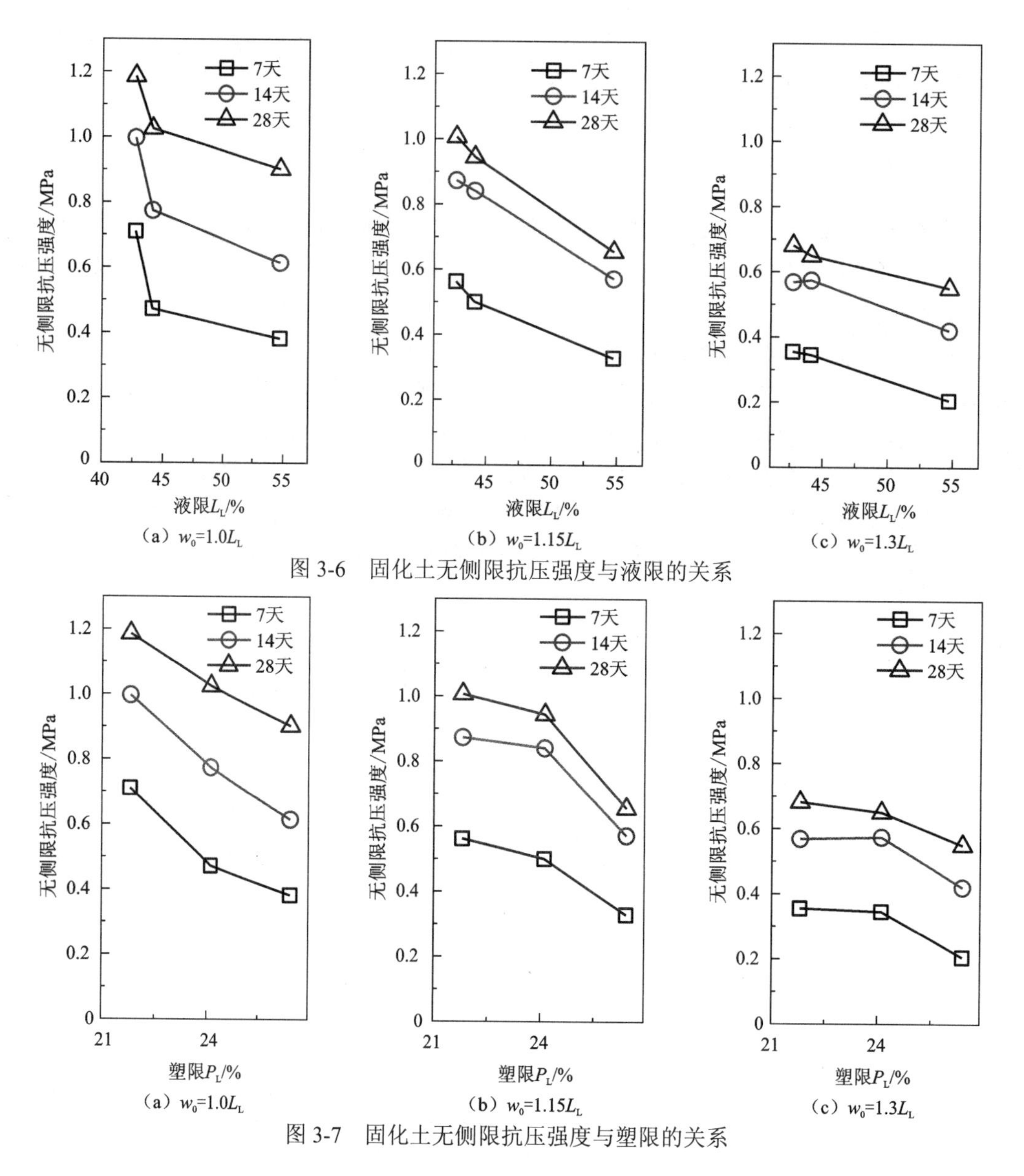

图 3-6　固化土无侧限抗压强度与液限的关系

图 3-7　固化土无侧限抗压强度与塑限的关系

3. 黏粒含量和养护龄期对强度的影响

黏粒含量是影响固化土强度的另一个重要因素，如图 3-8 所示，在相同的 w_0/L_L 值（分别为 1.0、1.15 和 1.3）下，固化土的无侧限抗压强度随着黏粒质量分数的增加而降低，无侧限抗压强度随塑限的变化趋势相似。当 w_0/L_L 值较低时，无侧限抗压强度基本呈线性降低，当 w_0/L_L 值高于 1.15 时，无侧限抗压强度的降低趋势随黏粒质量分数从平缓到急剧下降。这表明塑限是反映黏粒质量分数对固化土强度影响的重要参数。

养护龄期对固化土无侧限抗压强度的影响如图 3-9 所示，固化土的无侧限抗压强度在早期发展迅速，随着养护龄期的增长而变慢。例如，养护 7 天后的强度能够达到 28 天强度的 60%以上。对于不同的土样，其无侧限抗压强度增长趋势几乎相同。随着 w_0/L_L 值的增加，三种土样的无侧限抗压强度越来越接近，呈现收敛的趋势，当 w_0/L_L 值等于 1.3 时，固化土样 B 的无侧限抗压强度与固化土样 C 基本相等。

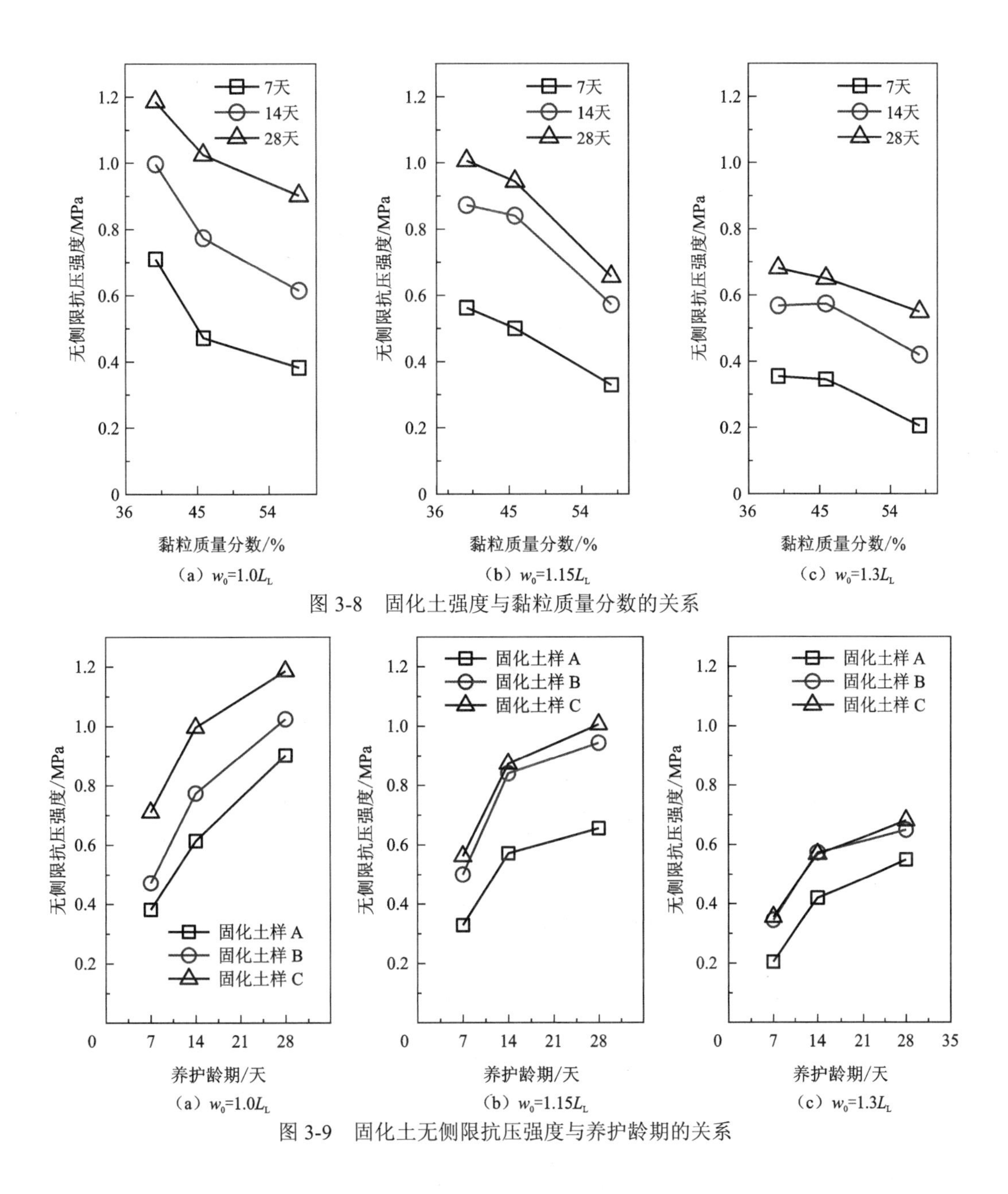

（a）$w_0=1.0L_L$ （b）$w_0=1.15L_L$ （c）$w_0=1.3L_L$

图 3-8 固化土强度与黏粒质量分数的关系

（a）$w_0=1.0L_L$ （b）$w_0=1.15L_L$ （c）$w_0=1.3L_L$

图 3-9 固化土无侧限抗压强度与养护龄期的关系

3.1.4 固化土中液相组成鉴别与验证

本章的固化土样外加收集到的 14 个地方的固化土样 7 天、28 天和 90 天无侧限抗压强度与灰水比的关系如图 3-10～图 3-12 所示。可以发现，随着灰水比的增加，所有固化土样的无侧限抗压强度呈增加的趋势，但是不同固化土样的无侧限抗压强度与灰水比的关系并不收敛。

在本试验和文献数据收集的基础上对固化土中的水分进行划分，提出含自由水率这一参数来描述固化土强度特征，将固化土含自由水率定义为总的含水率减去结合水含水率，其强度与灰水比的关系得以重新定义：

$$w_f = w_0 - n \times P_L \tag{3-1}$$

$$\mathrm{UCS} = a\frac{c_0}{w_f} + b = \frac{ac_0}{w_0 - n \times P_L} + b \tag{3-2}$$

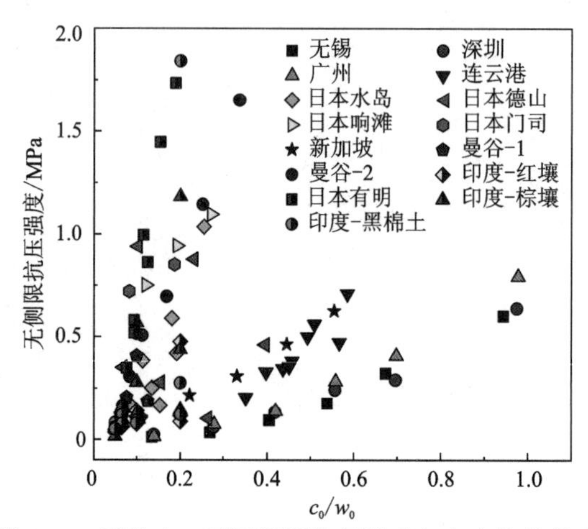

图 3-10　固化土 7 天无侧限抗压强度与灰水比的关系

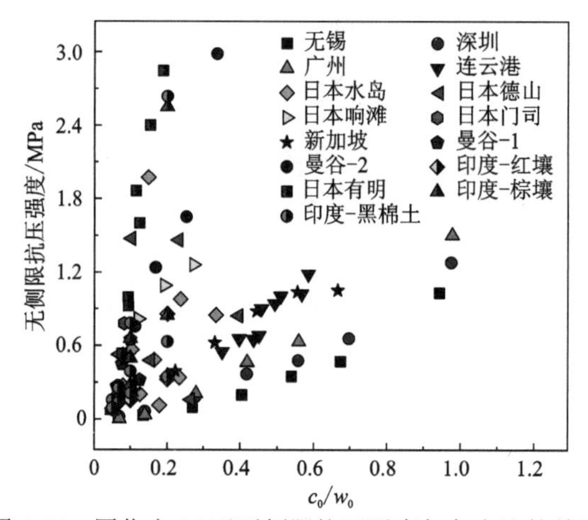

图 3-11　固化土 28 天无侧限抗压强度与灰水比的关系

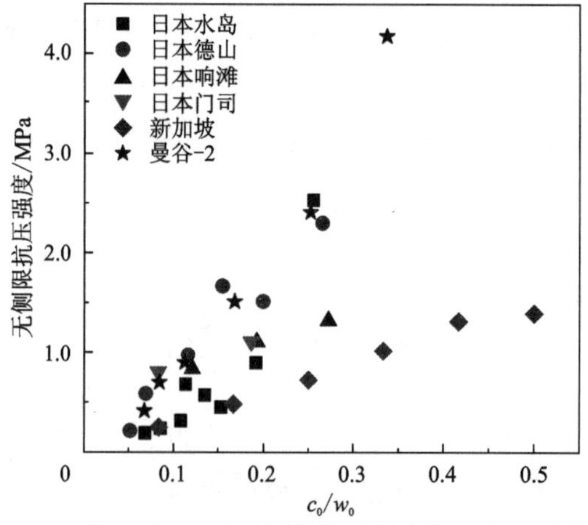

图 3-12　固化土 90 天无侧限抗压强度与灰水比的关系

式中：w_f为含自由水率；n为材料相关参数；a和b均为经验参数。图 3-13～图 3-15 所示为固化土的 7 天、28 天和 90 天强度与自由灰水比的关系，可以发现固化土的无侧限抗压强度与自由灰水比之间拥有比较明显的线性正相关关系，进一步验证了固化土中

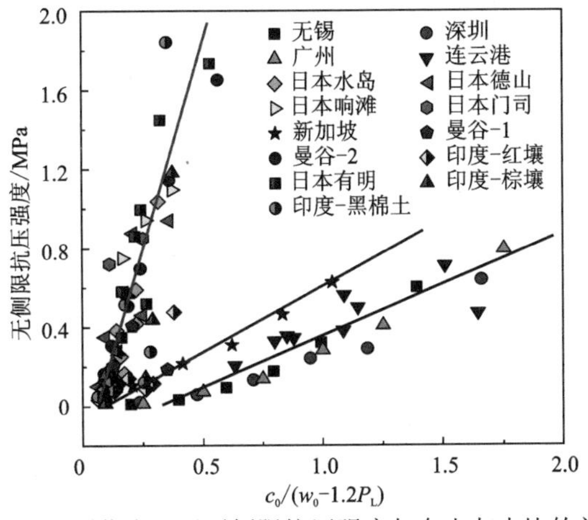

图 3-13　固化土 7 天无侧限抗压强度与自由灰水比的关系

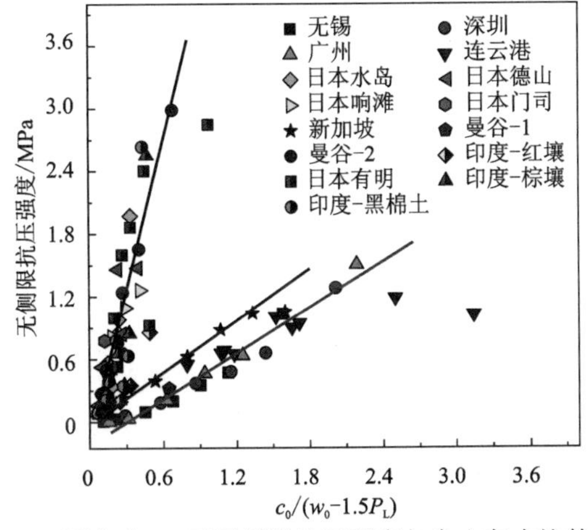

图 3-14　固化土 28 天无侧限抗压强度与自由灰水比的关系

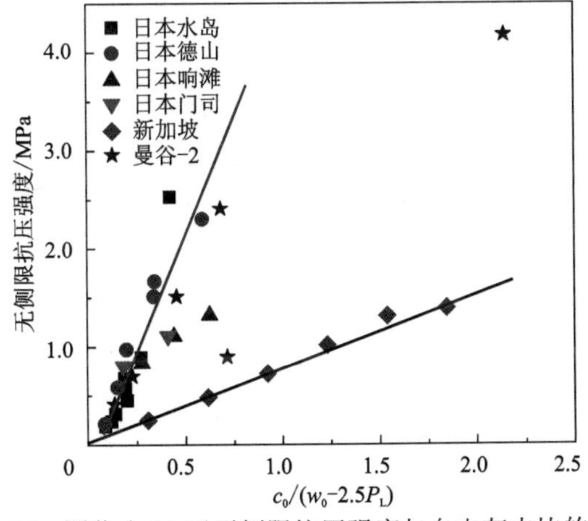

图 3-15　固化土 90 天无侧限抗压强度与自由灰水比的关系

水分划分的合理性。不同地方固化土样强度拟合曲线的斜率存在差异，主要是由于固化剂的胶结强度不同。另外，参数 n 随着龄期延长呈增加的趋势：养护 7 天时，n 为 1.2；养护 28 天时，n 为 1.5；养护 90 天后，n 为 2.5。随着养护龄期的增加，水泥水化反应需要吸收更多的水分，土样中自由水质量分数降低，也与前述固化土的塑限随着龄期的增加而提高相符。

固化土中的水分与混凝土和砂浆不同，由于结合水的存在更为复杂，同时土源黏土矿物组成不同，结合水的水膜厚度也有差异。第 2 章通过研究发现颗粒粒径较大的粉/砂颗粒表面基本没有结合水，在黏土矿物种类相同的情况下，通过黏粒质量分数来修正灰水比。本试验考虑土中黏土矿物的种类及其吸水能力不同，根据土样的塑限、含水率修正固化土中的自由水质量分数。基于上述研究，自由灰水比是预测固化土强度的一个关键参数，将含有一定量结合水的土颗粒等效为对水分没有吸附作用的惰性颗粒，类似于混凝土中的砂粒和粗骨料，则固化土的强度就可以利用水泥与多余的水分比值来预测。经过该方法修正以后，固化土强度预测公式可以统一到混凝土和砂浆的强度预测系统中，如图 3-16 所示。

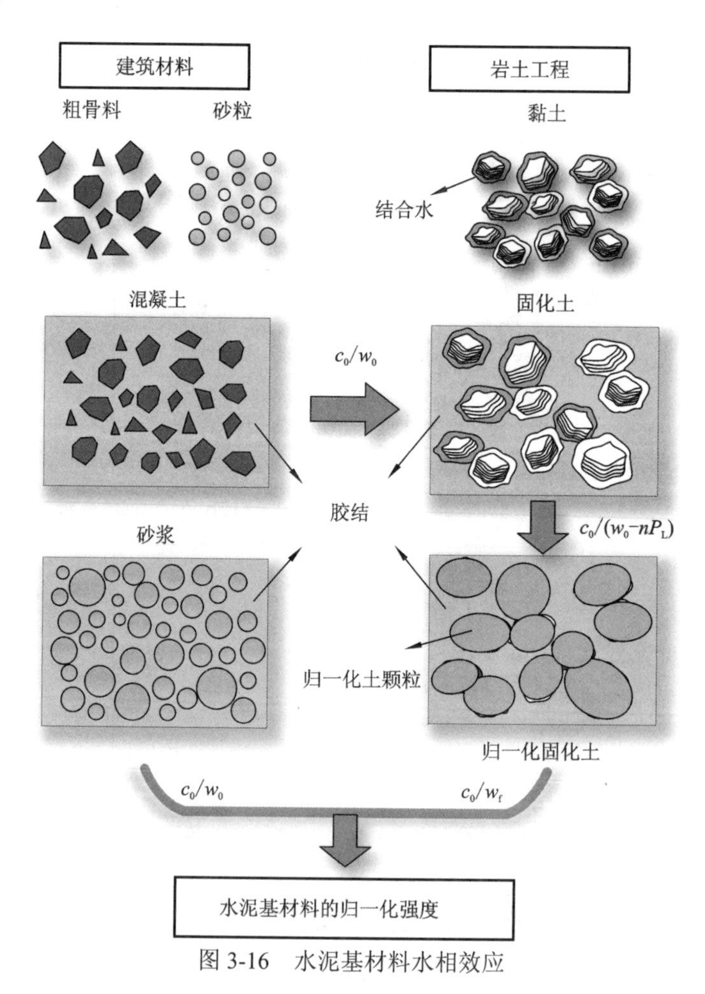

图 3-16　水泥基材料水相效应

3.2 固化土真空脱滤工艺的室内试验

考虑施工需求和强度要求，软土就地固化需要满足一定的可搅拌性和均匀性，流态固化土需要满足一定的流动性，但固化土初始含水率较高，影响其后期的强度。因此如果能在施工结束后降低一部分自由水的质量分数，既可以满足施工的需求，又能有效保证固化土后期的强度。基于前述对固化土中水分的划分，本节提出真空脱滤工艺降低固化土初期含自由水率，其基本原理是在固化土搅拌完毕时，采用真空脱滤工艺，排出自由水，达到提高固化土灰水比和强度的目的。为了验证固化土真空脱滤工艺的可行性和效果，开展室内试验研究其脱滤效果、强度提高比例及作用机理。

3.2.1 试验设计

1. 真空脱滤试验

室内试验采用的土样依然是连云港软土，水泥是海螺牌普通硅酸盐水泥，标号为P.O 42.5。软土和水泥的基本性质第2章已经详细介绍，不再赘述。为了验证固化土真空脱滤对就地固化土和流态固化土两种现场施工工艺的适用性，开展不同初始含水率的真空固化土室内试验。初始土样的含水率分别设为83.8%、102.1%、113.3%和125.4%，水泥掺量为湿土总质量的8%。试验具体操作如下。

（1）取风干连云港土样，测定其风干含水率。考虑风干含水率，配制设定含水率的土样，搅拌均匀，养护24 h以上，以使水分分布均匀，土样充分水化。

（2）养护后的土样，由于含水率超过液限，水分泌出，需要再次搅拌均匀。然后按照湿土质量的8%掺入水泥并搅拌均匀。

（3）将大部分搅拌均匀的固化土样装入提前准备好的密封袋中，将包裹土工布的排水管平铺在固化土样表面，然后用密封胶封住装有固化土样的密封袋袋口。

（4）开启真空泵开始抽水，其中排水管与真空泵之间有一个密封的集水器，用于收集真空脱滤过程中排出的水分，如图3-17（a）所示。考虑固化土的水化反应过程，抽真空脱滤的时间设为24 h，抽真空过程中记录排水量随时间的变化关系。

（a）固化土真空脱滤室内试验装置

（b）改性滤失试验装置

图3-17 试验装置

（5）收集排出的尾水，测定其中的离子组成及质量分数。同时提取含水率为 125.4%软土中的上清液，测定其中的离子组成和质量分数。

（6）剩下的一部分固化土样按照室内固化土的方法，分层装入高度为 10 cm、直径为 5 cm 的 PVC 管中，震动密实后密封放入标准养护室养护，作为真空固化土的对照组。

（7）真空脱滤完成后，拆除真空泵、排水体和密封袋，用环刀切出直径为 5 cm、高度为 10 cm 的固化土样，放入密封袋，在标准养护室养护。

2. 改性滤失试验

为了研究固化土在真空脱滤和水化反应的耦合过程中的渗透系数变化，采用改性滤失试验测定固化土水化前期的渗透系数随时间的变化。改性滤失试验源于美国石油协会（American Petroleum Institute，API）滤失试验，基于滤失理论和达西定律，快速简便地测定土样的渗透系数。本小节对 4 种含水率的固化土和对应含水率不掺水泥的软土开展改性滤失试验，试验装置如图 3-17（b）所示。试验过程如下。

（1）制备特定含水率的土样，养护 24 h 以上，以使土样充分水化。

（2）养护后的土样中掺入水泥，搅拌均匀后形成固化土。纯软土土样则可直接开展滤失试验。

（3）采用 API 标准滤失仪，内径为 76.2 mm，将 250 mL 固化土（或软土）加入滤失仪腔室中，密封组装好滤失仪，反转滤失仪，在腔室顶部装入自来水。

（4）向腔室顶部施加气压，考虑固化土和软土的初始含水率较高，施加压力较小，初始压力设为 5 kPa，后期提高到 11 kPa。

（5）记录排水量随着时间的变化，便于计算渗透系数。收集不同时间的滤失液，后期测定其中 Ca^{2+}的浓度。

3.2.2 测试内容

为了研究室内固化土的真空脱滤效果和对强度影响机理，开展以下测试内容。

1. 排水量

开启真空泵的瞬间计时，记录真空脱滤的质量随时间的变化。试验前期，每隔 1～3 min 记录 1 次排水质量，中期每 30～60 min 记录 1 次，后期超过 12 h 每 3～4 h 记录 1 次。

2. 无侧限抗压强度

为了对比真空脱滤与常规制样对固化土强度的影响效果，将试样养护到固定龄期后，开展无侧限抗压强度试验，测定其强度。采用南京土壤仪器厂生产的 CBR-2 型电动应变控制式承载比试验仪，试验前在圆柱形土样上下底面涂抹凡士林以减小摩擦，采用应变为 1.00 mm/min 的速率进行加载，每组采用 3 个平行样，取其平均值作为最终结果。

3. 渗透系数

为了研究固化土在真空脱滤过程中渗透系数的变化及水化反应对渗透系数的影响，开展改性滤失试验，快速测定渗透系数。并与相同含水率的软土进行对比，明确水化作用对固化土渗透性的影响。

4. 微观形貌与孔隙分布

为了探究真空脱滤对固化土微观结构的影响，用扫描电镜观察真空组和对照组固化土的水化产物和微观形貌等特征。另外，真空脱滤可能对固化土样的微观孔隙大小及孔隙率有影响，因此开展压汞（mercury intrusion porosimetry，MIP）试验测定其孔隙大小、分布及孔隙率。通过微观试验揭示真空固化土真空脱滤的作用效应及强度提高的机理。

3.2.3 试验结果

1. 排水量随时间的变化

如图 3-18 所示，4 组不同初始含水率固化土的排水曲线形态基本相同，排水量随着时间的增加而不断增加，但是增加的速率在逐渐降低。抽水时间达到 700 min 后，排水曲线趋于平缓，排水量很小，因此真空脱滤的有效时间基本在前 12 h 以内。4 组不同初始含水率固化土的排水量和排水速度也不同，其中初始含水率为 125.4%的固化土样排水量最大，为 2 132 g，含水率降到 100.6%；其次是初始含水率为 113.3%的固化土，排水量为 1 599 g，含水率降到 98.0%；初始含水率为 102.1%的固化土排水量为 1 072 g，含水率降到 90.0%；初始含水率为 83.8%的固化土排水量最低，为 654 g，含水率降到 77.9%。因此初始含水率越高，排水量越大，主要是由于初始含水率越高，固化土中自由水越多，越容易将水分从固化土中抽出来。从排水量随时间变化的曲线可以观察到，含水率越高，前期曲线斜率越大，而与曲线斜率对应的为排水速度，因此排水速度也越快。

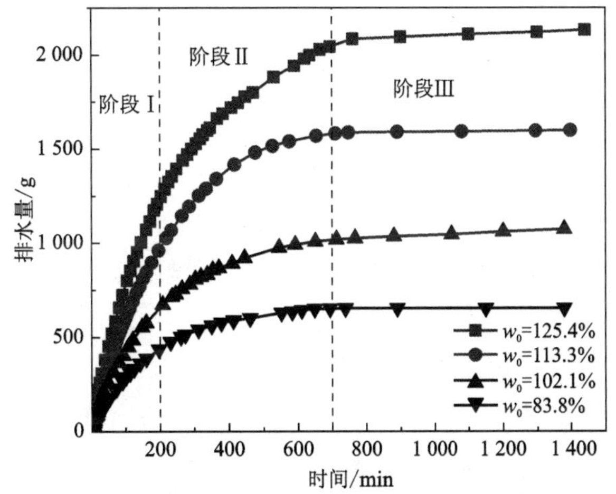

图 3-18　固化土真空脱滤排水量随时间的变化（室内试验）

图 3-19 所示为 4 组不同初始含水率下真空脱滤速度与时间对数的关系。在排水初期，土样中含有空气，抽出水中含有的空气，导致排水速度产生波动。但总体上排水速度随着时间降低。排水速度与时间对数的关系表明初始含水率高的固化土样，排水速度不管前期还是后期均高于初始含水率低的土样。真空脱滤时间超过 12 h，排水速度接近零，说明经过接近 12 h 的真空脱滤，固化土中的水分已无法排出，固化土的基本结构开始形成。

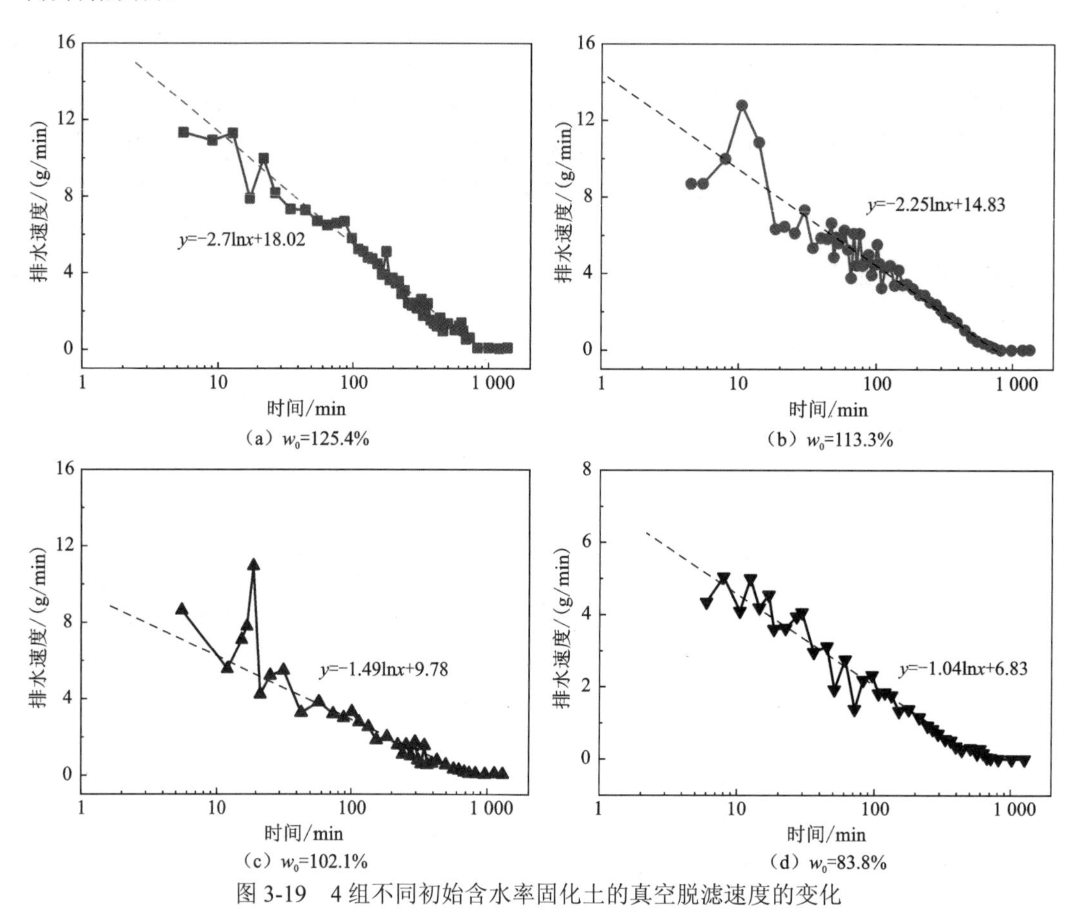

图 3-19　4 组不同初始含水率固化土的真空脱滤速度的变化

2. 渗透系数随时间的变化

图 3-20 所示为固化土改性滤失试验结果，可以发现固化土的渗透系数普遍大于相同初始含水率的软土，这主要是由于水泥水化对软土的改性作用使软土“砂化”。4 种初始含水率的软土渗透系数随着时间变化不大，出现缓慢降低的趋势，主要是由于软土处于流动状态，初始渗透系数基本接近，但由于渗透固结效应，后期渗透系数有所降低。对固化土而言，在此过程中也发生了渗透固结，但是水泥水化反应初凝进一步加速骨架形成，渗透系数变化得更明显。前 700 min 内，固化土的渗透系数随时间对数呈线性降低；当时间超过 700 min 后，渗透系数变化很小。

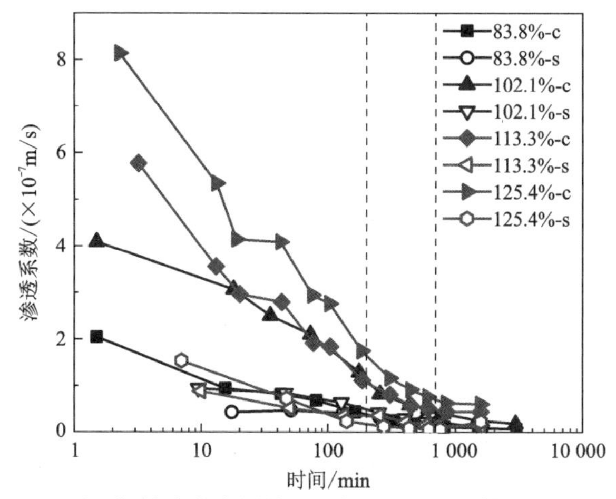

图 3-20　不同初始含水率固化土和软土的渗透系数随时间的变化

c 为固化土，s 为软土

3. 排水效率的影响因素

通过前述试验可以发现，固化土中排出水分主要受 4 个因素叠加影响。首先是黏土矿物对水分的吸附和约束，主要受黏土矿物亲水性和水泥对黏土改性的影响；其次水泥水化反应吸收一部分水分，该部分需要的水分约为水泥质量的 0.2～0.4 倍；然后是骨架随着脱滤和初凝过程逐渐形成，影响水分的排出；最后是排水功率的影响，主要为真空压力、总体积及排水通道。真空脱滤试验是在控制黏土性质相同、真空压力和固化土总体积基本不变的情况下开展的，对其脱滤效率影响的主要因素为初始含水率和由脱滤与初凝形成的骨架。

将固化土脱滤质量与初始含水率的比值（即 w_v/w_0）作为脱滤效率的表征参数，固化土的脱滤效率与初始自由灰水比的关系如图 3-21 所示[真空脱滤在固化初期，式（3-1）的 n 值为 1.0]，随着初始灰水比的增加，脱滤的效率有所降低，排出的水量减少。脱滤效率与自由灰水比呈负指数关系，相关系数也较高，当自由灰水比为 0.26 时，脱滤效率仅为 6.6%。

4. 强度增长

真空脱滤排出自由水，含水率降低，自由灰水比提高，经过真空脱滤后固化土无侧限抗压强度提高 70%～175%，如图 3-22 所示。初始含水率为 83.8%的固化土养护 7 天的无侧限抗压强度为 0.39 MPa，28 天无侧限抗压强度为 0.54 MPa；经过真空脱滤后含水率降到 78%，自由灰水比也从 0.28 增加到 0.32，7 天无侧限抗压强度提高到 0.65 MPa，提高了 66.7%，28 天强度提高到 0.9 MPa。而初始含水率为 125.4%的固化土经过真空脱滤后的含水率降到 100.7%，其养护 7 天自由灰水比从 0.19 增加到 0.26，强度从 0.14 MPa 提高到 0.37 MPa，提高了 1.6 倍。

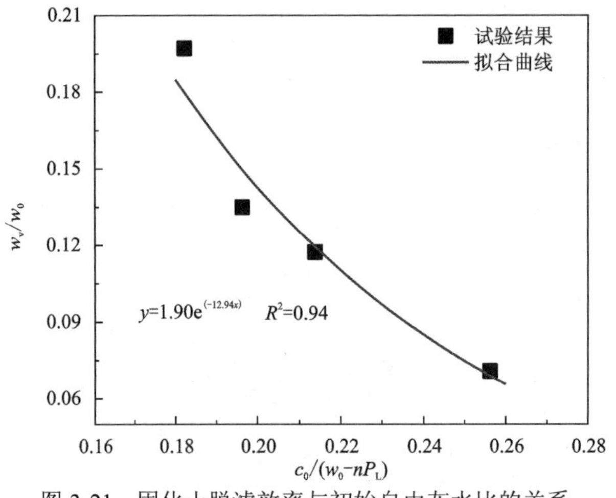

图 3-21　固化土脱滤效率与初始自由灰水比的关系

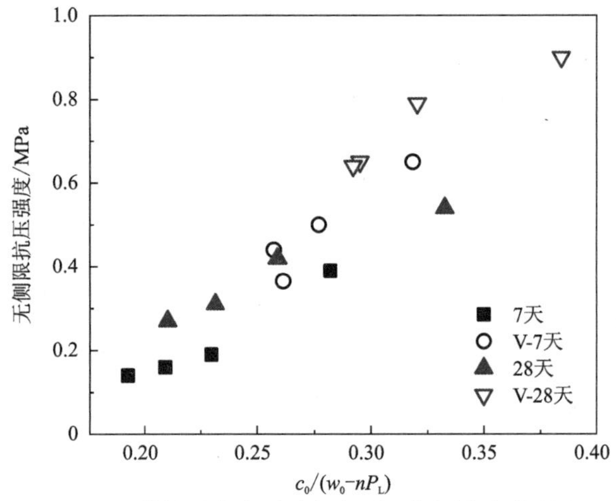

图 3-22　养护后真空脱滤组与对照组固化土的强度

7 天和 28 天为对照组，V-7 天和 V-28 天为真空脱滤组

3.3　固化土真空脱滤机理

3.3.1　固化土的微观结构

为了研究真空脱滤对固化土强度提高的机理，选取初始含水率为 125.4%和 83.8%的固化土，利用扫描电镜观察其微观形态，对比真空脱滤组与对照组的微观形貌，从而明确真空脱滤对固化增强的作用机理。如图 3-23 所示，(a)和(c)分别为初始含水率 125.4%和 83.8%的对照组，(b）和（d）分别为真空脱滤组。当放大 5 000 倍时，可以观察到不论初始含水率高还是低，经过真空脱滤后，固化土的微观结构比对照组更加密实，颗粒之间的连接更加紧密，颗粒之间的孔隙也更小。图 3-24 揭示了初始含水率为 83.8%的真空脱滤组和对照组固化土放大 30 000 倍的典型形貌和水化产物，可以发现真空脱滤组与对照组的物质组成基本相似，主要为网状的 C-S-H 连接着土颗粒，还有部分长杆状的钙

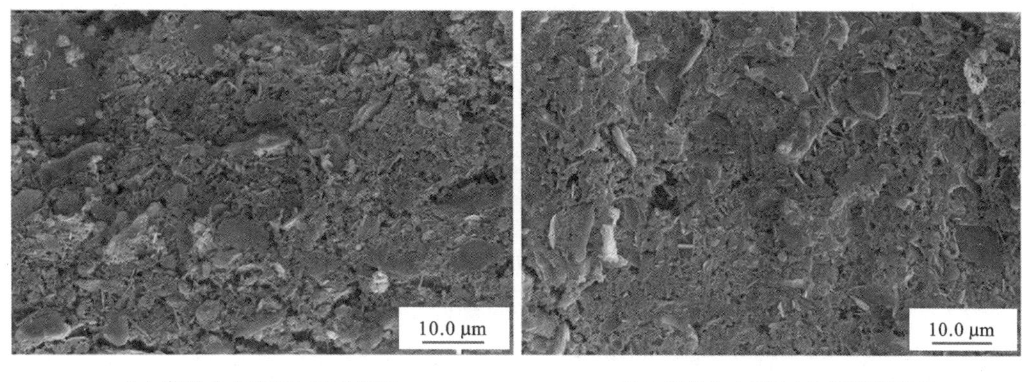

（a）初始含水率125.4%对照组 （b）初始含水率125.4%真空脱滤组

（c）初始含水率83.8%对照组 （d）初始含水率83.8%真空脱滤组

图 3-23 固化土的微观结构

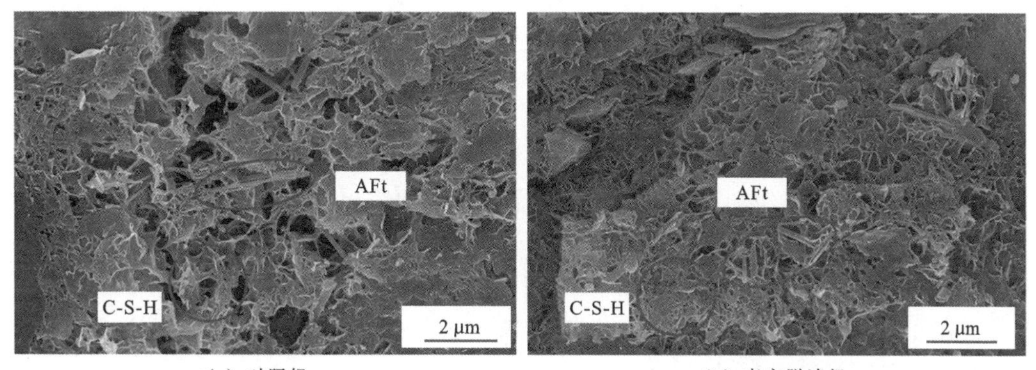

（a）对照组 （b）真空脱滤组

图 3-24 初始含水率为 83.8%固化土的水化产物微观结构

矾石（AFt）。虽然两组中 C-S-H 的形态和数量差不多，但是真空脱滤组的 AFt 的数量明显比对照组中少。尽管真空脱滤会排出孔隙水中 Ca^{2+}，影响固化土中水化产物的生成，但该过程有利于降低固化土的含水率和孔隙率，两者共同作用影响固化土的性能。

3.3.2 尾水中 Ca^{2+}浓度

为了研究固化土在真空脱滤过程中流失的离子，测定真空脱滤过程中收集的尾水的离子种类和质量分数，发现 Ca^{2+}滤出较多。对比 4 组含水率固化土的尾水和含水率 125.4%

软土上清液中的 Ca^{2+}质量分数（图 3-25），固化土尾水中含有的 Ca^{2+}质量浓度较高，达到 1 000 mg/L 以上，远远高于软土中的浓度，且随着初始含水率的增加而降低，固化土中水化的 Ca^{2+}主要分为两部分：一部分被黏土矿物吸附；另一部分参与水泥的水化反应，是水化产物的重要组成部分。当孔隙水中的 Ca^{2+}随脱滤过程被排出后，会影响水化产物（如 C-S-H、AFt 等）的生成，导致 AFt 的质量分数明显减少。定义钙元素的损失率为流失的 Ca^{2+}的质量与固化土中钙元素总质量的比值，根据固化土中添加的水泥质量及水泥的物质组成（表 2-6），可以初步估计添加的钙元素总质量。假设流失的 Ca 均以离子的形式存在，可以发现随着含水率的增加，损失率不断升高，4 种初始含水率的固化土的钙元素损失率为 1.3‰～3.8‰，如图 3-25（b）所示。

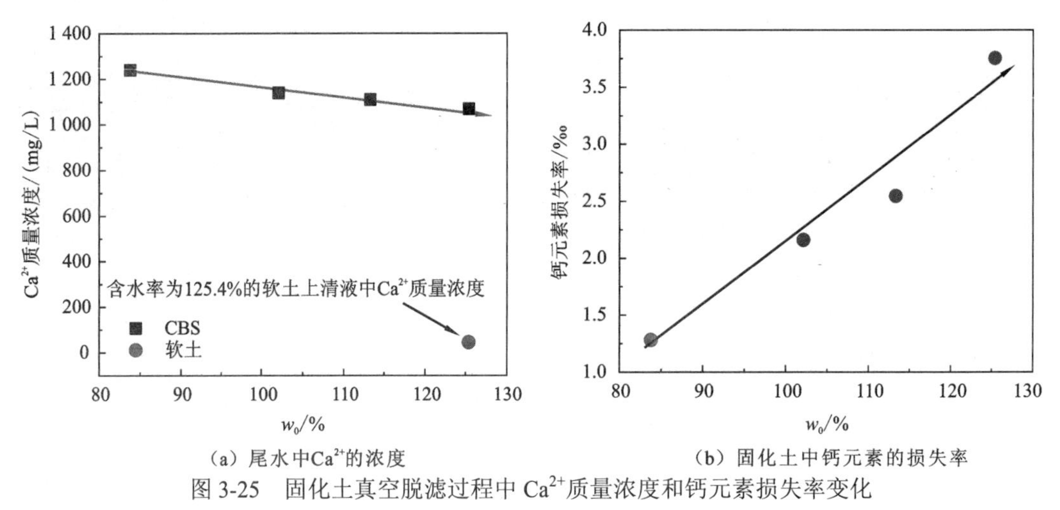

（a）尾水中Ca^{2+}的浓度　　（b）固化土中钙元素的损失率

图 3-25　固化土真空脱滤过程中 Ca^{2+}质量浓度和钙元素损失率变化

3.3.3　固化土的孔隙特征

为了定量描述真空脱滤对固化土孔隙结构的影响，开展压汞试验测定其孔隙率和孔隙分布。4 组真空脱滤组和对照组的固化土累积进汞曲线和孔径分布（图 3-26），表明真空脱滤组的累积进汞量普遍比对照组的低，同一组初始含水率高的固化土样一般比初始含水率低的累积进汞量更大。另外，不论是真空脱滤组还是对照组的固化土，其孔径主要分布在 100～1 000 nm，还有少量分布在 10 mm 左右。总体来说，真空脱滤组的孔径分布曲线比对照组稍向左偏移。

图 3-27 对同一初始含水率真空脱滤组和对照组的孔径分布进行对比。可以发现，对于初始含水率较高（含水率为 125%和 113%）的固化土样，经过真空脱滤后，孔径分布曲线整体往左偏移，表现为主峰的峰值降低，右侧的大孔隙峰也出现左移。对于初始含水率较低（含水率为 102%和 83%）的固化土样，经过真空脱滤后，小孔隙和大孔隙的孔径均变小，并且大孔隙的孔径逐渐往小孔隙靠拢，形成接近单峰结构。根据累积进汞量和固化土样的密度计算得到孔隙率（图 3-28），发现随着初始含水率的增加，固化土的孔隙率相应提高；经过真空脱滤后，固化土的孔隙率降低很多，并且初始含水率越高的固化土样经过真空脱滤后，孔隙率降低得越多，采用中值孔径定量对比分析，可以发现真空脱滤后固化土的孔径普遍变小。

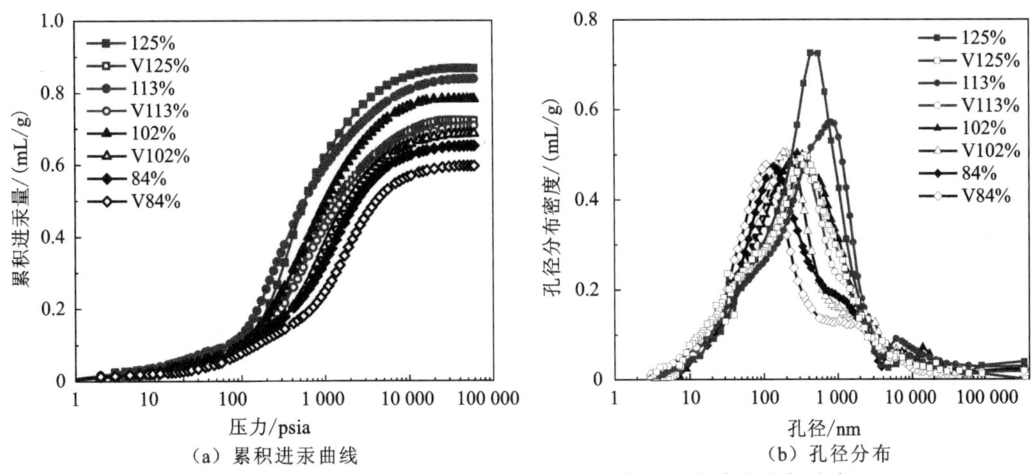

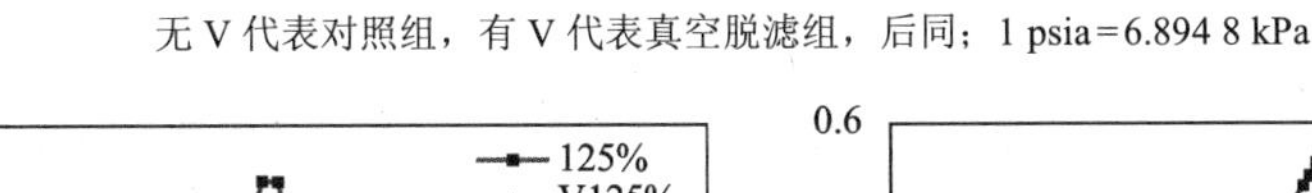

图 3-26　真空脱滤组与对照组的固化土累积进汞曲线和孔径分布

无 V 代表对照组，有 V 代表真空脱滤组，后同；1 psia＝6.894 8 kPa

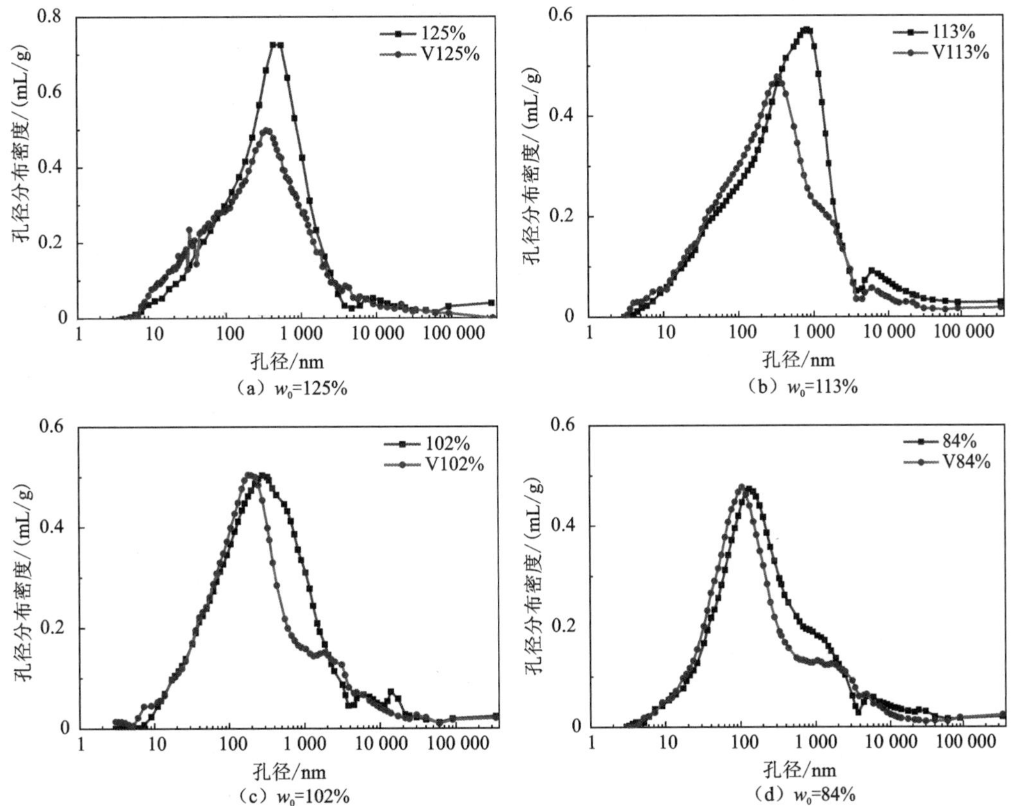

图 3-27　4 组不同初始含水率的固化土真空脱滤组与对照组的孔径分布

综上所述，真空脱滤对固化土性能的影响有两方面：①经过真空脱滤，可以有效降低固化土的含水率、孔隙率及孔径大小，可以有效提高固化土的强度；②跟随水分流失的 Ca^{2+}会影响水化产物的生成，不利于固化土结构的形成，可能会削弱其强度。从本章的试验结果可以发现，孔隙率和含水率降低引起的强度提高起主导作用，大于由 Ca^{2+}流失引起的强度降低。

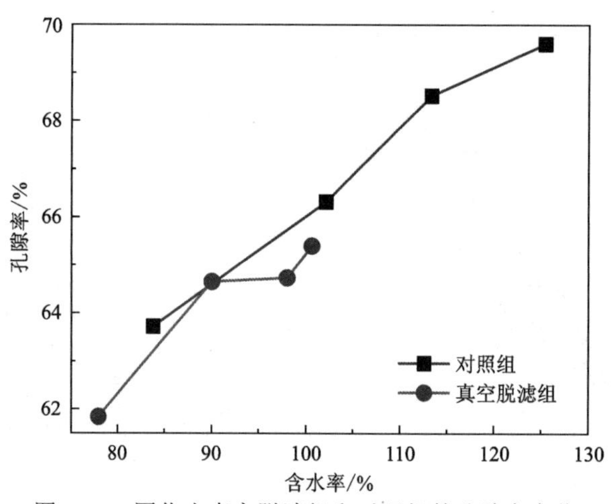

图 3-28　固化土真空脱滤组和对照组的孔隙率变化

第 4 章 熟料功能组分与固化土特性

本章将从胶凝层面研究水泥熟料组分与黏土矿物间的相互作用，及其对固化土力学特性的影响。因水泥熟料（包括 C_3S、C_2S、C_3A、C_4AF 等）和黏土矿物（包括高岭石、蒙脱石、伊利石和绿泥石等）种类繁多，选用水泥熟料中两种对强度影响较大的组分（C_3S 和 C_3A）和天然沉积软黏土中两种典型黏矿的人工黏土（富含高岭石的高岭土和富含蒙脱石的膨润土）作为研究对象。在不同龄期下进行无侧限抗压强度（UCS）、酸/碱离子浓度（pH）和反应水化热（hydration heat，HH）等宏观试验，评估不同水化产物-黏土矿物配比的固化土强度和理化性能指标随龄期的变化，采用 X 射线衍射（XRD）、扫描电子显微镜（SEM）、热重分析（TGA）和压汞（MIP）试验等测试从微观层面初步揭示水化产物-黏土矿物相互作用过程、反应生成物矿相组成和微观孔隙结构的演化特性。

4.1 人工黏土和单矿熟料的制备及其性质

4.1.1 高岭土和膨润土的性质

选择产自江苏徐州的商用高岭土（kaolin）和钙基膨润土（Ca-bentonite）分别代表高岭石和蒙脱石族黏土矿物，其中：高岭土可代表低活性、低膨胀性黏土矿物，其在自然沉积软土中赋存含量大（Yukselen-Aksoy et al.，2013）；膨润土则代表高活性、高膨胀性黏土矿物，同时钙基膨润土沉积分布范围广，具有代表性（Yang et al.，2017）。高岭土和膨润土的基本物理化学性质如表 4-1 所示，其中液限（L_L）和塑限（P_L）分别采用碟式仪法和搓条法量测，根据 ASTM D2487 对土性的分类，高岭土和膨润土分别划分为低塑性黏土（CL）和高塑性黏土（CH）。土的比重（G_s）和比表面积（specific surface area，SSA）分别使用比重瓶法（ASTM D854）和乙二醇单乙醚（ethylene glycol monoethyl ether，EGME）法（Cerato et al.，2002）测定。黏土矿物组成则是通过定向片 XRD（包括自然定向片 N、饱和乙醇片 EG 和高温片 H-550℃）进行定量分析的。表 4-2 的结果表明，所用高岭土和膨润土的主要黏土矿物分别是高岭石（70.3%）和蒙脱石（91.2%）。图 4-1 为依据 ASTM D422-63 采用密度计法测定两种纯相黏土的粒径分布曲线，结果表明，高岭土的黏粒（<2 μm）质量分数为 20.5%，而膨润土的黏粒质量分数为 36.6%。需要强调的是，密度计和 XRD 测得的黏土矿物质量分数存在一定出入，是由两种测试前处理的差别所致。

表 4-1　高岭土和膨润土的基本物理化学性质

性质	高岭土	膨润土	测试方法
比重，G_s	2.68	2.72	ASTM D854
液限，L_L/%	39	121	ASTM D4318
塑限，P_L/%	22	53	ASTM D4318
塑性指数，P_I	17	68	ASTM D4318
平均粒径，D_{50}/μm	12.7	6.7	ASTM D422-63
黏粒质量分数，CF/%	20.5	36.6	ASTM D422-63
比表面积，SSA/（m^2/g）	53	289.5	Cerato 等（2002）
主要矿物	高岭石	蒙脱石	定向片 XRD
土性分类	CL	CH	ASTM D2487
pH	8.2	8.9	ASTM D4972

表 4-2　高岭土和膨润土的矿物组成

黏土	矿物组成/%								
	主要矿物						黏土矿物		
	石英	钾长石	斜长石	方解石	白云石	菱铁矿	伊利石	高岭石	蒙脱石
高岭土	3.8	4.9	15.5	3.7	1.8	0	—	70.3	—
膨润土	1.5	0.3	0	0.2	0	1.6	3.7	1.5	91.2

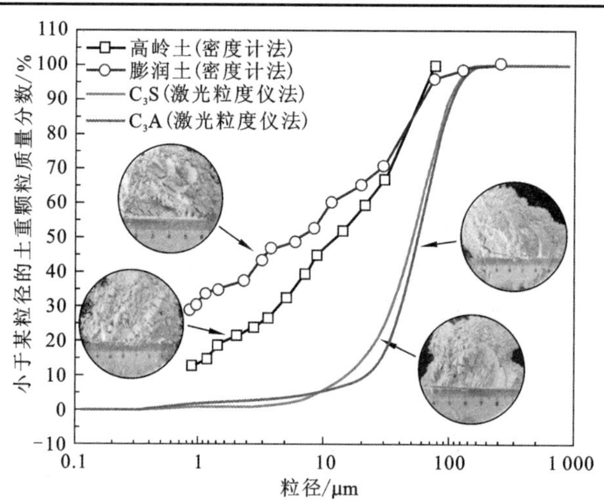

图 4-1　纯相黏土（高岭土和膨润土）和单矿熟料（C_3S 和 C_3A）的粒径分布曲线

4.1.2　单矿 C_3S 和 C_3A 的合成方法及其性质

试验所需的单矿 C_3S 和 C_3A 是通过高温煅烧压实生料粉末得到的，该合成单矿熟料的方法在水泥基材料领域是较为成熟通用的（Liu et al.，2020；Wesselsky et al.，2009）。

合成时，主要生料包括市售分析纯试剂$CaCO_3$、SiO_2和Al_2O_3，纯度均超过99%；此外，还包含了微量矿化剂（CaF_2和Fe_2O_3）以促进结晶C_3S的形成，所用生料具体配比及煅烧温度见表4-3。首先，所有固相（包括分析纯试剂和矿化剂）在电动搅拌器中无水混合搅拌3 min后，加入适量蒸馏水并与上述固相混合再次搅拌5 min得到均匀的生料糊状物，然后将糊状物在5 MPa的压力下压入不锈钢圆柱形模具（内径φ为8 mm、高度h为5 mm）中，并将样品移至塑料封口袋中静置24 h以实现水分均质和平衡。

表4-3　合成100 g单矿C_3S和C_3A所需生料配比及煅烧温度

单矿熟料	质量/g						煅烧温度/℃
	$CaCO_3$	SiO_2	Al_2O_3	CaF_2	Fe_2O_3	蒸馏水	
C_3S	131.6	26.3	—	0.6	0.2	12.7	1 380
C_3A	111.1	—	37.8	—	—	11.9	1 450

脱模后，先将预压好的试样置于105℃烘箱中去除自由水，然后转移到马弗炉中，以10℃/min的升温速率分别加热至1 380℃和1 450℃以合成纯相C_3S和C_3A。加热至预设峰值温度后，样品在该温度下再保持6 h使试样受热均匀，然后将试样转移到室温（约25℃）环境中冷却以减少对晶体结构的破坏。最后，将煅烧后的块状熟料研磨成粉末并通过75 μm筛。Mastersizer 2000激光粒度仪（Malvern Panalytical Ltd.，英国）检测得到的C_3S和C_3A的粒径分布如图4-1所示，可见C_3S和C_3A的粒径介于5～200 μm，而中值粒径D_{50}分别为51.1 μm和55.8 μm，与普通硅酸盐水泥的粒径接近。为检验所合成单矿熟料的纯度，采用Bruker D8-Discover X射线衍射仪（Bruker Daltonik GmBH，德国）对C_3S和C_3A进行衍射分析，图4-2中的结果表明在单矿熟料中几乎不存在其他杂质，已达到分析纯试剂的要求。

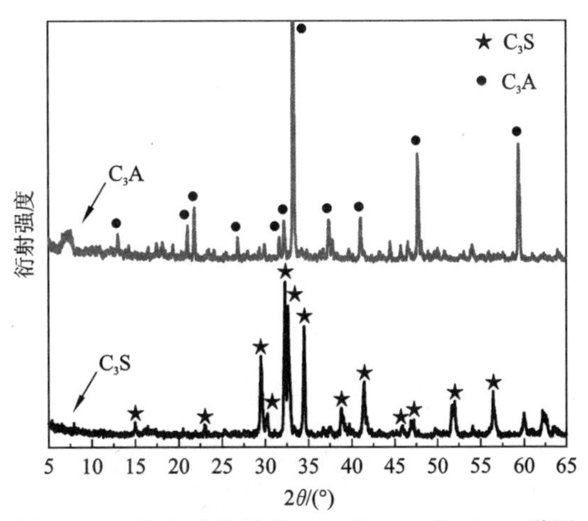

图4-2　高温合成的单矿C_3S和C_3A的XRD谱图

4.1.3 水化产物-黏土矿物制样配合比

水化产物-黏土矿物复配固化土的配合比见表4-4。共制备9组试样，由3种复配黏土（即高岭土∶膨润土=0∶1、1∶1和1∶0）和3种复配熟料（即C_3S∶C_3A=0∶1、1∶1

和 1∶0）混合而成。为了最大程度还原现场天然沉积软土赋存环境，高岭土和膨润土首先在蒸馏水中浸泡 7 天进行预水化，使黏土矿物处于吸水持水状态[图 4-3（a）]。然后将蒸馏水按表 4-4 预设的含水率添加到水化后的黏土中，使其最终含水率为液限的 1.2 倍（$1.2L_L$），以模拟天然含水率和稠度，然后将湿化黏土于密封容器中放置 24 h 使水分充分平衡。最后，将水泥熟料按照 15%的掺量加入上述制备的湿黏土中。复配熟料（C_3S 和 C_3A 混合物）总掺量是参照我国软土地区水泥搅拌桩常规掺量（15%～20%）（Liu et al., 2019；Deng et al., 2015）。将这些熟料-黏土混合物在电动搅拌机中以 60～120 r/min 的速度混合搅拌 5～10 min，获得成分均匀的糊状物，然后装入内径为 50 mm、高度为 50 mm 的圆柱形可对开不锈钢模具中[图 4-3（b）]，并用振动台将试样振实，以去除其中可能存在的气泡，提高试样的均匀性。养护龄期分别为 3 天、7 天、28 天和 90 天，试样的养护和质量控制方法与 2.1.2 小节中一致。

表 4-4　试验方案

试样编号	黏土配比	熟料配比	含水率/%	熟料掺量/%	密度/（kg/m³）
	高岭土∶膨润土	C_3S∶C_3A			
K0B1-S0A1	0∶1	0∶1	145.2		1429.8
K0B1-S0.5A0.5	0∶1	1∶1	145.2		1421.3
K0B1-S1A0	0∶1	1∶0	145.2		1417.6
K0.5B0.5-S0A1	1∶1	0∶1	96.0		1487.8
K0.5B0.5-S0.5A0.5	1∶1	1∶1	96.0	15	1478.9
K0.5B0.5-S1A0	1∶1	1∶0	96.0		1471.3
K1B0-S0A1	1∶0	0∶1	46.8		1526.2
K1B0-S0.5A0.5	1∶0	1∶1	46.8		1521.1
K1B0-S1A0	1∶0	1∶0	46.8		1516.3

注：含水率是根据熟料-黏土混合浆体的流动性（$1.2L_L$）确定的，以模拟大部分天然沉积软黏土的天然含水率。

试样编号中 K 代表高岭土、B 代表膨润土、S 代表 C_3S、A 代表 C_3A。

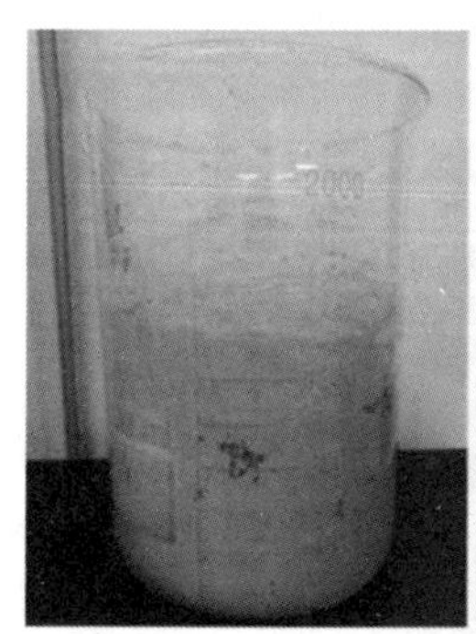

（a）高岭土和膨润土的预水化

（b）试样浇筑成型

（c）无侧限抗压强度试验

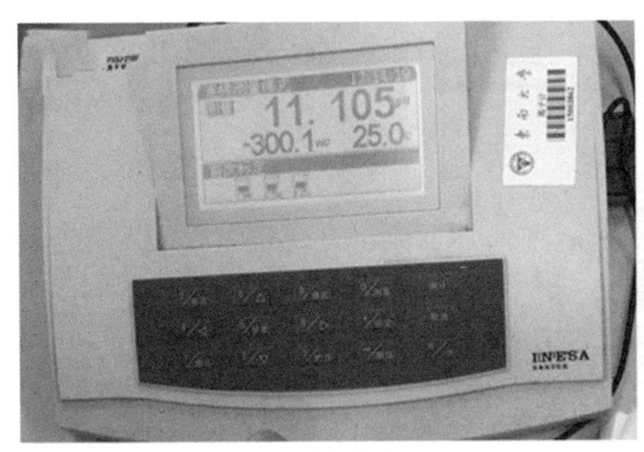

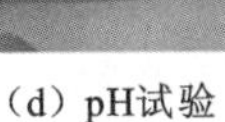

(d) pH试验

(e) 水化热试验

(f) 样品冻干

(g) XRD测试

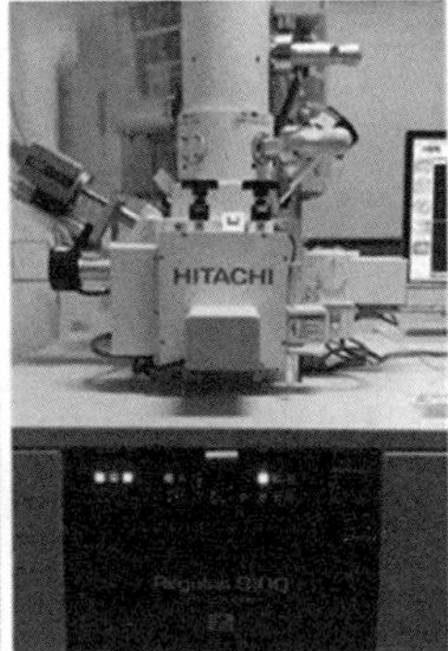

(h) SEM测试

(i) TGA测试

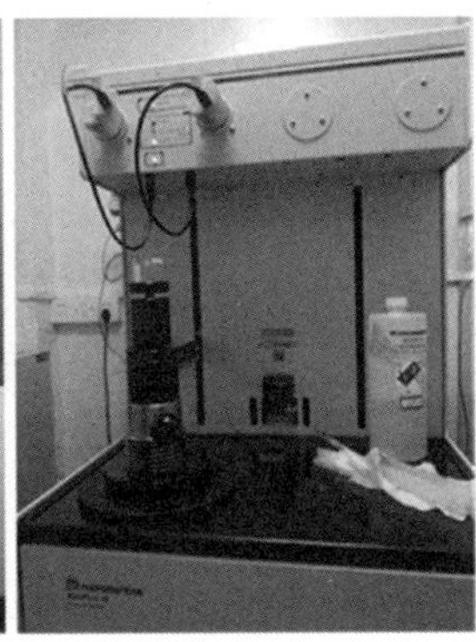

(j) MIP测试

图 4-3 试样制备和测试装置图

4.2 试验方案与试验方法

1. 无侧限抗压强度、pH 和水化热

无侧限抗压强度测试流程与 2.1.3 小节中一致[图 4-3（c）]，无侧限抗压强度试验结束后根据 ASTM D4972 进行 pH 测试。具体流程为：首先将样品在 40 ℃烘箱中烘干，当连续两天重量变化不超过 1%时视为干燥状态；然后用碾钵将试样碾碎并过 2 mm 筛，液固比为 5 mL/g，即取 10 g 粉末试样置于烧杯后添加 50 mL 蒸馏水溶解，放在振荡器上振动均匀，搅拌 60 min；最后用保鲜膜覆盖烧杯口，静置 10 min 后，使用手持式 PXSJ-216F pH 计（INESA Scientific Instruments Co.，中国上海）测量上清液的 pH，如图 4-3（d）所示。

为了掌握黏土矿物-水化产物相互作用过程中的水化放热规律，通过等温量热仪（型号为 TA Instruments，美国）测定部分代表性试样（K0B1-S0A1、K0B1-S1A0、K1B0-S0A1 和 K1B0-S1A0）的累计放热量和放热速率随时间的变化。如图 4-3（e）所示，该等温量热仪带有 8 个保持恒温的平行测试通道，每个通道有 2 个平行腔室，其中一个腔室盛放样品，而另一个腔室盛放参照物（本节试验中为蒸馏水）。按照一定的水灰比（m_w/m_c）将熟料-黏土均匀混合后，在尽可能短的时间内（该时间段的放热量无法测量）取约 10 g

的糊状试样于小塑料瓶中，然后快速将密封塑料瓶移至等温量热仪的腔室中，然后连续监测 20 h，得到累计放热量及放热速率变化曲线。

2. 微观成分与孔隙结构

为了分析水化产物和黏土矿物作用过程中微观成分和孔隙结构的演化，进行系列微观试验包括 XRD 测试[图 4-3（g）]、SEM 测试[图 4-3（h）]、TGA 测试[图 4-3（i）]和 MIP 测试[图 4-3（j）]。其中，SEM 测试和 MIP 测试操作步骤与 3.2.2 小节一致。

选取部分代表性样品（K0B1-S0A1、K0B1-S1A0、K1B0-S0A1 和 K1B0-S1A0）进行 XRD 分析，以比较不同熟料-黏土矿物复配土水化/火山灰反应产物的差异。同时，原状高岭土和膨润土也进行 XRD 分析作为参考基准。XRD 试样取自无侧限抗压强度试验后的中间破碎部分，用擀杵粉碎后，粉末样品需通过 75 μm 筛，再用玻璃压片将试样压平。XRD 测试仪器型号为 D8-Discover（Bruker Daltonik GmBH，不来梅，德国），加速电压和加速电流分别为 40 kV 和 30 mA，连续扫描起始角为 5°、终止角为 75°，扫描速度为 0.30 s/步，扫描步长为 0.02°。

采用 STA449 F5 热重分析仪（Netzsch，德国）对部分代表性样品（K0B1-S0A1、K0B1-S1A0、K1B0-S0A1 和 K1B0-S1A0）进行 TGA 测试，以进一步评价物相成分。首先对养护 90 天后的无侧限抗压强度破碎试样进行冻干，碾碎后过 75 μm 筛并称量（30±0.5）mg 粉末状进行试验。在氮气环境下，样品先热恒温平衡 10 min，然后以 10 ℃/min 的恒定加热速率从室温（约 20 ℃）加热至 800 ℃。通过试验可以得到热重分析（TGA）和微分热重分析（DTG）曲线，DTG 曲线为 TGA 曲线对温度（或时间）取一阶导数得到的曲线（纵坐标为 dW/dt，横坐标为温度或时间），物理意义表示失重速率与温度（或时间）的关系（Cao et al.，2020；Ashraf et al.，2019）。

4.3 物理力学特性

从无侧限抗压强度试验中获取的应力-应变曲线如图 4-4 所示，可以得到破坏应变（ε_f）和割线模量（E_{50}）相关参数。总体来说，养护龄期为 3 天和 90 天的固化土应力-应变曲线形态差异较大，在养护初始阶段，曲线开口向下但坡度平缓。然而，随着养护时间的延长，开口的坡度变窄。例如，K0B1-S1A0 试样 3 天龄期的破坏应变 ε_f 和峰值应力无侧限抗压强度分别为 3.5%和 0.38 MPa，而养护至 90 天后，破坏应变 ε_f 和峰值应力无侧限抗压强度分别为 1.5%和 1.22 MPa。由图 4-4 可知，相对于黏土矿物，水泥熟料的成分对应力-应变曲线形态响应更为明显，具体而言，随着 C_3A 掺量的增加，应力-应变曲线峰值较低且开口更为平缓。以养护至 90 天后高岭土与膨润土比例为 1∶1 的固化土为例，当 C_3A 掺量为 0%（K0.5B0.5-S1A0）时，竖向应力逐渐增加直至达到峰值应力 1.38 MPa，其对应的破坏应变 ε_f 为 1.2%，随后应力急剧下降[图 4-4（e）]。然而，C_3A 掺量为 50%（K0.5S0.5）和 100%（K0.5S0）的固化土的破坏应变 ε_f 分别为 1.5%和 3.5%，而对应的峰值应力分别为 1.13 MPa 和 0.32 MPa。这表明，无论固化土中黏土矿物以高岭石还是蒙脱石为主，C_3S 在增加强度和模量方面比 C_3A 更高效。

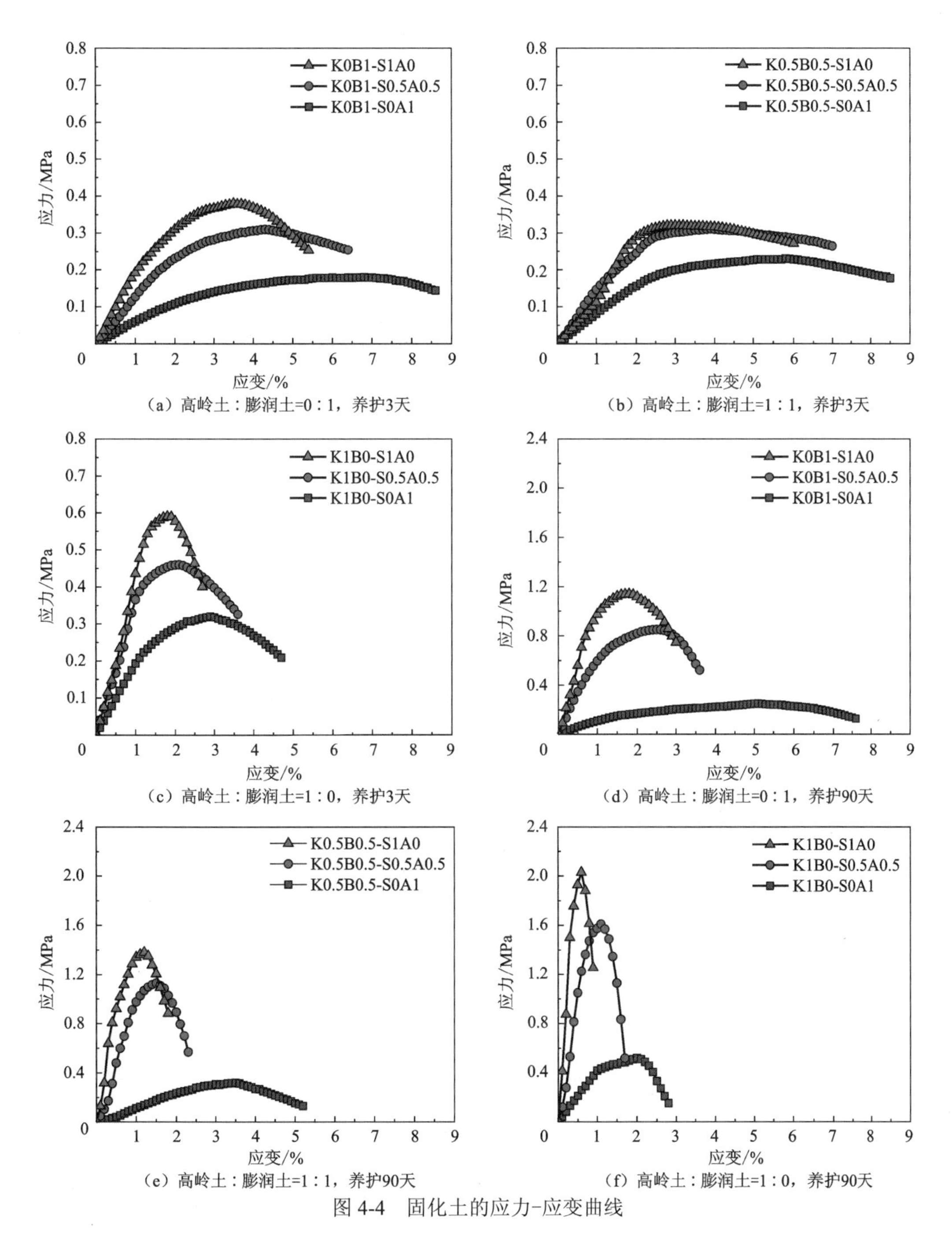

图 4-4　固化土的应力-应变曲线

图 4-5 为不同熟料-黏土配比固化土样品在不同养护龄期的无侧限抗压强度变化。对于高掺量 C_3A 固化土样品，尤其是 C_3A 固化膨润土，随着养护时间的延长，无侧限抗压强度增长趋于缓和，甚至在养护后期（如 90 天）呈现下降趋势。为阐明水泥熟料和黏土矿物相互作用随时间的变化规律，进一步分析 3 天、7 天和 90 天无侧限抗压强度与 28 天无侧限抗压强度的比值（表 4-5），表明 C_3A 能显著提高固化土早期强度（如 3 天龄期无侧限抗压强度）。对于熟料为纯 C_3A 的样品（K0B1-S0A1、K0.5B0.5-S0A1 和 K1B0-S0A1），3 天龄期无侧限抗压强度可以达到 28 天龄期的 60%～72%，但对 28～90

天的无侧限抗压强度贡献甚微。当水泥熟料掺量相同时，90 天龄期的 C_3A 固化土的无侧限抗压强度只有 C_3S 的 20%～40%，表明虽然 C_3S 固化土早期无侧限抗压强度增长较慢，但其后期潜力占优。

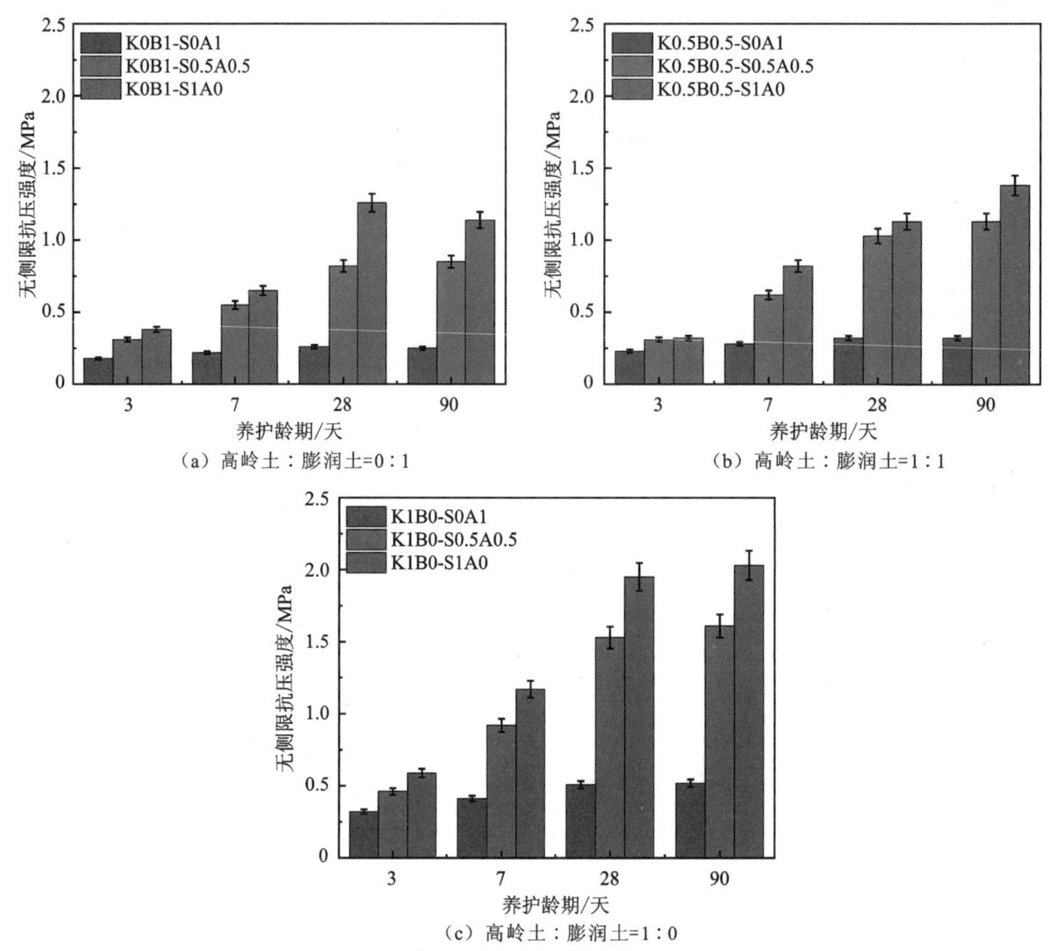

（a）高岭土：膨润土=0：1

（b）高岭土：膨润土=1：1

（c）高岭土：膨润土=1：0

图 4-5　不同养护龄期固化土无侧限抗压强度演化

表 4-5　不同龄期无侧限抗压强度比值　（单位：%）

试样编号	3 天/28 天	7 天/28 天	90 天/28 天
K0B1-S0A1	69.2	84.6	96.2
K0B1-S0.5A0.5	37.8	67.1	103.7
K0B1-S1A0	30.2	51.6	90.5
K0.5B0.5-S0A1	71.9	87.5	100.0
K0.5B0.5-S0.5A0.5	30.1	60.2	109.7
K0.5B0.5-S1A0	28.3	72.6	122.1
K1B0-S0A1	62.8	80.4	102.0
K1B0-S0.5A0.5	30.1	60.1	105.2
K1B0-S1A0	30.3	60.0	104.1

尽管 C_3S 比 C_3A 对固化土强度贡献更大，但具体到不同黏土矿物，其力学响应程度不尽相同，如图 4-6（a）所示。固化高岭土和固化膨润土的 28 天无侧限抗压强度均随 C_3S 掺量的增加而线性增加，但固化高岭土的无侧限抗压强度对 C_3S 的增加更为敏感，即固化材料中增加 C_3S 掺量对以高岭土为主要矿物的黏土的性能提升更加显著。定义图 4-6 中拟合直线的斜率的绝对值为黏土矿物强度敏感因子 η，其大小则反映 C_3S 或 C_3A 掺量对固化土强度改变的效率。本试验中高岭土的 η 值为 0.014 76，而膨润土的 η 值为 0.009 64。该参数可为根据黏土矿物成分来调控固化材料中硅/铝相组分的相对掺量提供参考。

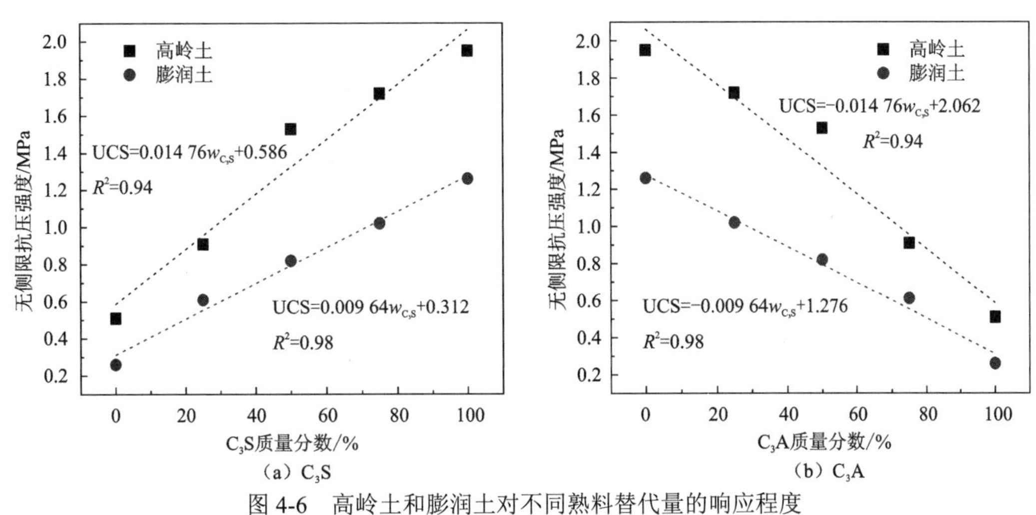

（a）C_3S　　（b）C_3A

图 4-6　高岭土和膨润土对不同熟料替代量的响应程度

图 4-7 给出了固化土的 UCS 和破坏应变 ε_f 的关系，图 4-7（a）和（b）分别为黏土矿物和水泥熟料类型对 UCS-ε_f 关系的影响。ε_f 大体上随 UCS 的增加而减小，可以通过朱伟等（2005）和 Wu 等（2021b）提出的对数函数进行拟合。需要强调的是，该函数与黏土矿物和水泥熟料成分密切相关，但对水泥熟料成分的响应比黏土矿物更为敏感。

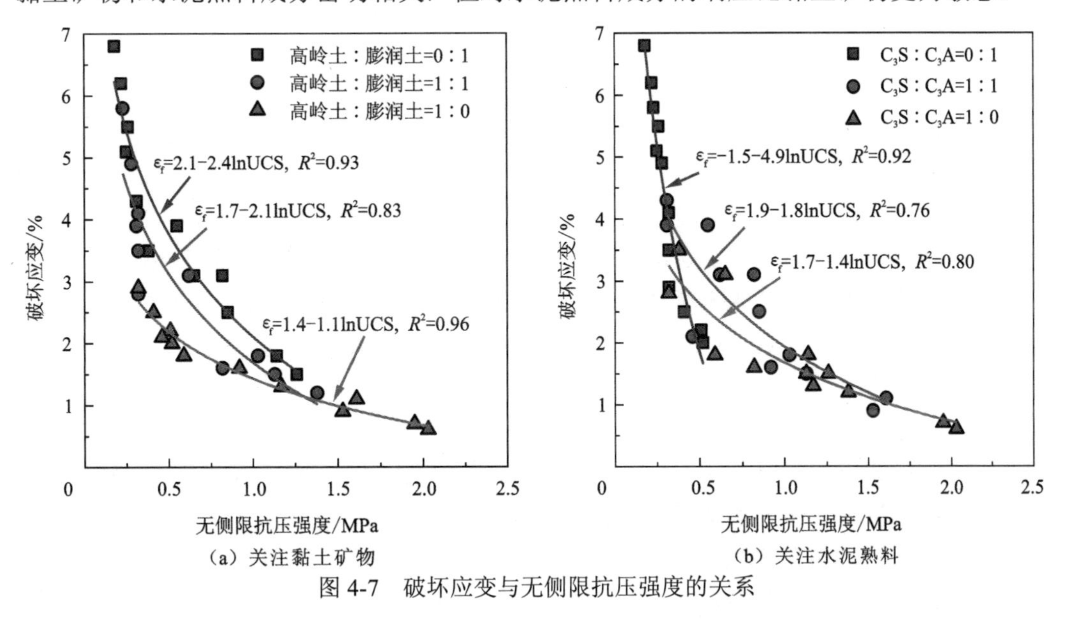

（a）关注黏土矿物　　（b）关注水泥熟料

图 4-7　破坏应变与无侧限抗压强度的关系

图 4-8 根据 UCS 数据进一步绘制了割线模量 E_{50}，其定义为峰值强度一半处的应力与应变之比。参照 Zhang 等（2014）和 Wu 等（2019）的研究，UCS-E_{50} 关系可用直线进行拟合，图 4-8（a）和（b）分别为黏土矿物和水泥熟料组分对 UCS-E_{50} 关系的影响。由图 4-8（a）可知，固化高岭土的 E_{50} 是其 UCS 的 163.2 倍，而固化膨润土的 E_{50} 仅为其 UCS 的 89.8 倍。由图 4-8（b）可知，C_3S 固化土的 E_{50} 是其 UCS 的 162.9 倍，而 C_3A 固化土的 E_{50} 仅为其 UCS 的 63.8 倍。上述对比表明，固化土割线模量不仅取决于黏土矿物组分，也取决于水泥熟料组分，即掺入 C_3S 和 C_3A 后固化土无侧限抗压强度增量相同时，C_3S 显然对割线模量增加贡献更大。

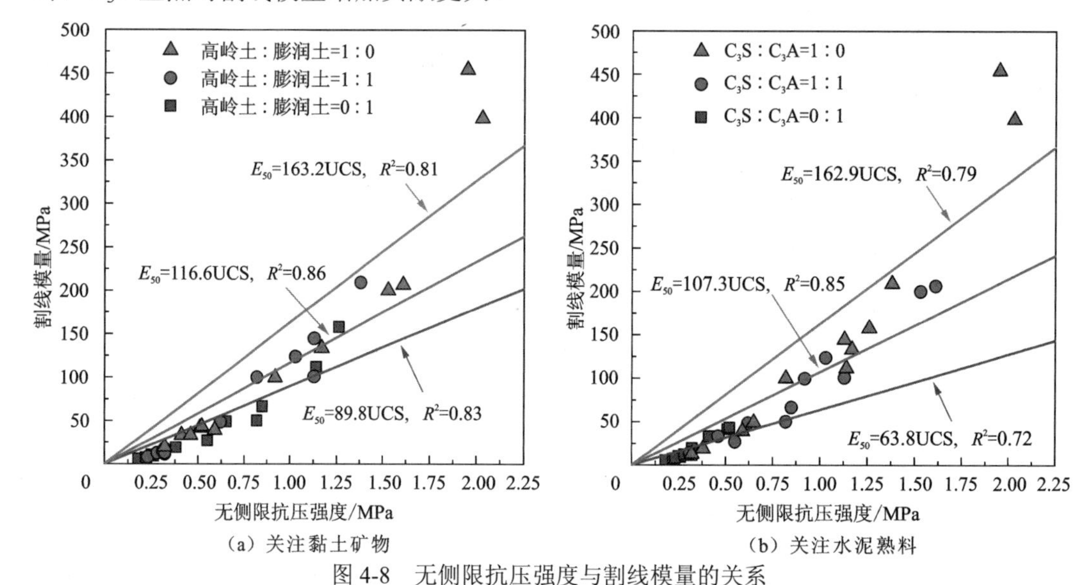

图 4-8　无侧限抗压强度与割线模量的关系

图 4-9 为固化土 pH 随龄期的演化，总体来说，pH 都随着养护龄期的延长而降低。这是因为 C_3S 和 C_3A 在水化过程中都会缓慢释放 OH^-，使固化土在养护初期处于 pH 较高的碱性环境中，在反应后期，渐进式的火山灰反应逐渐起主导作用，部分 OH^- 逐渐被消耗并转化为弱碱性的二次胶凝产物（如 C-S-H、C-A-H 和 C-A-S-H），这一进程导致 pH 逐渐降低（Feng et al.，2021b；Deng et al.，2020）。需要强调的是，Jin 等（2011）的研究表明，只要碱性环境（pH＞10.0）仍然存在，水化反应和火山灰反应就会持续发生，反之，则水化反应和火山灰反应均会受到抑制。养护 90 天后，高 C_3A 掺量固化土的 pH 基本低于 10.0，表明水泥熟料成分对固化土内部酸碱性影响较大，从而在宏观上影响固化土的强度。通常认为蒙脱石活性更高，其在碱性环境中的溶解性能高于高岭石，因此固化膨润土的 OH^- 消耗量理应更高，但图 4-9 表明养护 90 天后，固化膨润土样品的 pH 高于同条件的固化高岭土，也就是说固化膨润土的 OH^- 消耗量反而更少，其内在机制需要进一步深入研究。

图 4-10 绘制了在前 20 h 内固化土样品的水化放热曲线，包括放热速率曲线[图 4-10（a）]和累积放热量曲线[图 4-10（b）]。试验结果表明，黏土-熟料混合体系中，熟料类型远比黏土矿物类型对水化放热敏感。具体表现在，C_3A 一旦与水混合后，K0B1-S0A1 和 K1B0-S0A1 瞬时峰值放热速率分别高达 4.8 mW/g 和 9.8 mW/g，20 h 后，累计放热量分别为 17.5 J/g 和 21.3 J/g；反之，C_3S 浆体的放热量增加则相对缓和得多。

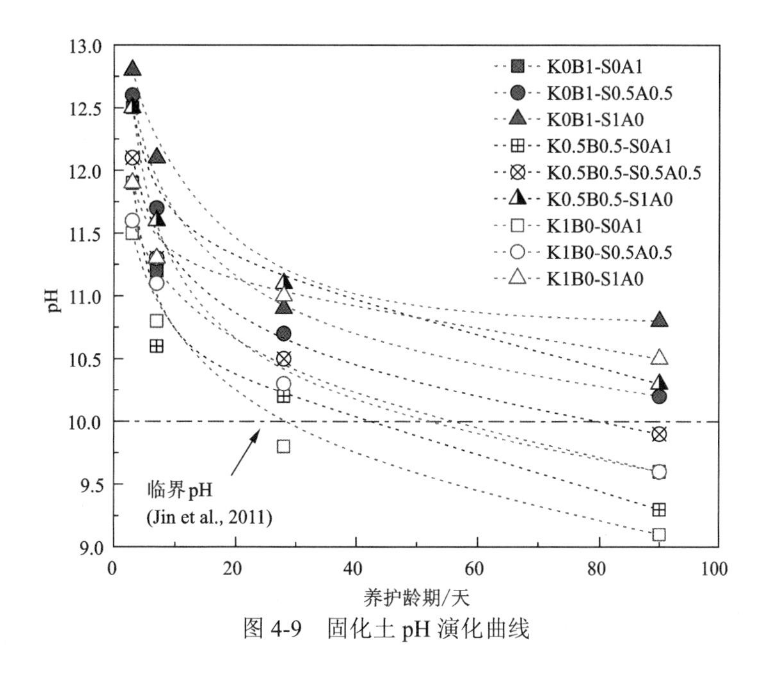

图 4-9 固化土 pH 演化曲线

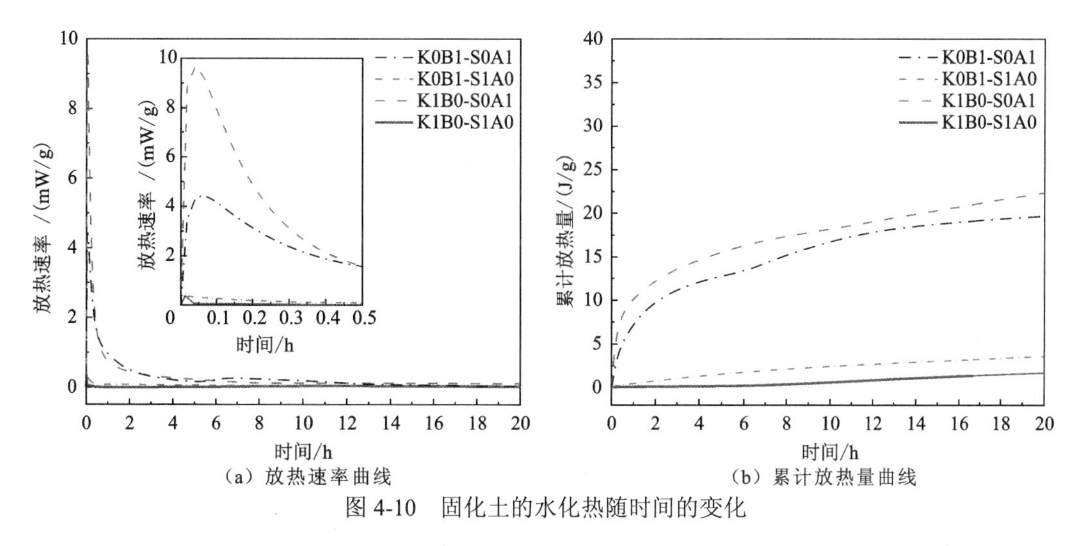

(a) 放热速率曲线　(b) 累计放热量曲线

图 4-10 固化土的水化热随时间的变化

4.4 微观形貌与结构演化

熟料-黏土复合体系具有显著的多相多尺度特性，而现有的微观测试手段往往在某一方面具有局限性，仅通过单一微观测试难以全面了解固化土中水化反应和火山灰反应过程及其产物特征。本节同步进行 XRD、SEM、TGA 及 MIP 测试以交叉验证产物形貌及结构。

图 4-11 为未固化黏土（纯高岭土和膨润土）和部分代表性固化土试样（K1B0-S1A0、K1B0-S0A1、K0B1-S1A0 和 K0B1-S0A1）在 90 天龄期时的 XRD 谱图，结果表明 C_3S 固化后，固化高岭土和膨润土的反应产物均以 C-S-H 为主，不同之处在于固化高岭土对

应的C-S-H衍射峰强度更高。值得注意的是，在纯C_3S固化土中还观察到了较弱的C-A-H和C-A-S-H衍射峰，在固化高岭土样品（K1B0-S1A0）中该衍射峰更明显。Xu等（2021）的研究表明C-A-S-H是Al^{3+}进入C-S-H（在C-S-H的四面体位置取代SiO_2）而形成的，说明了黏土矿物与水泥熟料的水化产物之间发生了火山灰反应。这一现象也可以通过图4-11中"消失"的$Ca(OH)_2$来证明，因为$Ca(OH)_2$产物通常在C_3S的水化阶段产生，而它一旦参与火山灰反应就会被消耗（Lang et al.，2021a，b）。同样，火山灰反应也导致C_3A固化试样中可观察到较弱的C-S-H和C-A-S-H峰，从而影响固化土的强度发展和微观结构演变。

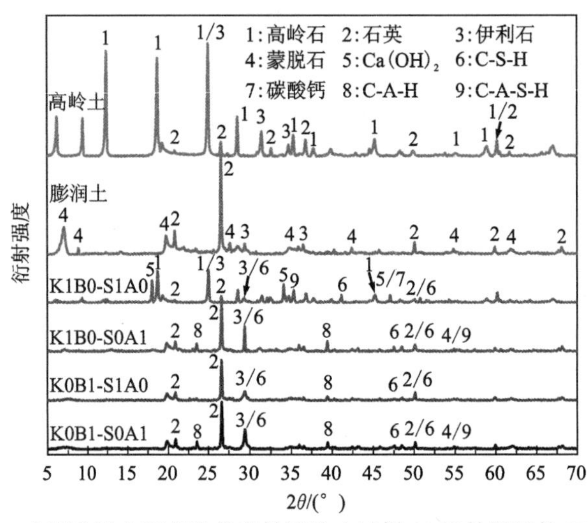

图4-11 未固化黏土和部分代表性固化土试样90天龄期时的XRD谱图

对部分养护龄期为90天的固化土试样进行SEM观测，以直观反映水化产物-黏土矿物相互作用产物形态及对固化土内部结构的影响。试验共选取两种放大倍数（2 000倍和20 000倍）进行分析，其中2 000倍侧重观察内部孔隙/颗粒结构演化，而20 000倍则关注水化/火山灰反应产物的形态及丰度（Yi et al.，2015a，2015b）。图4-12（a）和（b）为C_3S固化高岭土的SEM图片，可以发现凝胶态网状C-S-H及C-A-S-H为主要产物，这些产物通过填充较大孔隙，提升固化土的密实性能。图4-12（c）和（d）为C_3A固化高岭土的SEM图片，可以清楚观察到块状的C-A-H及板状的CH，这些产物覆盖在土颗粒表面，增强了固相颗粒间的结合力，同时能填充土中部分孔隙。此外，C_3A固化土中存在的CH表明其火山灰反应弱于C_3S固化土，因为火山灰反应需要消耗CH。图4-12（e）～（h）显示了放大20 000倍的C_3S和C_3A固化膨润土试样的微观形貌，可以清晰观察到凝胶态网状C-S-H及C-A-S-H，但这些产物丰度显然不如固化高岭土。值得注意的是，从图4-12（e）和（f）中还可发现，固化膨润土和固化高岭土的微观结构区别较大，在固化膨润土中，较低的放大倍数（2 000倍）仍可观察到蒙脱石，这说明膨润土颗粒发生了抱团现象，固相组分分布不均匀。主要原因是富蒙脱石族的膨润土水/盐敏性较强，在样品制备过程中，传统室内机械搅拌难以将膨润土与固化剂搅拌均匀，容易形成固化剂的表面包裹形态（图4-5）。

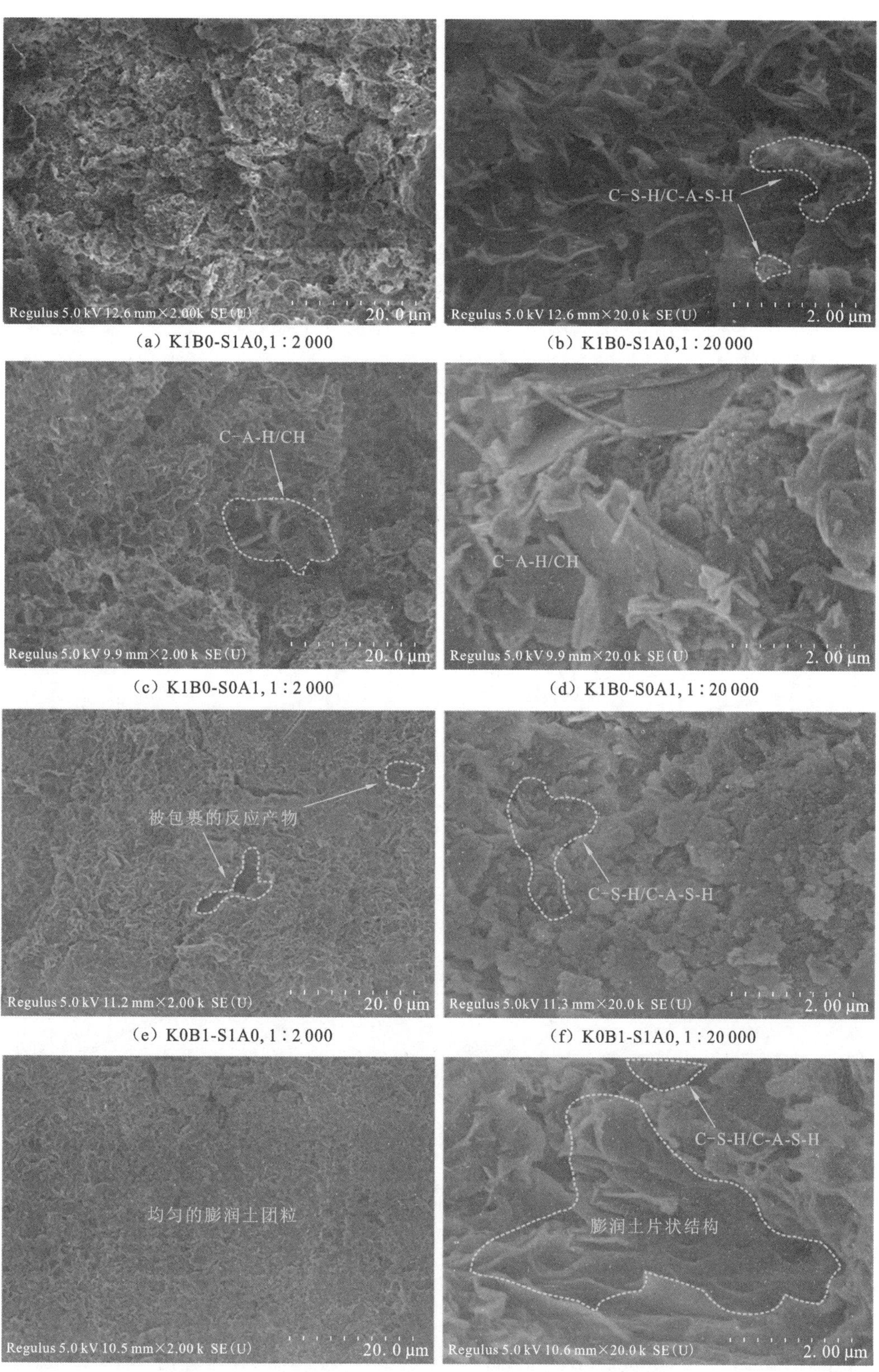

(a) K1B0-S1A0,1 : 2 000

(b) K1B0-S1A0,1 : 20 000

(c) K1B0-S0A1, 1 : 2 000

(d) K1B0-S0A1, 1 : 20 000

(e) K0B1-S1A0, 1 : 2 000

(f) K0B1-S1A0, 1 : 20 000

(g) K0B1-S0A1, 1 : 2 000

(h) K0B1-S0A1, 1 : 20 000

图 4-12 养护龄期为 90 天的固化土代表性 SEM 图片

图 4-13 给出了固化土样品（K1B0-S1A0、K1B0-S0A1、K0B1-S1A0 和 K0B1-S0A1）在 90 天龄期时的 TGA 和 DTG 试验结果。从 DTG 曲线的峰值可以判断：C_3S 固化土（K1B0-S1A0 和 K0B1-S1A0）在 50～200℃出现了明显的质量损失，对应的是 C-S-H 的热分解；C_3A 固化土（K1B0-S0A1 和 K0B1-S0A1）则在 200～300℃出现了明显的质量损失，对应的是 C-A-H 或者 C-A-S-H 的热分解（Haha et al.，2011）。同时，在固化土中还检测到了 CH（主要质量损失在 400～500℃）的存在，其质量分数的高低可间接反映火山灰反应的难易程度（Haha et al.，2011）。固化膨润土（K0B1-S1A0 和 K0B1-S0A1）中 CH 质量分数明显高于固化高岭土（K1B0-S1A0 和 K1B0-S0A1），表明 C_3A-高岭土混合物的次生火山灰反应弱于 C_3A-膨润土混合物，这一结果与 SEM 观察结果相符。图 4-13（a）～（d）表明，不同样品在 800℃下的剩余质量变化不大（87.7%～90.5%），但它们的 UCS 差异却很大，表明不同的水化产物在改善固化土力学行为方面具有不同的效率。鉴于 C-S-H 是主要的强度贡献组分（Jiang et al.，2016），C_3S 固化土中较高的 C-S-H 质量分数导致其具有较高的强度。此外，由于黏土矿物在一定温度下也会发生脱水，由晶体转变成无定形非晶体[如高岭土在 550～900℃相变转化为偏高岭土（Deng et al.，2015）]，其中固化膨润土试样由于具有较高的持水能力而有更高的矿物相关脱水峰（Latifi et al.，2016）。

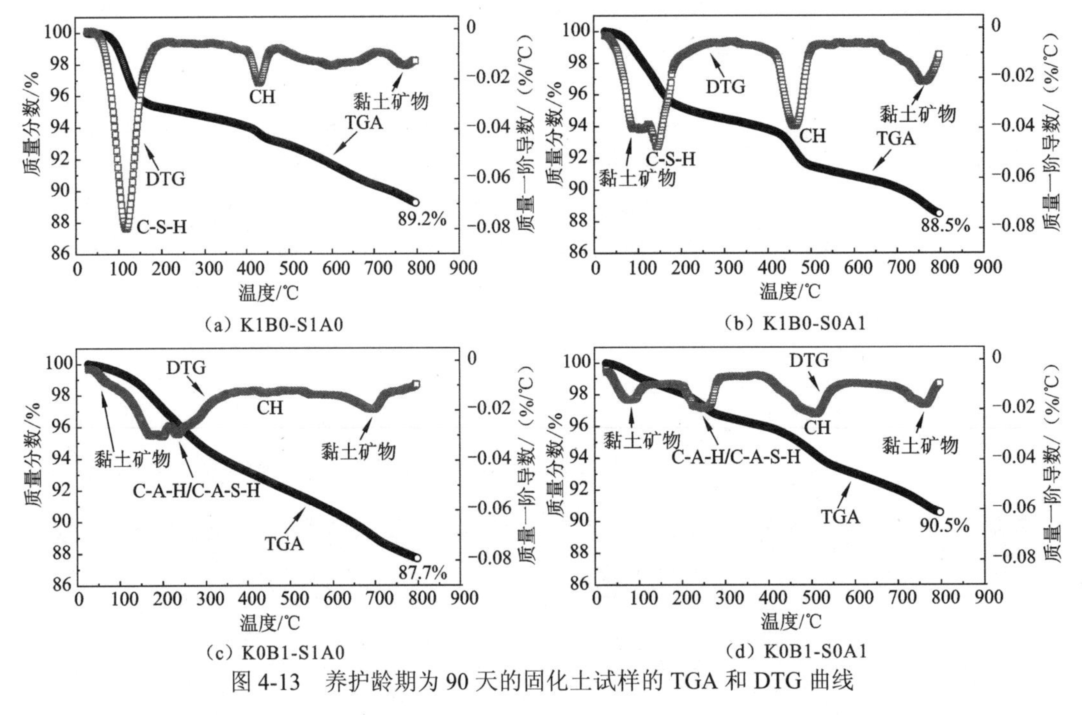

图 4-13　养护龄期为 90 天的固化土试样的 TGA 和 DTG 曲线

图 4-14 为固化 90 天后固化土样品的累计进汞体积和微分进汞体积与孔径的关系。不难发现，与水泥熟料组分相比，固化土中总孔隙的变化对黏土矿物更为敏感[图 4-14（a）]。例如，当被固化黏土由膨润土变为高岭土时，累计进汞量分别从 0.488 mL/g 和 0.553 mL/g 降至 0.363 mL/g 和 0.380 mL/g，降低幅度分别为 25.6%和 31.3%，表明了固化高岭土内部结构更致密。图 4-14（b）表明所有固化土样品的孔隙分布均呈现出典型双峰特征，其中两个主峰依次对应团聚体内部孔隙和团聚体间孔隙（Hattab et al.，2013）。图 4-14（b）表

明纯 C_3S 固化高岭土（K1B0-S1A0）具有比其他试样更小的团聚体内部孔隙（约 0.013 μm）和团聚体间孔隙（约 1.286 μm），说明固化土中的水化反应和火山灰反应不仅能减小较大的团聚体间孔隙，还能填充较小的团聚体内部孔隙，有利于形成更致密的熟料-黏土复合体系。

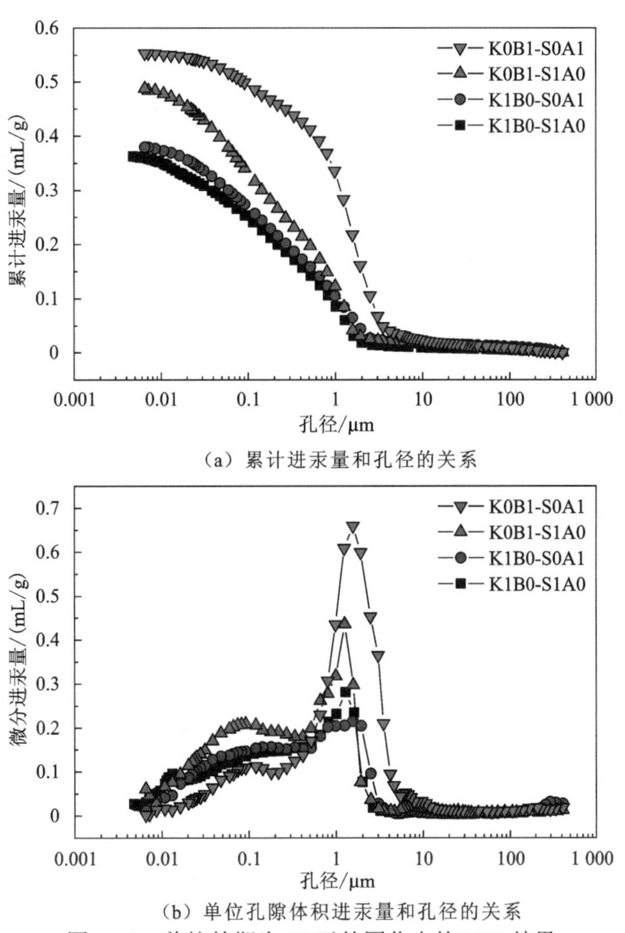

（a）累计进汞量和孔径的关系

（b）单位孔隙体积进汞量和孔径的关系

图 4-14　养护龄期为 90 天的固化土的 MIP 结果

固化软土中黏土矿物和水化产物之间的相互作用具有隐蔽性、持久性和复杂性等特点，给了解固化土的强度形成机制带来巨大挑战。一般认为，固化土的强度主要源于水泥水化/硬化作用，其次是水泥基组分与黏土矿物之间的火山灰反应（Salimi et al.，2020；吴燕开 等，2018）。其中，水化反应在熟料-黏土矿物混合体系与水接触瞬间即开始发生，生成 C-S-H、C-A-H 和 C-A-S-H 等凝胶态产物，同时产生 CH 导致孔隙水碱度升高。这些反应产物不仅增强了胶凝基质颗粒或粗细骨料间的胶结力，还填充了胶凝基质的孔/空隙。如图 4-5 所示，无论被固化软土的黏土矿物如何变化，纯 C_3S 固化土 90 天龄期强度约为纯 C_3A 固化土强度的 4 倍，表明 C_3S 水化产生的 C-S-H 在固化土中扮演重要的角色。在固化土中，初级水化反应营造的碱性环境会促使不同黏土矿物发生不同程度的火山灰反应，高 pH 会不断侵蚀黏土颗粒及其团聚体，导致无定形 SiO_2 和 Al_2O_3 胶体的溶解和释放，这些无定形胶体氧化物会在漫长的养护及服役期内与 Ca^{2+} 相结合形成更多的胶凝产物（如 C-S-H、C-A-H 和 C-A-S-H）。在溶质浓度平衡理论驱使下，次级火山灰反应过程中消耗的 CH 可以通过初级水化反应得到补充，即初级水化反应的产物为次级火山灰反应提供了所需的原材料及碱性环境。晶体结构为 3 层的黏土矿物（如蒙脱石）具有较大的比表面积和较弱的抵御层间渗透（如水和阳离子）的能力，一般比 2 层结构的黏土矿物（如高岭石）更易溶解。与高岭土相比，膨润土具有更出色的火山灰活性，表现出更高的胶凝强度；膨润土具有更突出的吸水/持水性能，被固化后其密度明显低于固化高岭土，固化膨润土的无侧限抗压强度低于固化高岭土。

本章仅研究了两种代表性纯黏土（高岭土和膨润土）与两种主要的水泥熟料组分（C_3S 和 C_3A）之间的相互作用。实际上，固化土的力学性能在很大程度上取决于水泥基材料-黏土复合体系中各物质相之间的微观协同作用（Liu et al.，2019），为此黏土矿物（如伊利石、绿泥石、坡缕石和海泡石）与水泥熟料组分（如 C_2S、C_4AF 和石膏）之间的相互作用仍需要进一步探索。与此同时，水化产物的成分存在较大的变异性，如主要由 C_3S 形成的 C-S-H 可分为高密度（high densit）C-S-H 和低密度（low density）C-S-H，相应的 Ca 与 Si 质量比值可以在 0.8～1.33 变化（Liu et al.，2021；Jia et al.，2019），这将使水化产物-黏土矿物之间的相互作用更加复杂化。

第 5 章　物质成分的微纳观鉴别

第 4 章主要从胶凝层面初步揭示了固化土中水化产物和黏土矿物相互作用的宏观力学行为，本章旨在从微纳观角度鉴别黏土矿物与水化产物相互作用过程中的物质相和力学特性。在传统宏微观测试技术的基础上，引入原子力显微镜(atomic force microscope，AFM)、纳米压痕(nanoindentation，NID)、固体高场核磁共振($^{29}Si/^{27}Al$ NMR)和傅里叶变换红外光谱(Fourier transform infrared spectrum，FTIR)等交叉学科材料测试技术，研究水化产物–黏土矿物相互作用过程中物质相组成、微纳观力学和官能团等变化特征，并通过反卷积统计分析[概率密度函数(probability density function，PDF)和累积分布函数(cumulative distribution function，CDF)]对物质相进行定量鉴别，以期了解水化产物–黏土矿物相互作用的内在机理。

5.1　试样制备与物质相鉴别方法

5.1.1　试验设计

试验所用的富含黏土矿物的商用黏土（高岭土和膨润土）和单矿熟料（C_3S 和 C_3A）与第 4 章中一致。试验方案如表 5-1 所示，一共设置 4 组配比，复配黏土中高岭土和膨润土的质量比为 0∶1 和 1∶0，复配熟料中 C_3S 和 C_3A 的质量比为 0∶1 和 1∶0。对于固化土，尤其是含水率较高的海相或淤泥质黏土，在试样搅拌的过程中（无论室内小型搅拌机或现场原位搅拌桩），黏土颗粒极易絮凝成团，会对试样的均匀性产生较大影响（Latifi et al.，2016）。

表 5-1　试验方案

试样编号	黏土配比	熟料配比	含水率/%	熟料∶干土/%	浆体密度/(kg/m³)
	高岭土∶膨润土	C_3S∶C_3A			
KS	1∶0	1∶0	50.7	50	1 605.5
KA	1∶0	0∶1	50.7		1 619.3
BS	0∶1	1∶0	157.3		1 519.7
BA	0∶1	0∶1	157.3		1 533.2

本试验设计了一个高度严格的均匀性控制方法以最大程度规避均匀性不佳带来的误差，该方案在保证试样均匀性的同时还能保持黏土的固有水化特性，从而保证结果的可靠性和准确性。具体步骤（图 5-1）为：①将粉状高岭土和膨润土在蒸馏水中浸泡 7 天进行预水化，模拟工程现场黏土饱和状态；②将预水化后的黏土移至 30 ℃的烘箱中，连续烘干 24 h 以去除自由水，但需要注意的是，该温度对黏土中的强结合水和层间结构水的

影响较小，基本可忽略不计，即认为 30 ℃低温烘干仍能保持黏土矿物的水化特性（Bray et al.，1999）；③将烘干后的预水化黏土过 200#筛（75 μm），然后将其与熟料按表 5-1 中配比进行干法混合，搅拌机速度为 60～120 rad/min，搅拌时间为 10 min；④向步骤③中混合物加入一定量蒸馏水，控制黏土的含水率为 1.3 倍液限（$1.3L_L$），然后在搅拌机下搅拌 10 min 得到黏土-熟料浆体；⑤将上述浆体倒入直径为 50 mm、高度为 50 mm 的可拆卸试模中，人工振动消除气泡，然后置于温度为（20±2）℃、湿度为 95%的恒温恒湿养护室中养护 60 天。

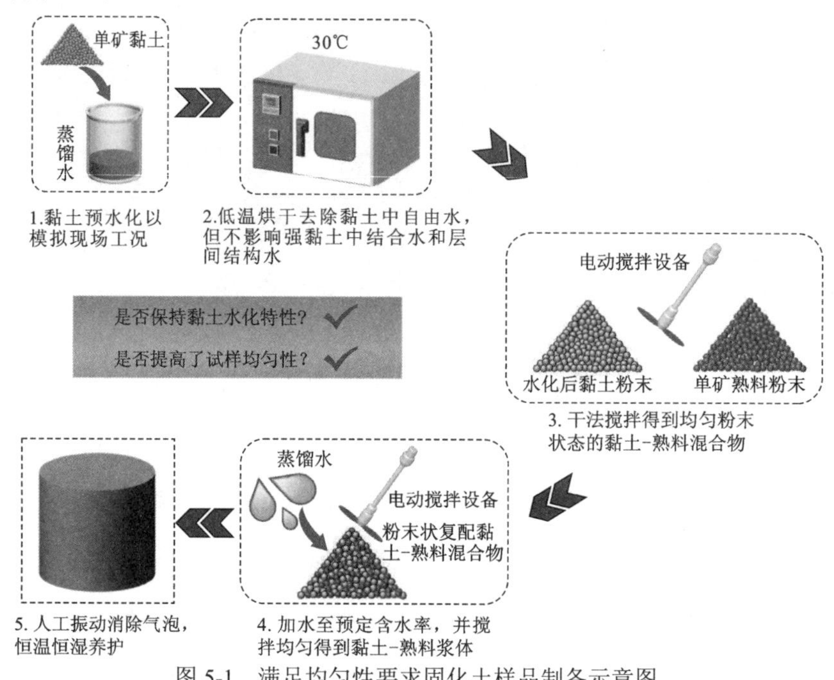

图 5-1　满足均匀性要求固化土样品制备示意图

为了验证制样方法对均匀性的改善效果，对养护 60 天后的试样，选择多个区域进行 EDS 元素面扫（mapping）以观察 Si 和 Al 元素的平面分布。由图 5-2 可知，这两种元素在试样中随机分布，没有出现明显的团聚现象，符合均质材料的条件，也满足纳米压痕和原子力显微镜等微纳观试验要求。

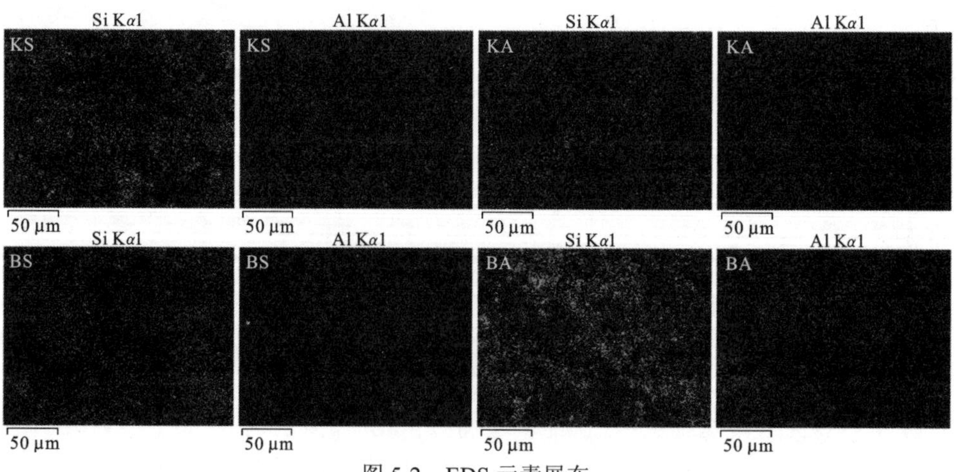

图 5-2　EDS 元素展布

试验中配制熟料的掺量（熟料质量/黏土质量=50%）高于工程中实际用量（15%～20%），主要基于两方面考虑：①放大不同样品的微观力学性能差异，助力于准确掌握水化产物-黏土矿物相互作用规律；②提高固化土的强度和硬度，满足纳米压痕和原子力探针对测试材料强度的要求。

5.1.2 红外光谱分析

水泥基材料具有一定数量和种类的官能团，其类型和活性对与黏土矿物间相互作用效能有重要影响。官能团的结构可用红外光（介于可见光区和微波光区之间）进行识别，通常可划分为3个波区：近红外光（13 000～4 000 cm^{-1}）、中红外光（4 000～400 cm^{-1}）和远红外光（400～100 m^{-1}）。固化土中多种官能团都有特定的振动峰，通过峰的强度和宽度可以定量或半定量分析官能团相对含量的变化。

表 5-2（叶观宝 等，2006）是水泥基材料典型官能团红外特征振动峰的典型特征，其中 Q_1、Q_2 的振动特征对研究 C-S-H 中硅氧四面体的聚合程度有重要意义。

表 5-2 水泥基材料红外光谱吸收特征峰统计

波数/cm^{-1}	振动官能团及类型	波数/cm^{-1}	振动官能团及类型
300	$Ca(OH)_2$	1 140	Q_4 四面体中 Si—O 伸缩振动
455	Si—O 平面内弯曲振动（δSi—O）	1 417	C—O 对称伸缩振动峰（v_3）
525	Si—O 平面外弯曲振动（δSi—O）	1 470	C—O 对称伸缩振动峰（v_3）
583～597	Si—O—Al 变形振动	1 640～1 650	H—O—H 弯曲振动（v_2）
660～670	Si—O—Si 弯曲振动（δSi—O—Si）	3 398～3 408	H—O—H 弯曲振动（v_3）
714	CO_3（v_4）	3 457	H—O—H 弯曲振动（v_1+v_3）
825～875	Q_1 四面体中 Si—O 伸缩振动	3 554	石膏中 H_2O 伸缩振动（v_3）
875～878	CO_3^{2-} 平面外弯曲振动（v_2）	3 641～3 644	$Ca(OH)_2$ 中 O—H 振动
925～975	Q_2 四面体中 Si—O 伸缩振动	5 000	O—H 振动合频
1 100～1 200	SO_4^{2-} 对称伸缩振动峰（v_3）	7 000	O—H 振动倍频
1 000～1 090	Q_3 四面体中 Si—O 伸缩振动	7 083	O—H 振动倍频

5.1.3 原子力显微镜及网格纳米压痕

养护至 60 天时，从脱模后固化土试样[图 5-3（a）]的中心部分切下棱长约为 1 cm 的立方体试样，然后参照第 3 章操作步骤将试样置于冻干机中连续干燥 24 h，作为热重分析、原子力显微镜和纳米压痕试验的样品。

由于纳米压痕是在一个极小变形下获取各组分的硬度（hardness）和模量（modulus），试样表面的平整度对试验结果的准确性有较大的影响（Geng et al.，2020）。采用砂纸粗打磨和抛光机精打磨相结合的方式保证试样的平整度，具体制样步骤为：①样品置于纳米压痕专用模具中，使其表面相对平整的部位朝下，然后在真空罩中用环氧树脂浸渍以固定其内部结构[图 5-3（b）]；②试样放置在阴凉干燥处静置 24 h，待树脂硬化后脱模取出镶嵌于树脂中的试样[图 5-3（c）]；③依次使用#P400、#P800、#P1200 和#P2500 型号的 SiC 砂纸初步研磨样品，研磨过程中需要保证试样不同边缘角度的高度一致，并用游标卡尺进行检验；④初步打磨后，将样品移至抛光机中精细打磨，分别采用 1.5 μm 和 0.25 μm 的金刚石抛光液抛光 30 min，直至待测试样表面刚刚露出并呈现镜面效果[图 5-3（d）]；⑤将抛光后的试样放在盛有酒精溶液的超声波清洗机中清洗 15 min，去除残留于试样表面的抛光液和杂质。

（a）待进行纳米压痕试验的圆柱形试样

（b）树脂包裹试样，并在真空罩中排出树脂中气泡

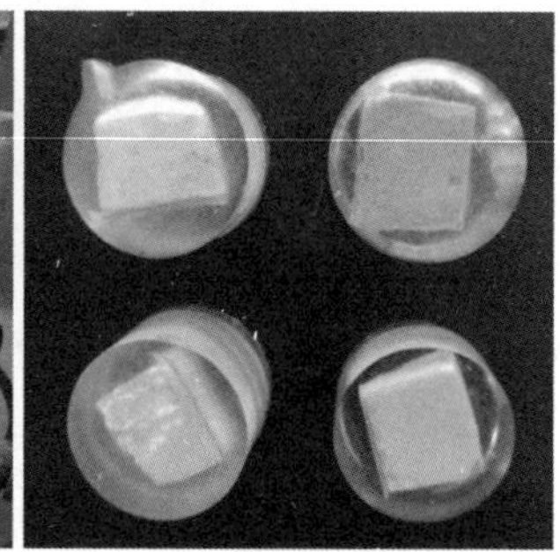

（c）脱模后冷却

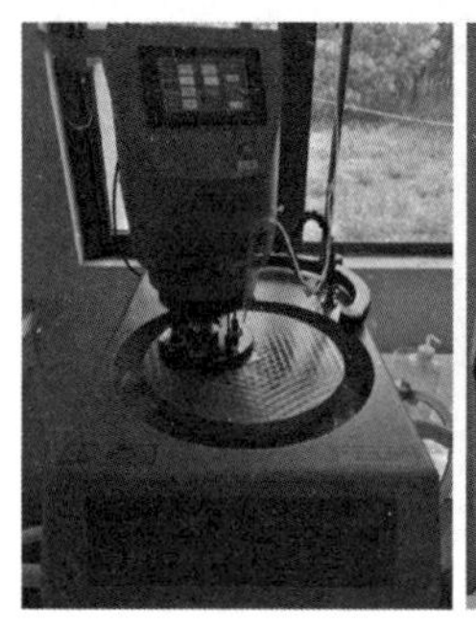

（d）砂纸初步打磨后采用抛光机精细抛光

（e）原子力显微镜检查抛光后试样表面平整度

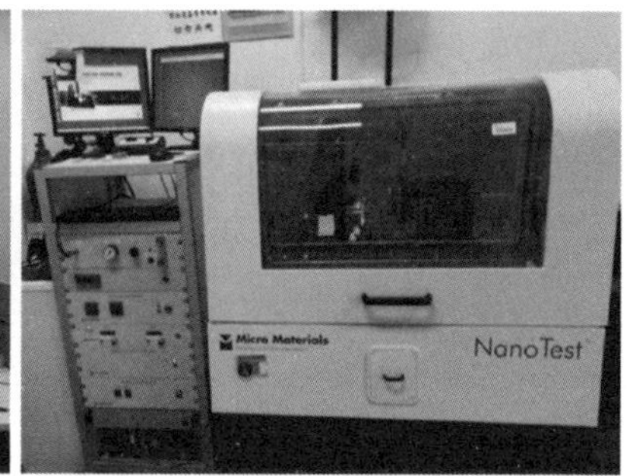

（f）网格纳米压痕测试

图 5-3　试验制备及纳米压痕测试

采用原子力探针显微镜对样品表面进行扫描，以检测抛光后试样表面平整度是否满足纳米压痕测试要求。原子力显微镜的基本原理是将针尖和探测表面间微小的作用力转换为与针尖相连的微悬臂梁（探针）的变形，通过光路放大该变形，转变为可输出的电信号，原理如图 5-4 所示。探针针尖一般为几或几十纳米，微悬臂梁非常柔软（弹性常数为几到几十 N/m），能在原子尺度上反映接触表面的形貌和作用力，得到样品表面的形貌，通过计算可以得到其表面粗糙度。选取纳米压痕试验之前磨好的试样，随机选取 3 块 10 μm×10 μm 区域，开展 AFM 试验[图 5-3（e），Dimension Icon，美国]，获取样品表面的粗糙度 R_q 等描述平整性的参数。

纳米压痕技术采用测量压头上的载荷和压入深度关系来获得材料的局部微观力学性能（Chen et al.，2020），基本原理为采用一个较小的尖端压头压入材料内部，得到一个荷载-位移曲线（*P-h* 曲线）。图 5-5 给出了典型的加载卸载 *P-h* 曲线及纳米压痕试验过程

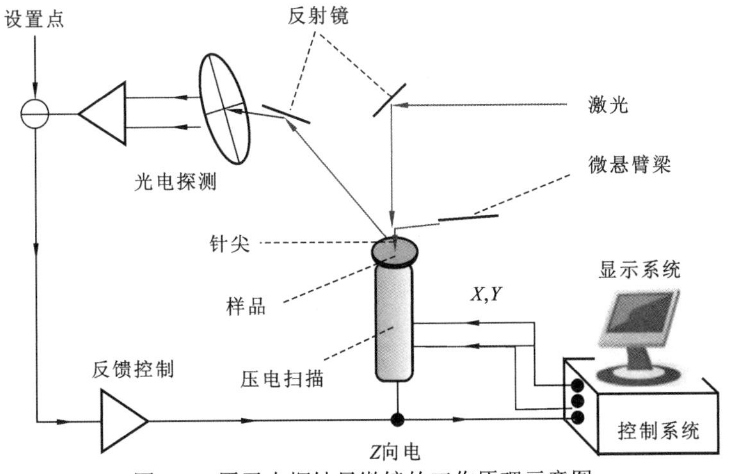

图 5-4 原子力探针显微镜的工作原理示意图

的示意图，其中 h_{max} 为最大压痕深度，h_f 为完全卸载后的残余压痕深度，而 h_c 为压痕接触深度，用于分析计算压痕接触面积。通过力学模型，可从 *P-h* 曲线中得到被测材料某一压痕深度处的压痕硬度 *H* 和压痕模量 *M*（也称为弹性模量）两个力学参数：

$$H = \frac{P}{A_C} \tag{5-1}$$

$$M = \frac{\sqrt{\pi}}{2\beta}\frac{S}{\sqrt{A_C}} \tag{5-2}$$

式中：*S* 为接触刚度，其计算公式为 $S=(dP/dh)_h=h_{max}$，通常采用卸载曲线的上半部分弹性段进行拟合分析；β 为压头校正系数，对于常用的 Berkovich 压头（中心线与侧面夹角为 65.35° 的正三棱锥），$\beta=1.034$；A_C 为最大荷载处的接触面积，是整个计算过程中最关键的参数，目前最常用的分析方法是根据 Oliver 等（2011）提出的函数关系求得 h_{max}。此外，对于各向同性的匀质材料，其压痕模量 *M* 和弹性模量 *E* 之间存在如下关系：

$$\frac{1}{M} = \frac{1-\nu^2}{E} + \frac{1-\nu_i^2}{E_i} \tag{5-3}$$

式中：ν 为测试材料的泊松比，水泥基材料的泊松比一般建议取值为 0.2；E_i 和 ν_i 分别为压头的弹性模量和泊松比。

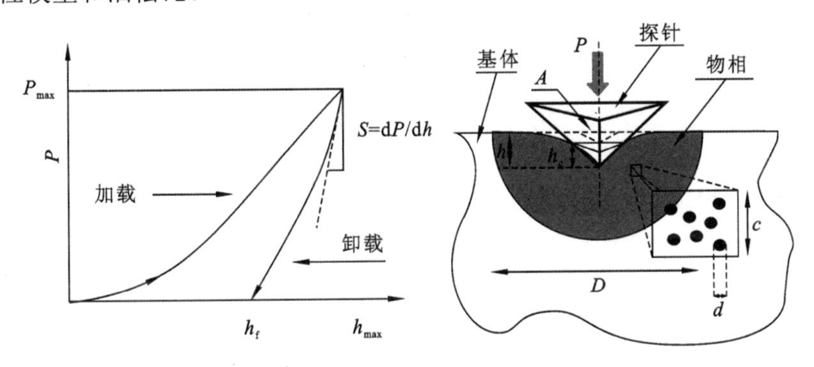

（a）加载卸载*P-h*曲线　（b）试验过程示意图

图 5-5 纳米压痕工作原理

如图 5-3（f）所示，试验中所用纳米压痕仪配备金刚石压头，弹性模量 E_i 和泊松比 ν_i 分别为 1 141 GPa 和 0.07。试验中加载和卸载速率均为 0.1 mN/s，最大荷载为 3 mN。高于 Geng 等（2020）和 Qian 等（2016）对混凝土/砂浆等材料进行纳米压痕时采用的最大荷载（2 mN），因为固化土试样尽管经过精细抛光，表面粗糙度仍然高于混凝土/砂浆等水泥基材料，适当增加压荷载有助于弱化粗糙度的不利影响。当加载至峰值荷载时，须持载 10 s，以消除卸载前蠕变带来的影响。固化土作为多相复合材料，难以精确控制压点对应的物质相，采用阵列式网格化的压痕技术结合反卷积技术来获得测试区域内的物质相。为了避免压痕点之间的相互干扰，压痕的网格间距远大于两物质相的特征尺寸，同时每个试样加载之前都要对压头进行清洗和校准以保证测试准确性和可靠性。试验中每组试样分别随机选取 3 块区域的 10×10 矩阵网格，共计 300 个点，每个点的间距设为 30 μm（图 5-6）。

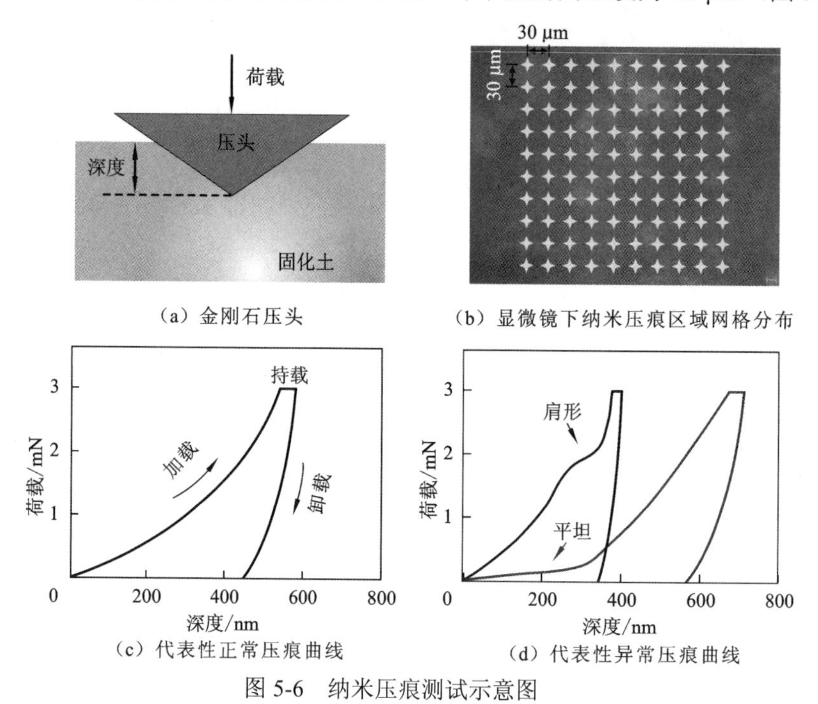

图 5-6　纳米压痕测试示意图

在处理纳米压痕数据之前，先根据荷载-位移曲线识别正常曲线[图 5-6（c）]或异常曲线[图 5-6（d）]，并将异常曲线剔除。图 5-6（d）中加载开始时的平坦区域主要是由压头与试样表面之间的不稳定接触引起的，而肩部形状则可归因于压点周围固相的断裂和坍塌，导致压入位移急剧增加（Mondal et al.，2008）。

5.1.4　^{29}Si/^{27}Al 固体高场核磁共振

水泥水化产物结构直接影响水泥基材料的性能，水泥基材料组分、结构复杂，其水化过程、水化产物组成和结构表征是研究中的难点。水泥熟料及其水化产物中的 ^{29}Si 和 ^{27}Al 具有磁性核，这些原子核都能产生核磁共振的特性，借助固体 NMR 技术获得核磁共振谱图，可定性或定量分析胶凝材料（水泥及矿物掺合料）的水化程度、水化产物（特别是非晶相）的种类和结构，从而揭示胶凝材料的组成、外加剂和环境等因素对水泥基材料水化过程的影响。

NMR 的主要测试步骤包括：①开机与样品制备；②魔角调节；③匀场；④定标。可获取的特征参数包括：谱线的数目、化学位移、宽度（峰形越锋利代表结晶性越好）、形状、面积和谱线的弛豫时间，并可通过化学位移来确定硅氧/铝氧多面体的聚合度。Si/Al 原子邻近的配位数越大，化学位移 σ 就越大，电子云密度越大，共振频率越低。^{29}Si 四配位的化学位移值 δ 为-6.2×10^{-5}～1.26×10^{-4}、六配位的 δ 为-1.7×10^{-4}～2.2×10^{-4}；^{27}Al 四配位的 δ 为 5×10^{-5}～8.5×10^{-5}、六配位的 δ 为-1×10^{-5}～1.5×10^{-5}。

水泥基胶凝材料中，Si 原子主要以硅氧四面体形式存在，以 $Q^n(m\text{Al})$表示硅氧四面体的聚合状态，n 为四面体的桥氧个数，m 为硅氧四面体相连的铝氧四面体个数。Q^0 表示孤岛状的硅氧四面体$[SO_4]^{4-}$；Q^1 表示两个硅氧四面体相连的短链，表征 C-S-H 二聚体或高聚体中直链末端的硅氧四面体；Q^2 表示由三个孤岛状四面体组成的有两个桥的长链；Q^3 表示由四个硅氧四面体组成的有三个桥氧的长链，表征直链有可能有支链或层状结构；Q^4 表示由四个硅氧四面体组成的三维网络结构；$Q^3(1\text{Al})$则表示三个四面体长链中有一个为铝氧四面体或 Al 取代三个硅氧四面体中一个硅的位置。

5.2 反卷积与聚类统计分析

对于多相复合材料，可以假设单一相的力学性能服从高斯分布，那么多相材料总体性能可由各单一相性能进行高斯分布叠加而得；对叠加分布进行反卷积分析就可以得到具有不同性质各单一相的相位和高斯分布。为了分析水化产物-黏土矿物作用过程中物质相的形成、分配和转化行为，需要对纳米压痕数据进行反卷积分析，本节采用 2 种常见的反卷积方法：概率密度函数（PDF）和累积分布函数（CDF），进而得到固化土中的各物质相力学性能及体积百分比。

5.2.1 概率密度函数

概率密度函数（PDF）是一个描述随机变量在某个确定值附近的可能性函数（Zhu et al.，2007a）。PDF 反卷积前需要预先对纳米压痕的数据进行预统计，对大量纳米压痕所得弹性模量进行排序后，计算出在不同模量区间（bin size，简称 b 值）内的概率密度。b 值对 PDF 反卷积的结果有较大影响：当 b 值较大时，一些较小的峰值会被忽略；当 b 值较小时，则会出现太多较小的峰值，对结果造成干扰。因此，在反卷积前需要确定一个合适的 b 值。本节 b 值的确定是参照 Luo 等（2020）提出的面元大小指数（bin size index，BSI）法。具体步骤为，首先通过纳米压痕试验获得的大量弹性模量数据集，然后采用 Freedman-Diaconis 规则（Freedman et al.，1981）估计初始 b 值：

$$b=\frac{2\times \text{IQR}\,(x)}{n^{1/3}} \tag{5-4}$$

式中：x 为变量，即弹性模量；IQR 为四分位距；n 为待反卷积弹性模量数据点的个数。例如，根据式（5-4）得到初始值 b_0 为 3.0 GPa，则需选择若干个包含初始 b_0 的 b 值进行试配，通过最小二乘法得到的标准差（S_E）来表征拟合效果：

$$S_{\mathrm{E}}=\sqrt{\frac{\mathrm{SSE}}{\mathrm{DOF}}} \tag{5-5}$$

式中：DOF 为自由度，为总的数据点数减去最小二乘法拟合得到的峰值数；SSE 为拟合平方差。S_{E} 值进一步被归一化以获得平均归一化标准误差 S_{EN}：

$$S_{\mathrm{EN}}=\frac{|S_{\mathrm{E}}-\mu_{\mathrm{s}}|}{\sigma_{\mathrm{s}}} \tag{5-6}$$

式中：μ_{s} 和 σ_{s} 分别为拟合 S_{E} 的平均值和标准差。为了对归一化标准差 S_{EN} 进行平均化，根据物相数提出 BSI 这一参数：

$$\mathrm{BSI}=\frac{|2\times\ln(S_{\mathrm{EN}})|}{k} \tag{5-7}$$

据此得到 BSI 与 b 值的单峰曲线图，选择 BSI 峰值处的 b 值作为最优模量区间 b_{opt}，并重建弹性模量代表性直方图，反卷积确定物相数和各相的弹性模量。

5.2.2 累积分布函数

累积分布函数（CDF）由概率密度函数（PDF）积分得到，可完整描述随机变量的概率分布（Abedi et al.，2016）。与 PDF 做法类似，对每个子数据集进行 CDF 反卷积，可得到固化土中的物相数、单一相的弹性模量和体积百分比。对于一个有 k 相的多相复合材料，所有相的加权总和为

$$g(x)=\sum_{i=1}^{k}a_iF(x\,|\,\mu_i,\sigma_i) \tag{5-8}$$

式中：$F(x)$为第 i 相的累积分布函数 CDF，其平均值为 μ_i，标准差为 σ_i；a_i 为各相的体积百分比，所有相的体积百分比累加为 1。

$$\sum_{i=1}^{k}a_i=1 \tag{5-9}$$

在 MATLAB 软件中使用具有置信区间的非线性最小拟合理论 $g(x)$与试验数据 $g_{\mathrm{data}}(x)$拟合，获得各相高斯分布的未知变量的最优值：

$$\min\frac{1}{k}\sum_{i-1}^{k}[g_{\mathrm{data}}(x_i)-g(x_i)]^2 \tag{5-10}$$

式中：物相数 k 根据 TGA 或者显微镜而定，但物相数确定会影响 CDF 反卷积结果。

5.3 物质相鉴别与表征

5.3.1 热重分析

图 5-7 为固化土试样在 60 天龄期时的 TGA 和 DTG 结果。参照 Haha 等（2011）对水泥基材料水化产物脱滤温度的划分，对于 C_3S 固化土（KS 和 BS），从 DTG 曲线可以观察到在 50～200℃有明显的质量损失，这一温度区间主要对应于 C-S-H 的水分脱附；

对于 C_3A 固化土（KA 和 BA），DTG 最典型峰值位于 200～300 ℃，该温度区间一般认为是 C-A-H 和/或 C-A-S-H 的水分脱附。在 400～500 ℃的温度区间检测到了 $Ca(OH)_2$（或 CH），CH 质量分数的高低可间接反映火山灰反应的强度（火山灰反应是一个消耗 CH 的过程）。通过比较热重分析曲线还可发现，固化膨润土的火山灰反应产物的质量分数（即 C_3A 固化土中的 C-S-H 和 C_3S 固化土中的 C-A-H）高于固化高岭土对应质量分数，如在 KA 中，C-S-H 质量分数仅为 2.5%，而对于 BA，C-S-H 质量分数增加到 6.6%；固化膨润土试样中的 CH 质量分数，如 BS 中的 2.3%和 BA 中的 1.8%，明显低于固化高岭土对应质量分数，如 KS 中的 3.8%和 KA 中的 2.9%，表明了固化高岭土在碱性环境中的二次火山灰反应不及固化膨润土。样品在 900 ℃下的剩余质量没有显著差异[图 5-7，高温下 4 种样品的固相质量分数均介于 69.7%～76.7%]，表明反应产物的总量并没有显著差异。温度为 500～800 ℃时，无论 C_3S 还是 C_3A 固化土中，都检测到了矿物高温脱附或者脱羟基形成的峰，例如高岭土在 550～800 ℃会脱附形成偏高岭土（Zhang et al.，2014）。

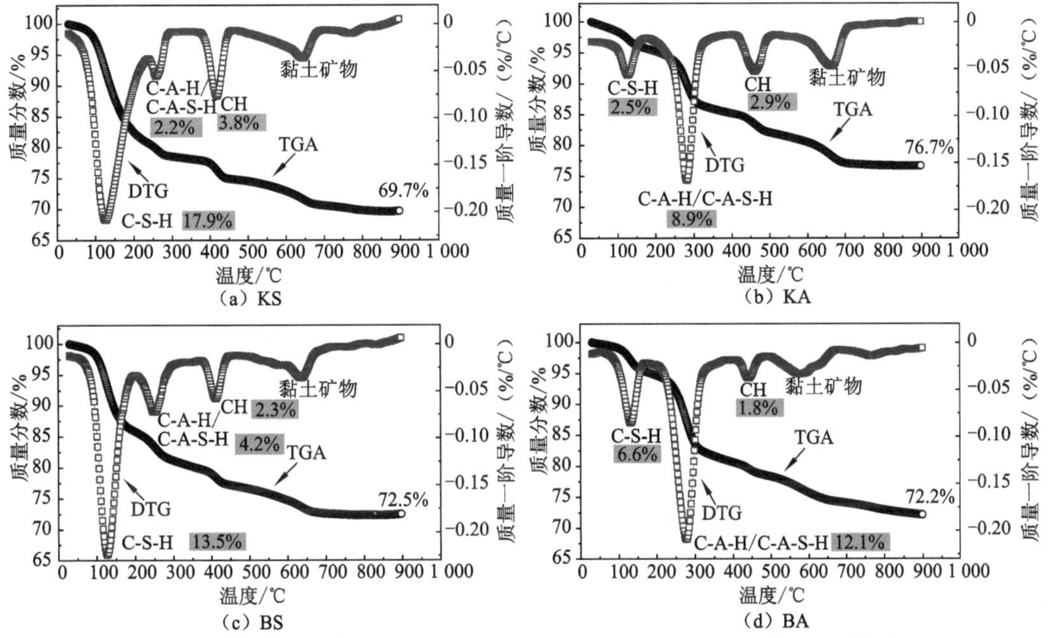

图 5-7　不同黏土-熟料复配固化土（KS、KA、BS 和 BA）的 TGA 结果

5.3.2　红外光谱分析

与纯相黏土和熟料相比，固化土（60 天龄期）红外光谱峰形会发生变化（图 5-8 和图 5-9），分析不同官能团的变化，有助于了解黏土矿物和水化产物相互作用机制。

参照表 5-2 特征峰参考值，波数在 800～1 200 cm^{-1} 可用于分析硅链聚合度，875 cm^{-1}、950 cm^{-1}、1 017 cm^{-1} 对应的波谷可分别代表 Q_1、Q_2、Q_3 结构中 Si—O 键的振动（周扬，2018）。当固化对象为膨润土时，代表 Q_2、Q_3 结构的谷值较大，表明固化膨润土的硅链聚合度较高，且 BS 谷值主要为 Q_2 结构，而 BA 谷值则主要代表 Q_3 结构，说明富铝相固化剂更易形成高聚合度产物；固化对象为高岭土时，800～1 200 cm^{-1} 范围内的波谷并不明显且较为分散，表明 C-S-H 等硅相产物较少。

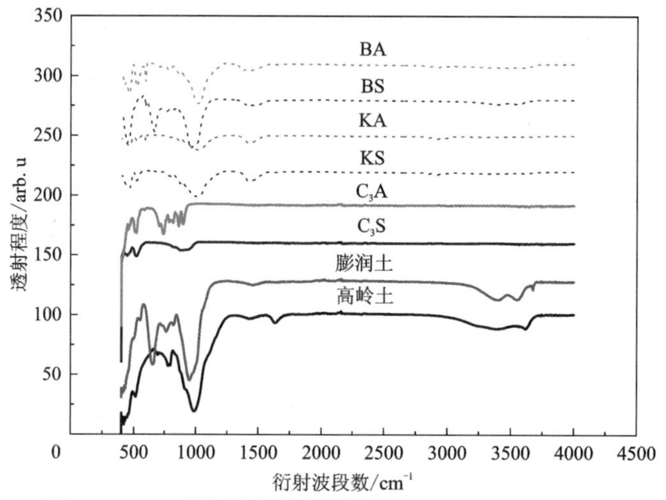

图 5-8　60 天龄期纯相黏土、熟料及固化土的 FTIR 图谱

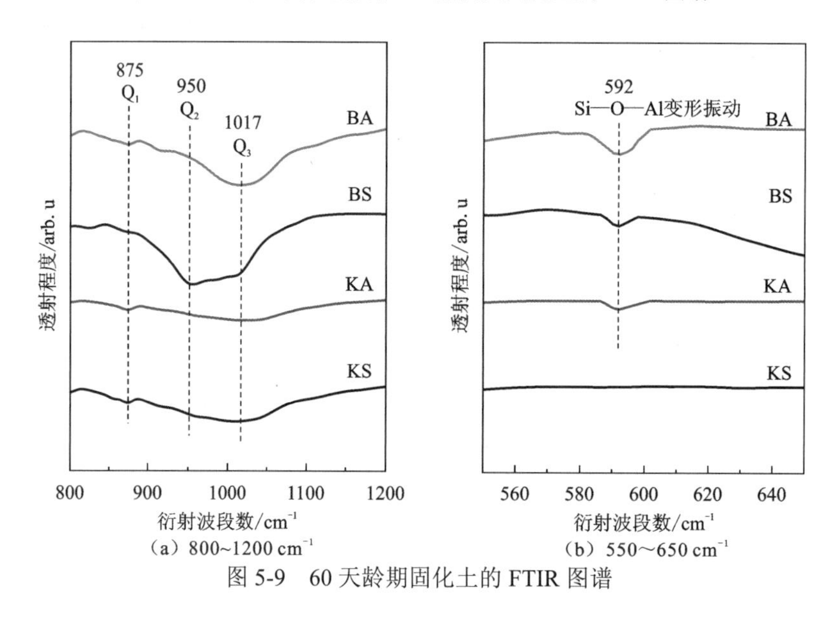

图 5-9　60 天龄期固化土的 FTIR 图谱

波数在 550～650 cm^{-1} 可用于分析 Si—O—Al 变形振动幅度，间接反映固化土晶格取代中的铝代硅现象（Pu et al.，2021a，b）。图 5-9 表明 KS 中几乎未观测到 Si—O—Al 变形振动，KA 中振动波谷也较弱，而 BS 和 BA 中则出现了较深的振动波谷，说明膨润土中更易发生晶格取代现象，反映膨润土中蒙脱石族矿物在碱性环境中更易溶解析出活性氧化物胶体，增加火山灰反应程度，继而影响固化土内部结构和宏观强度。

5.3.3　网格纳米压痕统计分析

选取 KS 作为代表性试样进行原子力显微镜扫描以评估试样表面平整度，结果如图 5-10 所示，发现尽管试样经过了严格的打磨，但由于固化土固有的低强度、高异质性、高孔隙率等特点，样品的表面光滑程度仍然不如混凝土或者砂浆等传统水泥基材料。

图 5-10（a）、（b）中暗区的负值表明孔隙的存在，图 5-10（c）为沿图 5-10（b）中对角线绘制的等高线图，表明样品沿对角线的高度介于−260～230 nm。KS 试样的 3 块区域表面粗糙度 R_q 的平均值为 138.0 nm，在纳米压痕试验允许要求内。

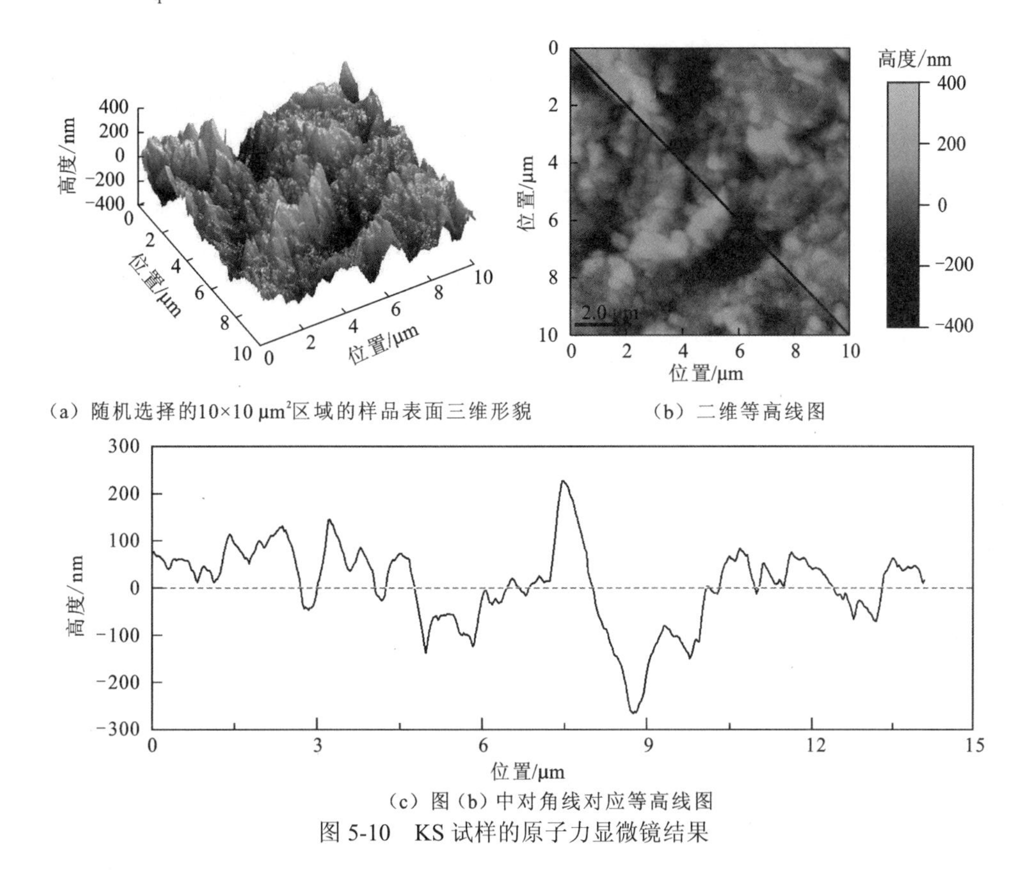

（a）随机选择的10×10 μm²区域的样品表面三维形貌　　（b）二维等高线图

（c）图（b）中对角线对应等高线图

图 5-10　KS 试样的原子力显微镜结果

固化土样品的弹性模量分布云图如图 5-11 所示，每个试样中三块随机选择的 10×10 μm² 方形区域的云图色块分布离散性较低，表明试样的均匀性较好。通过统计计算，KS、KA、BS 和 BA 试样的平均弹性模量分别为 23.2 GPa、13.4 GPa、18.6 GPa 和 16.4 GPa，表明水泥熟料和黏土矿物都会影响固化土的微纳观力学性能。固化土的压痕硬度分布云图如图 5-12 所示，KS、KA、BS 和 BA 试样的平均压痕硬度分别为 0.7 GPa、0.3 GPa、0.7 GPa 和 0.6 GPa，可见压痕硬度和弹性模量并不完全正相关，说明不同物质相即使具有相同的弹性模量，其压痕硬度也可能有较大的差异。前人研究一般以弹性模量为研究对象（Feng et al.，2021；Cai et al.，2020），为了方便对比分析，也选择弹性模量作为变量。

进行 PDF 反卷积前，首先要确定最合适的统计模量区间（optimal bin size，b_{opt}），根据 5.2.1 小节中最优模量区间 b_{opt} 确定方法获得图 5-13，曲线峰值对应的横坐标即为最优步长 b_{opt}，KS、KA、BS 和 BA 试样的最优步长分别为 4.2 GPa、2.8 GPa、2.9 GPa 和 3.1 GPa。

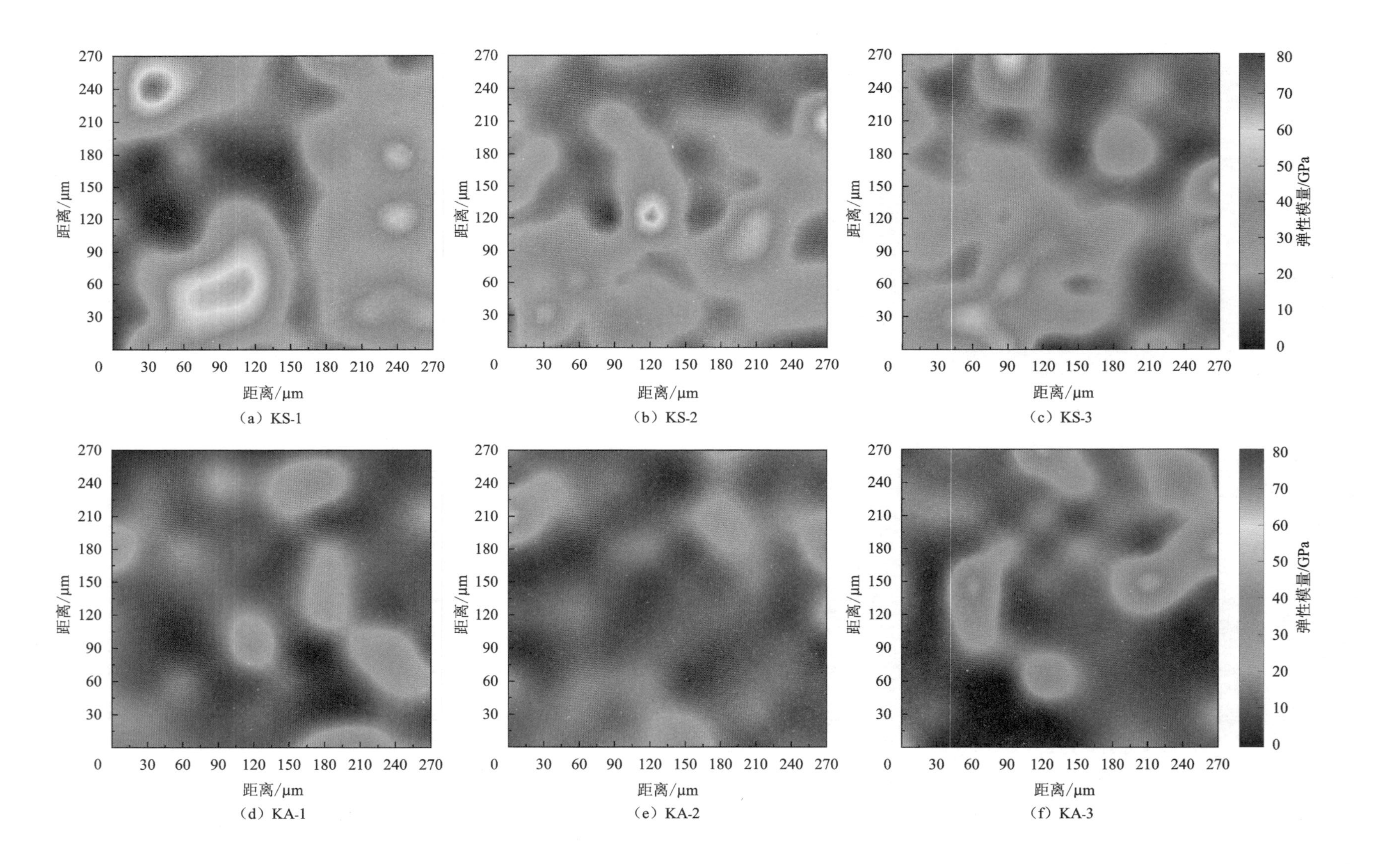

（a）KS-1
（b）KS-2
（c）KS-3
（d）KA-1
（e）KA-2
（f）KA-3

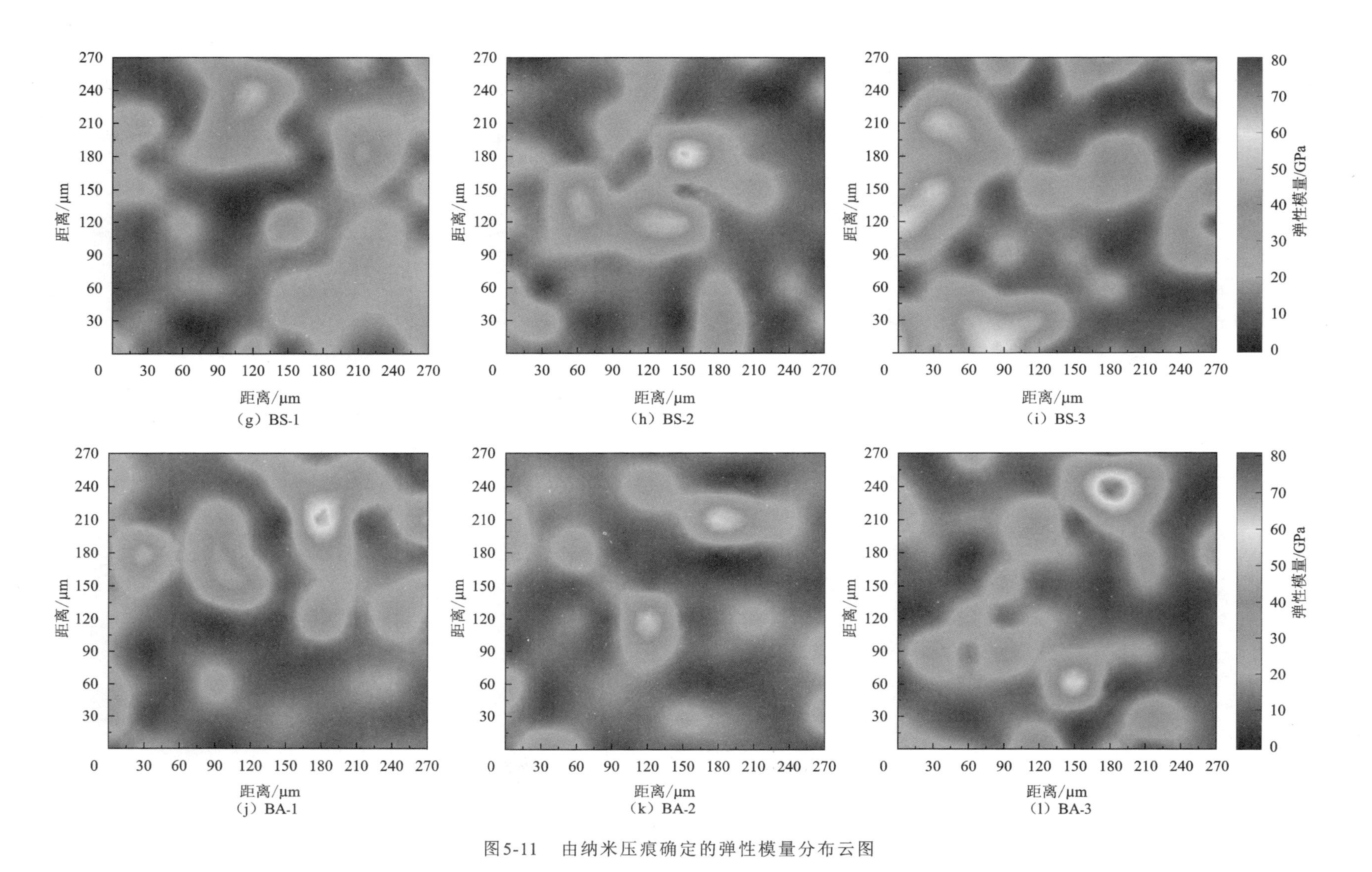

图5-11　由纳米压痕确定的弹性模量分布云图

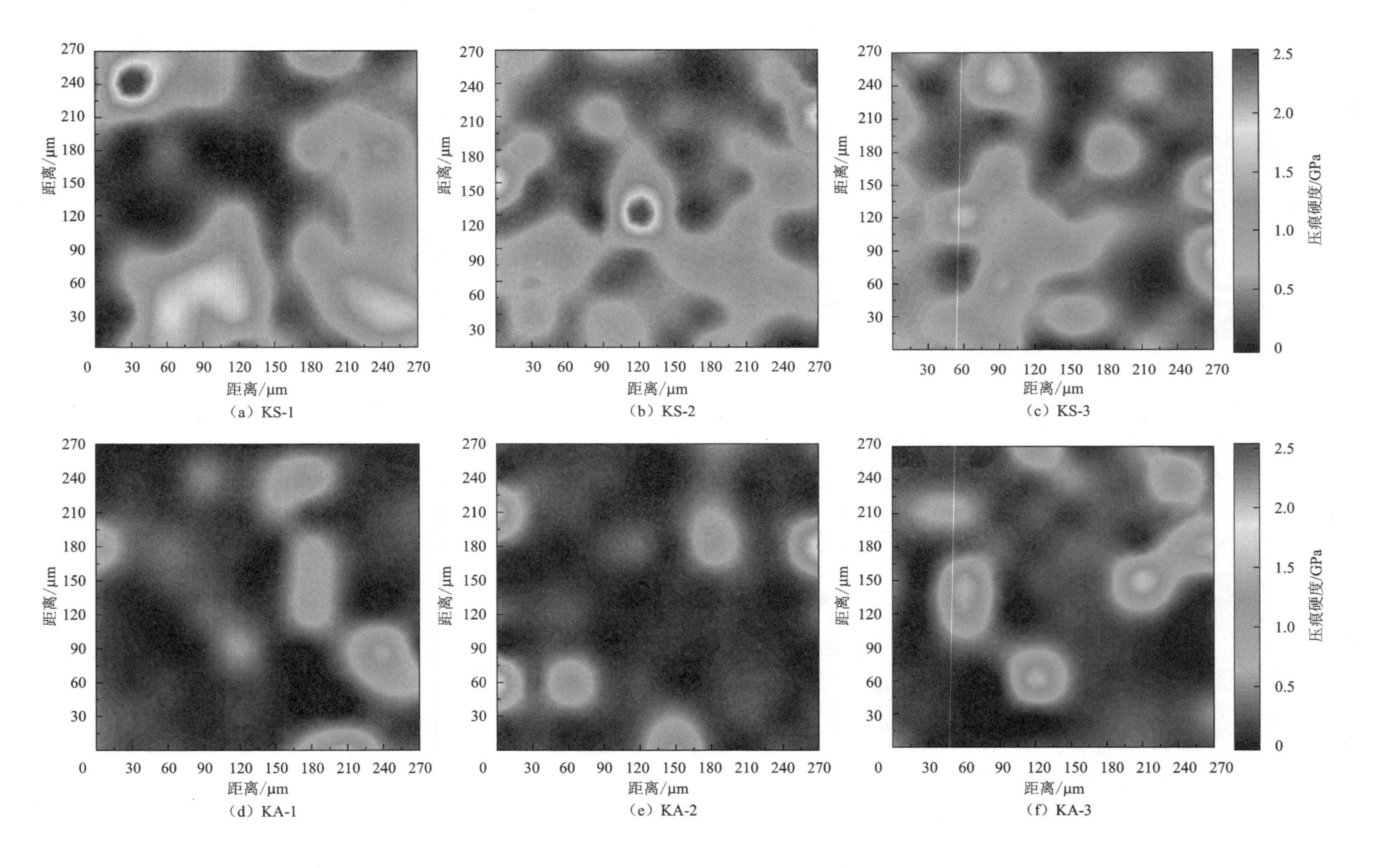

（a）KS-1　（b）KS-2　（c）KS-3

（d）KA-1　（e）KA-2　（f）KA-3

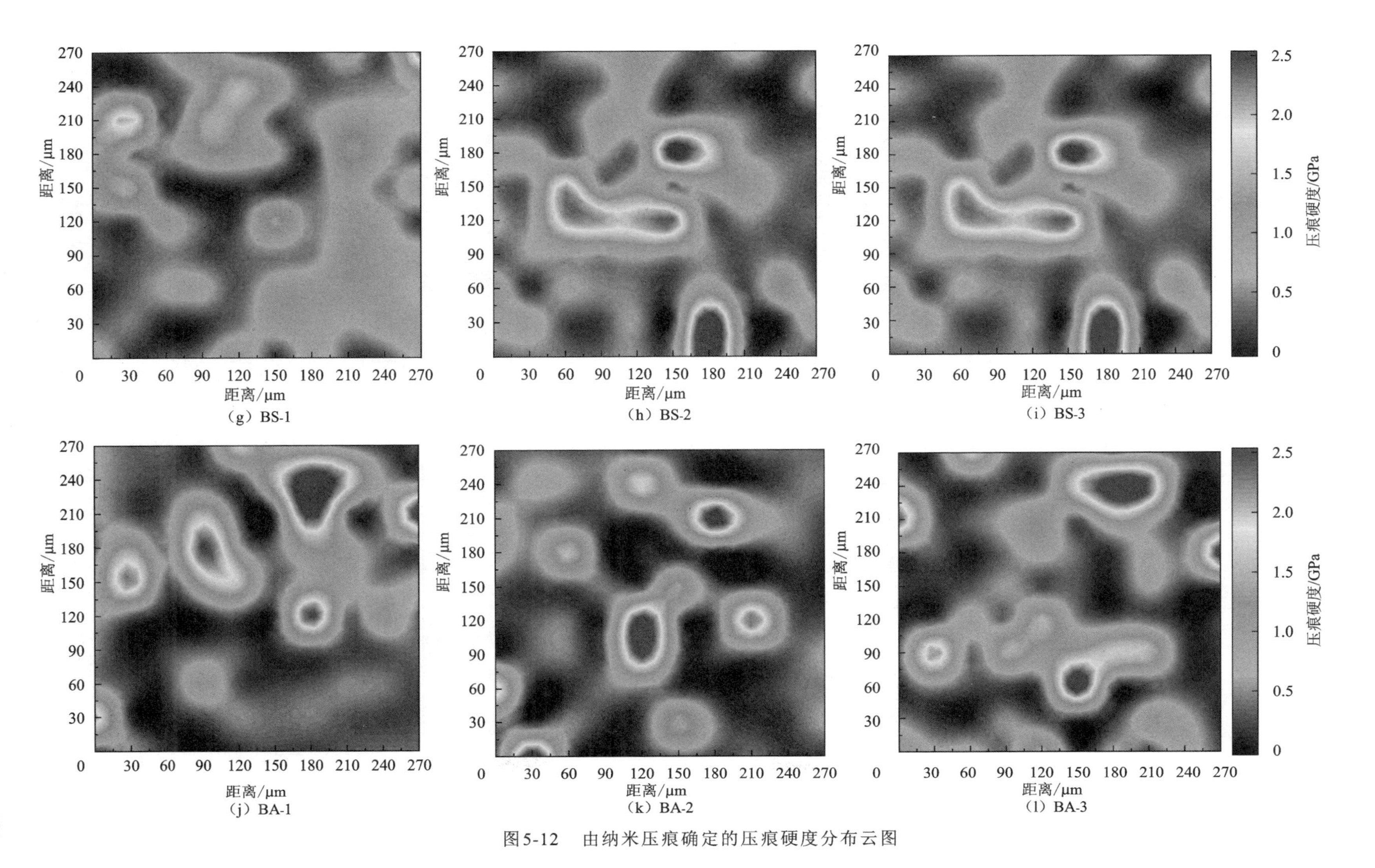

图5-12　由纳米压痕确定的压痕硬度分布云图

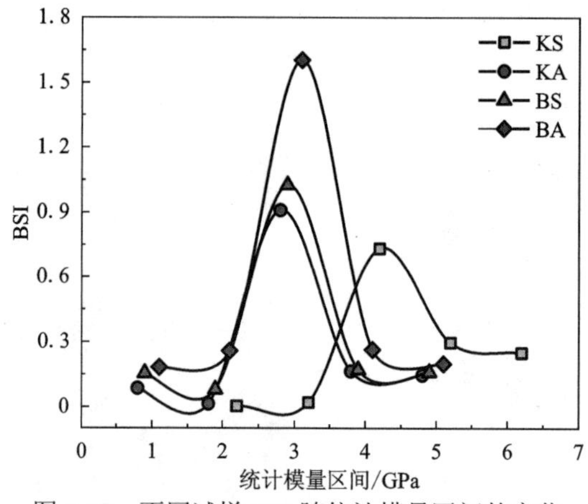

图 5-13 不同试样 BSI 随统计模量区间的变化

PDF 反卷积结果如图 5-14 所示，每个试样的压痕弹性模量 E 均可反卷积为 5 个峰，表明固化土主要由 5 种模量不同的物质相组成，包括水化产物、黏土颗粒及未水化熟料颗粒等。参考前人通过纳米压痕对水泥基材料（包括净浆、砂浆和混凝土）组成相的分类（Ma et al.，2017；Qian et al.，2016），固化土各组分及其产物的弹性模量从小到大依

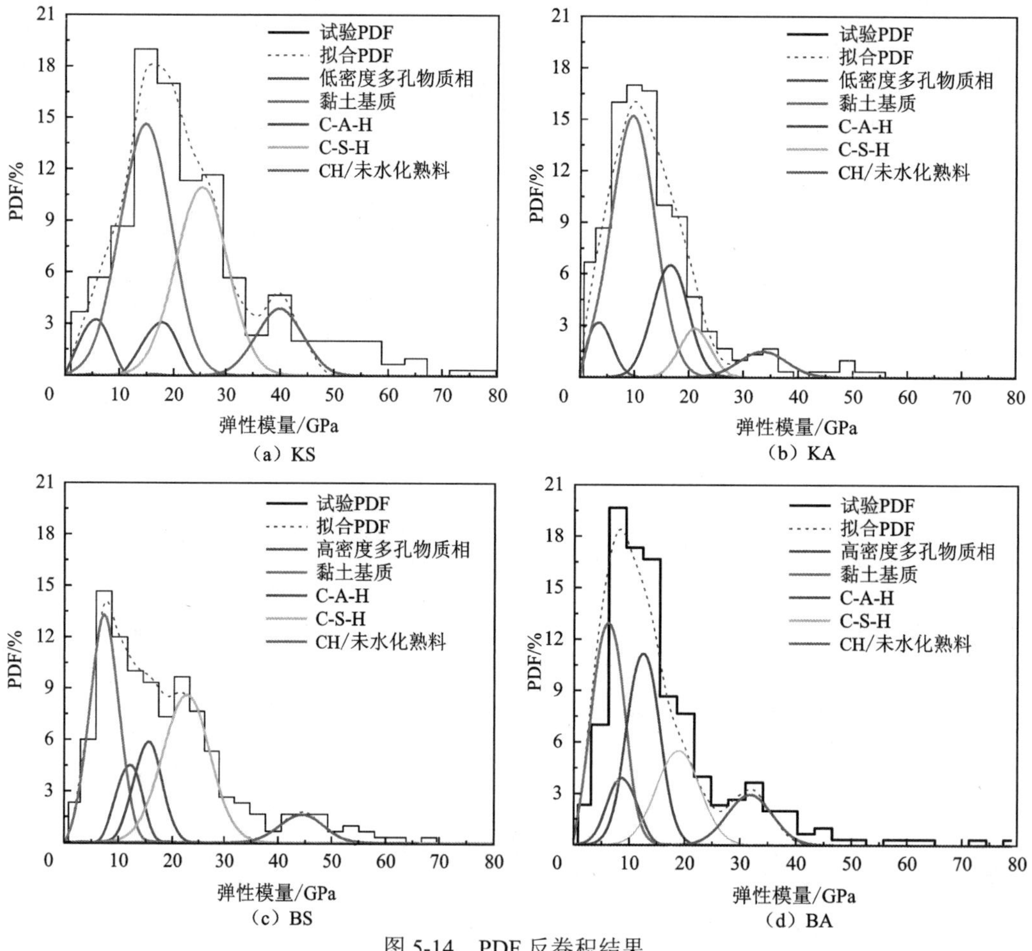

图 5-14 PDF 反卷积结果

次为：低密度多孔物质相＜黏土基质＜高密度多孔物质相＜C-A-H＜C-S-H＜CH/未水化熟料。值得注意的是，低密度和高密度多孔物质相是固化土中独有的，它们的密度差异可反映黏土矿物与水泥熟料之间次生火山灰反应的强度。与固化高岭土（KS 和 KA）相比，固化膨润土（BS 和 BA）被认为表现出更优越的火山灰反应效率，生成更多的水化胶凝材料，有助于形成相对致密的微观结构，详细机理将在 5.4 节进行分析。

CDF 反卷积结果见图 5-15，基于 CDF 得到的物质相定性结果与 PDF 相符，两种反卷积方法均可鉴别出 5 个独立物质相，但这两种方法得到的各物质相体积百分比存在一定差异。

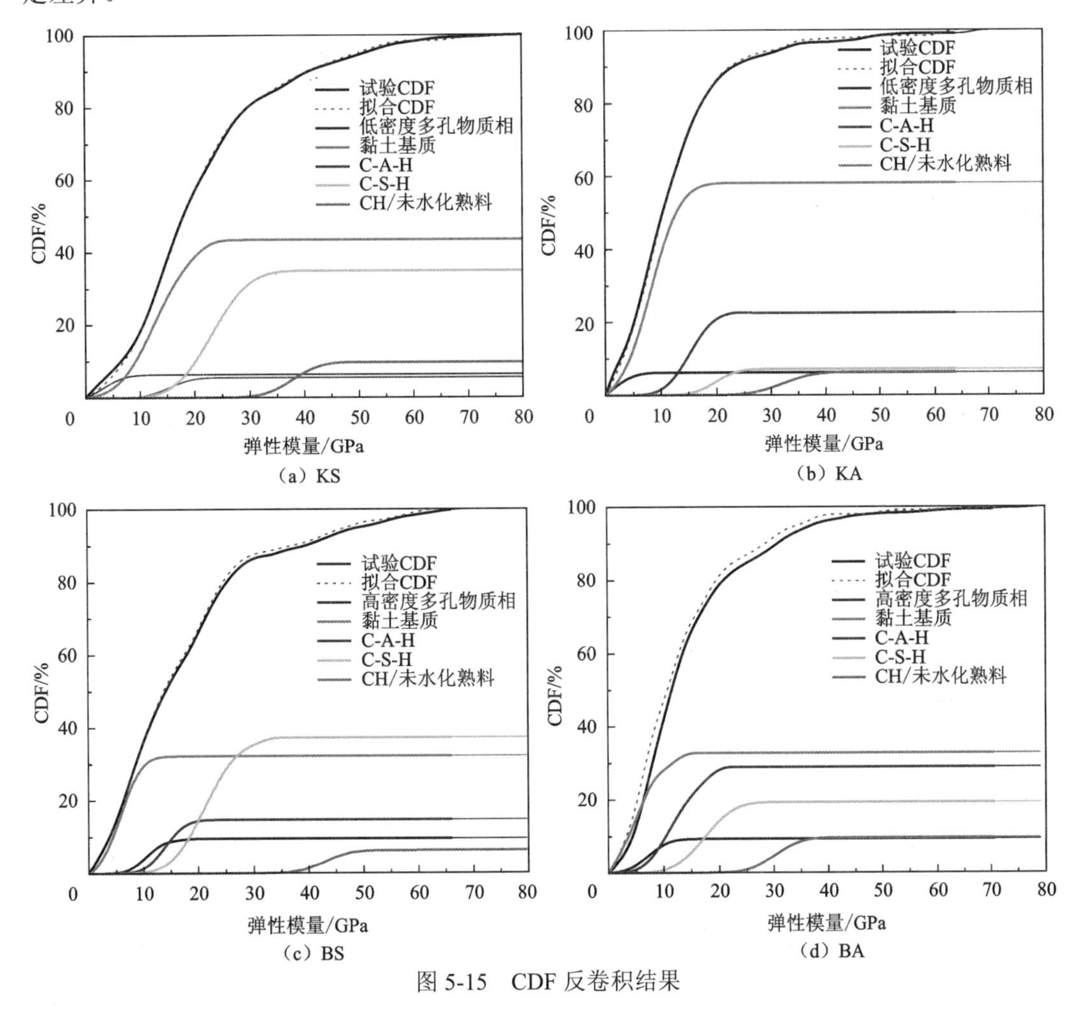

图 5-15　CDF 反卷积结果

基于 PDF 和 CDF 反卷积结果，对鉴别出的不同物质相进行体积量化，如表 5-3 所示。总体而言，PDF 和 CDF 反卷积得到的各相体积含量结果比较接近。C_3S 固化土中主要水化产物是 C-S-H，通过对两种方法的结果取平均值，BS 中 C-S-H 体积分数为 36.8%，略高于 KS 中对应 C-S-H 体积分数为 34.7%；C-A-H 则是 C_3A 固化土中的主要水化产物，其中 BA 中 C-A-H 体积分数为 29.1%，略高于 KA 中对应 C-A-H 体积分数（21.4%）。该结果说明，不同黏土矿物和水泥熟料反应机理和强度存在差异，蒙脱石火山灰反应强度明显高于高岭石，从而产生了更多次生 C-S-H 和 C-A-H。Chittoori 等（2011）的研究也证明了这一点。

表 5-3　基于 PDF 和 CDF 的反卷积结果比较

反卷积方法	物质相	体积分数/%			
		KS	KA	BS	BA
PDF	低密度多孔物质相	5.6	6.9	—	—
	黏土基质	43.6	58.9	33.2	32.5
	高密度多孔物质相	—	—	9.8	9.2
	C-A-H	5.8	20.3	14.5	29.1
	C-S-H	34.4	7.6	36.3	18.9
	CH/未水化熟料	10.6	—	6.2	10.3
CDF	低密度多孔物质相	6.3	6.2	—	—
	黏土基质	43.5	58.1	32.2	32.8
	高密度多孔物质相	—	—	9.5	9.3
	C-A-H	5.5	22.4	14.7	29.0
	C-S-H	35	7.1	37.3	19.3
	CH/未水化熟料	9.7	6.2	6.3	9.6

5.3.4　固相核磁共振分析

1. ^{29}Si 核的化学位移

考虑 XRD 对非晶态 C-S-H 等水化产物识别不佳，本小节引入 ^{29}Si NMR 以定量描述水化产物-黏土矿物作用过程中 C-S-H 等富 Si 水化产物的变化，通过魔角调节、匀场、定标后确定一系列最佳的 ^{29}Si NMR 信号采集参数，谱仪磁场强度为 9.40 T，^{29}Si 共振频率为 79.49 Hz。试验开始前，采用四甲基硅烷（tetramethylsilane，TMS）作为基准物，获得基准化学位移 δ（0 ppm①）。试验样品的硅谱信号经过傅里叶变换成核磁谱图，可获得核磁谱图中信号峰的化学位移和积分面积。根据共用桥氧的数量，水泥基材料中的硅氧四面体被分为 Q^0、Q^1、Q^2、Q^3、Q^4 五大类。其中 Q^0 主要为水泥熟料矿物和矿渣中硅酸钙晶体中的硅（不与其他硅氧四面体连接）；Q^1 为硅链末端的硅（通过桥氧与一个硅氧四面体相连）；Q^2 为硅链中间的硅；Q^3 为层状或硅链分枝上的硅；Q^4 为高度聚合的三维网络中的硅。表 5-4 为水化前后各种水泥基材料原材料中 ^{29}Si 的化学位移，它们分布在 δ_{Si} −68～−129 ppm。由于水化产物的复杂性，即使是同一种硅氧基团，化学位移也会有所不同（Pu et al.，2021a，2021b）。

① 1 ppm = 1×10^{-6}，后同

表 5-4　水泥基材料及其水化产物的 ^{29}Si 化学位移

含硅物相	硅的化学状态	δ_{Si}/ppm	参考文献
硅酸盐水泥	Q^0	-68～-76	Ma 等（2016）；Ruiz-Santaquiteria 等（2013）；Johansson 等（1999）
高岭土	Q^4	-91～-101	Johansson 等（1999）；Kunther 等（2016）
C-S-H 凝胶	Q^1	-75～-82	Kunther 等（2016）；Andersen 等（2004）
	$Q^{1(1Al)}$	-75	Andersen 等（2004）
	$Q^{2(1Al)}$	-80～-82	王磊等（2010）；Le Saout 等（2006）；Andersen 等（2004）
	Q^2	-82～-88	Walkley 等（2019）；王磊等（2010）；Andersen 等（2004）
	Q^3	-87.9	Qu 等（2016）；Puertas 等（2014）
	$Q^{3(1Al)}$	-91～-93	Park 等（2016）；Qu 等（2016）
	$Q^{4(4Al)}$	-85～-87	Ruiz-Santaquiteria 等（2013）；Andersen 等（2006）
	$Q^{4(3Al)}$	-89～-97	Ruiz-Santaquiteria 等（2013）；Andersen 等（2006）
	$Q^{4(2Al)}$	-94～-102	Ruiz-Santaquiteria 等（2013）；Andersen 等（2006）
	$Q^{4(1Al)}$	-99～-107	Ruiz-Santaquiteria 等（2013）；Andersen 等（2004）
	Q^4	-98～-129	Ruiz-Santaquiteria 等（2013）；肖建敏 等（2016）；Andersen 等（2006）

图 5-16 显示了养护 60 天后固化土的 ^{29}Si 和 ^{27}Al NMR 原始谱图，^{29}Si 谱图曲线的平滑度远低于 ^{27}Al 谱图。

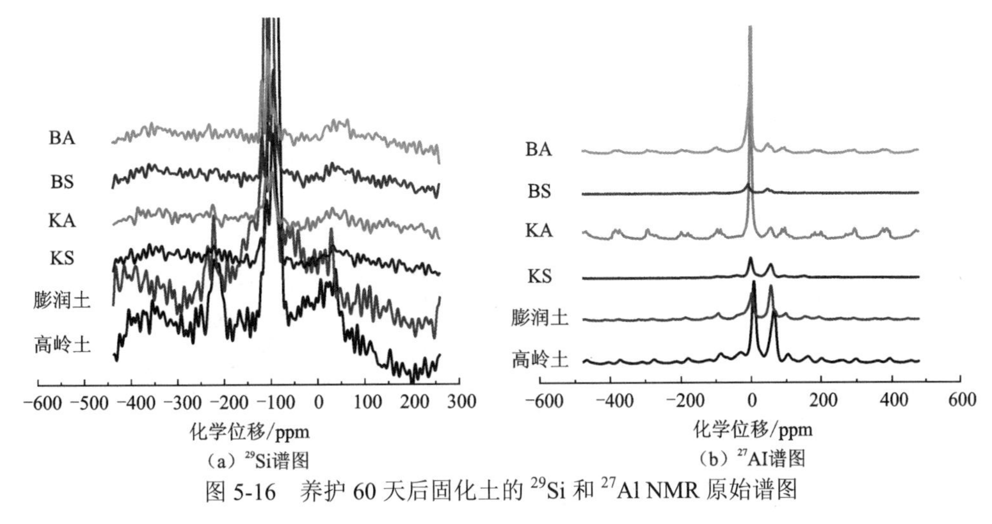

图 5-16　养护 60 天后固化土的 ^{29}Si 和 ^{27}Al NMR 原始谱图

采用 Peakfit 反卷积，根据高斯定理和洛伦兹公式对 ^{29}Si 的 NMR 谱图分峰拟合，结果分别如图 5-17 和图 5-18 所示。四配位 ^{29}Si 的化学偏移量在-66～-120 ppm 变化，随着 ^{29}Si 最邻近原子配位数的提高，化学偏移量向负值方向移动；随着硅（铝）氧阴离子聚合度的增加，化学偏移量向负值方向移动；随着铝代硅的增加，化学偏移量逐渐增加。

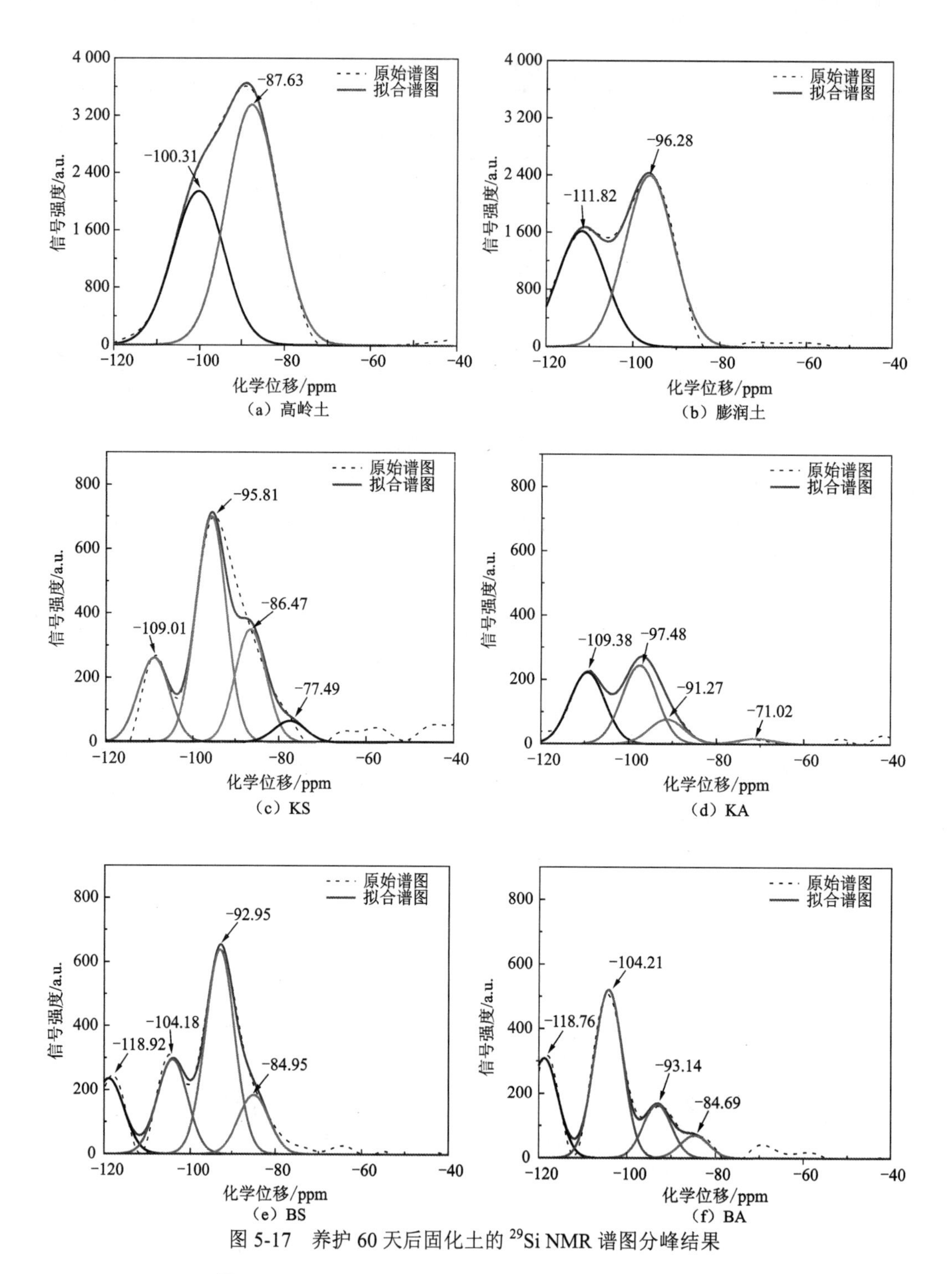

图 5-17　养护 60 天后固化土的 ^{29}Si NMR 谱图分峰结果

根据表 5-4 中 ^{29}Si NMR 的分类标准，可将图 5-17 中的分峰结果汇总于表 5-5 中，高岭石和蒙脱石的硅主要存在形式为 Q^4，且均为双峰结构，其中高岭石峰值化学位移分别为−87.63 ppm 和−100.31 ppm，蒙脱石峰值化学位移分别为−96.28 ppm 和−111.82 ppm。加入熟料后，其结构则演化为四峰形，表明水化产物和黏土矿物的相互作用丰富了固化土物质相。对比分析 KS 和 BS 可以发现，KS 中不同峰位表明生成了聚合程度不同的以 C-S-H 为主的水化产物，但并没有观察到铝代硅现象，而 BS 中除分析出不同聚合程度

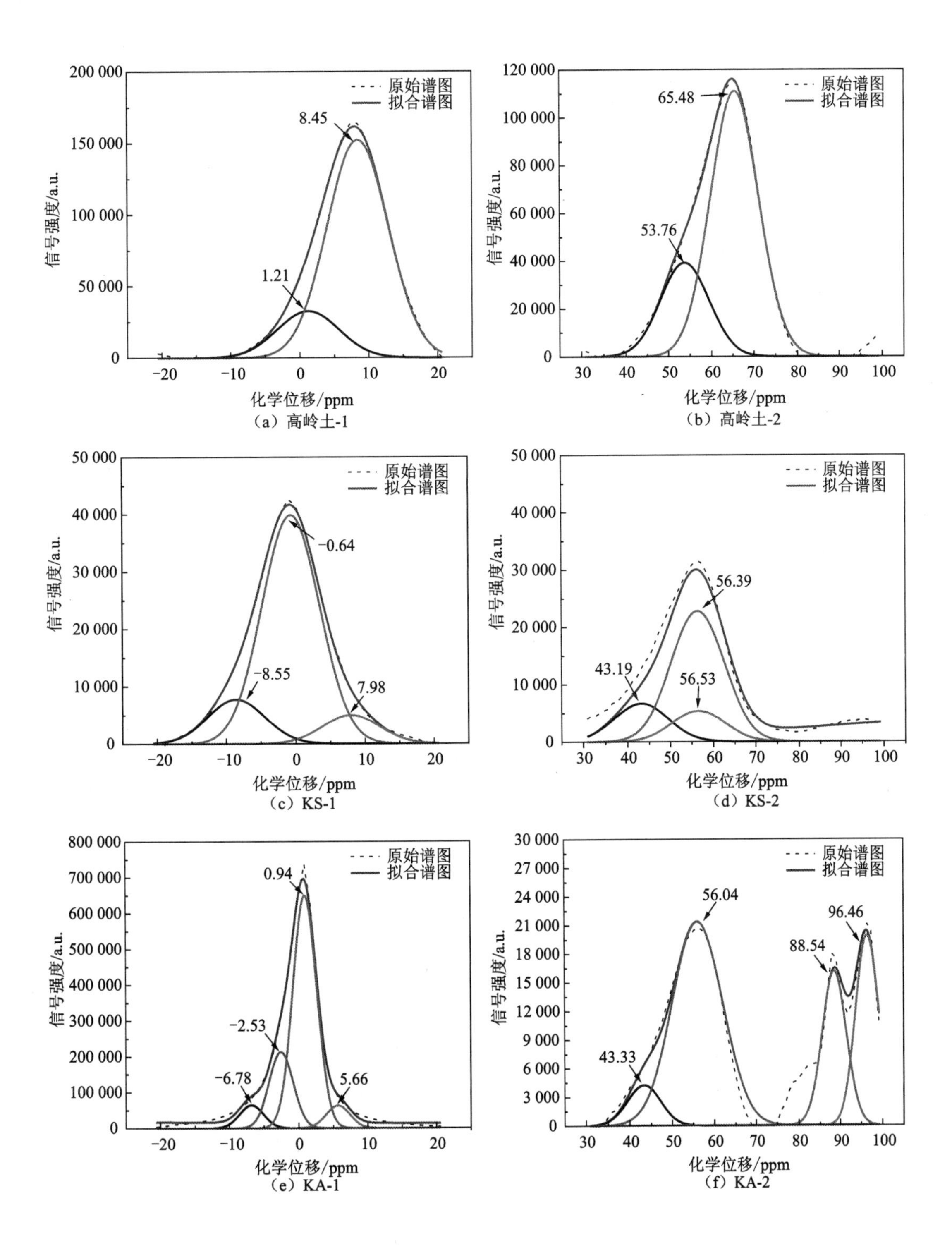
原始谱图
拟合谱图
信号强度/a.u.
化学位移/ppm
(a) 高岭土-1
(b) 高岭土-2
(c) KS-1
(d) KS-2
(e) KA-1
(f) KA-2
8.45
1.21
65.48
53.76
-0.64
-8.55
7.98
56.39
43.19
56.53
0.94
-2.53
-6.78
5.66
56.04
96.46
88.54
43.33

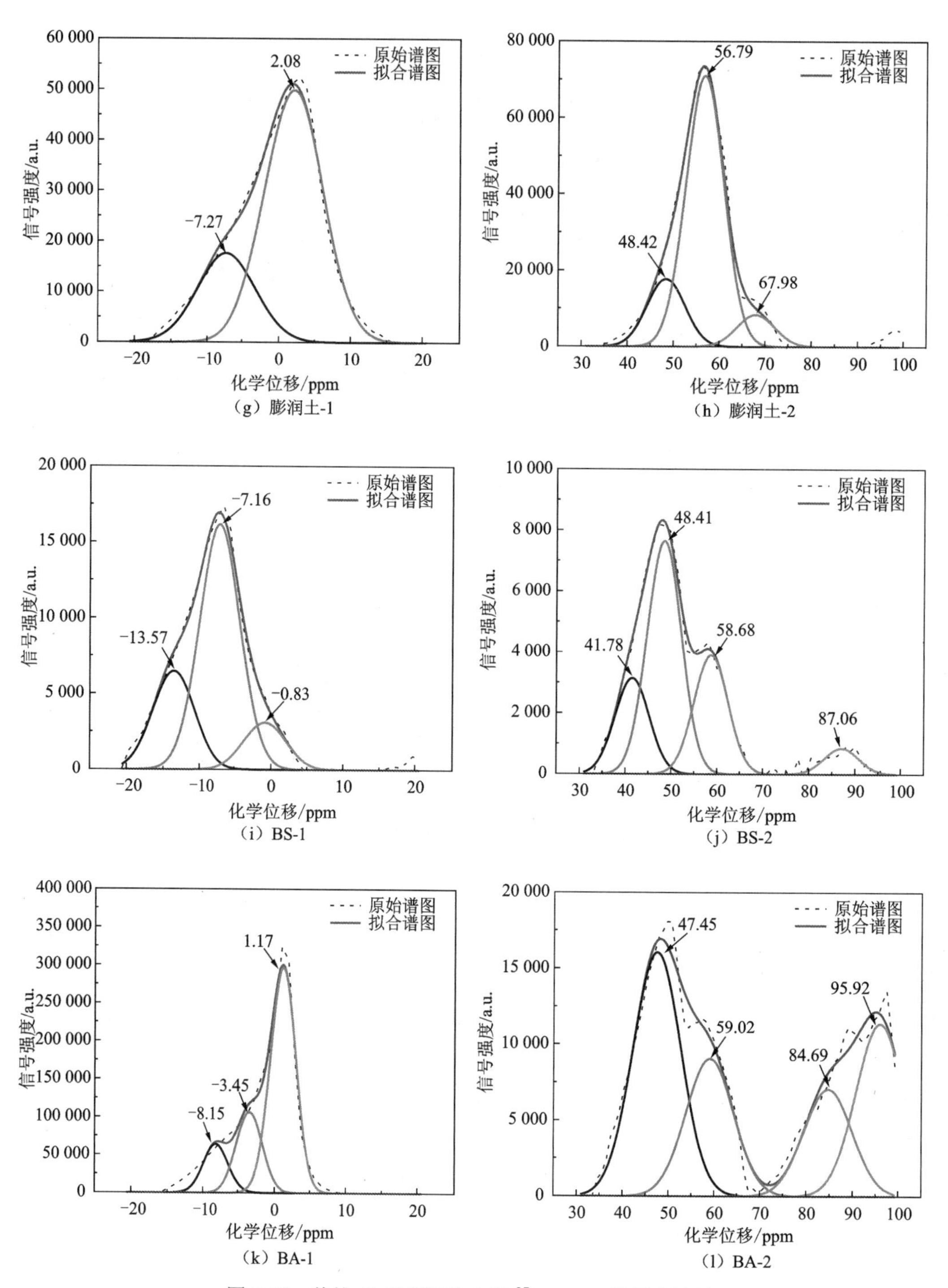

图 5-18　养护 60 天后固化土的 ^{27}Al NMR 谱图分峰结果

的水化产物外，还伴随着不同程度的铝代硅现象，如 $Q^{3(1Al)}$和 $Q^{4(1Al)}$，考虑 BS 试样的熟料中不含 Al 相，该取代应为黏土矿物的火山灰反应导致，在碱性环境中，黏土矿物溶解会伴随着 Si—O 和 Al—O 键的断裂，Al 断裂后会进入硅氧四面体结构替代部分 Si，形成铝氧四面体，从而促使 Q^2 和 Q^4 减少及 $Q^{3(1Al)}$和 $Q^{4(1Al)}$增加。KA 和 BA 中也出现了类似的现象，KA 中 $Q^{3(1Al)}$和 $Q^{4(2Al)}$峰面积占比分别为 13.7%和 43.5%，而在 BA 中，$Q^{4(3Al)}$和 $Q^{4(1Al)}$峰面积占比则分别为 15.6%和 48.8%，Al 取代比例有所增加，但增加幅度不如 C_3S 固化土，说明 C_3S 营造的水化环境更易激发黏土矿物的活性，使其 Si—O 和 Al—O 键断裂重组，与 CH 发生火山灰反应形成次生 C-S-H 和 C-A-H 等胶凝产物。此外，通过对比固化高岭土和固化膨润土的峰值强度和峰面积，可发现在固化高岭土（KS 和 KA）中有部分以 Q^1 或 Q^2 形式存在的低聚合度硅相，而固化膨润土（BS 和 BA）则主要为 Q^3 或 Q^4 高聚合度的硅相，从而具有更长的链长和更高相对密度。

表 5-5　纯相黏土和固化土 ^{29}Si MAS-NMR 分峰拟合结果

试样	^{29}Si 的主要存在形式	化学位移/ppm	强度/a.u.	面积占比/%
高岭土	Q^4	−87.63	3 357.5	61.0
	Q^4	−100.31	2 147.3	39.0
膨润土	Q^4	−96.28	2 400.2	59.7
	Q^4	−111.82	1 618.7	40.3
KS	Q^1	−77.49	67.1	4.8
	Q^2	−86.47	351.7	25.4
	Q^3	−95.81	705.0	50.9
	Q^4	−109.01	262.4	18.9
KA	Q^0	−71.02	17.9	3.2
	$Q^{3(1Al)}$	−91.27	77.2	13.7
	$Q^{4(2Al)}$	−97.48	245.4	43.5
	Q^4	−109.38	223.1	39.6
BS	Q^2	−84.95	185.0	13.6
	$Q^{3(1Al)}$	−92.95	642.3	47.2
	$Q^{4(2Al)}$	−104.18	296.7	21.8
	Q^4	−118.92	236.6	17.4
BA	Q^2	−84.69	70.9	6.6
	$Q^{4(3Al)}$	−93.14	166.8	15.6
	$Q^{4(1Al)}$	−104.21	523.9	48.8
	Q^4	−118.76	310.7	29.0

2. ^{27}Al 核的化学位移

^{27}Al NMR 主要是为了揭示 C-A-H 和钙矾石等富 Al 产物的演化。如表 5-6 所示，水化前后固化土中铝有三种存在形式：当进入氧四面体时，以 Al(IV)作为网络形成因子；

当进入氧八面体时，以 Al(VI)作为网络修饰因子；其他的用 Al(V)表示。相较于 ^{29}Si 固体 NMR 研究，^{27}Al 固体 NMR 相关研究较少，但其是揭示固化土强度形成机制的重要手段之一。

表 5-6　水泥基材料及其水化产物的 ^{27}Al 化学位移

含铝物相	铝的化学状态	δ_{Al}/ppm	参考文献
硅酸盐水泥	Al(IV)	40～90	王磊等（2010）；Le Saout 等（2006）
C_3A	Al(I)	79～81.4	Le Saout 等（2006）；Andersen 等（2006，2004）
C-S-H 凝胶	Al(IV)（硅链中的铝）	40～90	Le Saout 等（2006）；Andersen 等（2004）
	Al(V)（C-S-H 层间铝）	20～40	Bernal 等（2013）；Le Saout 等（2006）
三硫型钙矾石	Al(VI)	12～14	Kunther 等（2016）；Le Saout 等（2006）
单硫型钙矾石	Al(VI)	9～12	Andersen 等（2004）
碳铝酸钙	Al(VI)	5～8	Qu 等（2016）

根据图 5-16 中 Al 核谱图，信号强度基本位于−20～20 ppm 和 30～100 ppm 两个区间内，且这两个区间的峰值强度相差较大。为了准确辨识低强度峰的化学位移变化，对这两个信号区间分别绘图进行独立分析，谱图分峰结果及对应的量化指标如图 5-18 和表 5-7 所示。

表 5-7　纯黏土和固化土 ^{27}Al MAS-NMR 分峰拟合结果

试样	化学位移 δ_{Al} 为−20～20 ppm			化学位移 δ_{Al} 为 30～100 ppm		
	化学位移/ppm	强度/a.u.	面积占比/%	化学位移/ppm	强度/a.u.	面积占比/%
高岭土	1.21	32 798.1	17.6	53.76	39 323.3	26.1
	8.45	153 440.0	82.4	65.48	111 600.0	73.9
膨润土	−7.27	17 767.0	26.1	48.42	17 853.3	18.2
	2.08	50 266.8	73.9	56.79	71 619.3	73.2
	—	—	—	67.98	8 405.5	8.6
KS	−8.55	7 808.1	14.7	43.19	6 716.4	19.2
	−0.64	40 217.7	75.8	56.39	22 835.8	65.4
	7.98	5 029.1	9.5	56.53	5 373.1	15.4
KA	−6.78	67 663.6	6.5	43.33	4 291.0	6.7
	−2.53	224 610.0	21.5	56.04	21 471.1	51.7
	0.94	684 630.0	65.6	88.54	16 444.5	19.5
	5.66	66 320.3	6.4	96.46	20 335.8	22.1
BS	−13.57	6 584.9	25.2	41.78	3 172.5	20.2
	−7.16	16 436.4	62.8	48.41	7 719.6	49.2
	−0.83	3 147.0	12.0	58.68	3 941.8	25.1
	—	—	—	87.06	860.2	5.5

续表

试样	化学位移 δ_{Al} 为−20～20 ppm			化学位移 δ_{Al} 为 30～100 ppm		
	化学位移/ppm	强度/a.u.	面积占比/%	化学位移/ppm	强度/a.u.	面积占比/%
BA	−8.15	67 255.6	13.7	47.45	16 133.0	36.9
	−3.45	111 790.0	22.8	59.02	9 095.3	20.8
	1.17	311 810.0	63.5	84.69	7 093.1	16.2
	—	—	—	95.92	11 425.6	26.1

结果表明，高岭石和蒙脱石在化学位移[−20, 20]ppm 区间中均拟合得到两个峰，高岭土的化学位移分别为 1.21 ppm 和 8.45 ppm，对应的信号强度分别为 32 798.1 a.u.和 153 440.0 a.u.；膨润土的化学位移分别为−7.27 ppm 和 2.08 ppm，对应的信号强度分别为 17 767.0 a.u.和 50 266.8 a.u.。在[30, 100]ppm 区间中，高岭土为双峰，化学位移为 53.76 ppm 和 65.48 ppm，对应的强度分别为 39 323.3 a.u.和 111 600.0 a.u.，而膨润土为三峰，化学位移为 48.42 ppm、56.79 ppm 和 67.98 ppm，对应的强度分别为 17 853.3 a.u.、71 619.3 a.u.和 8 405.5 a.u.。加入 C_3S 和 C_3A 熟料形成固化土后，^{27}Al NMR 在[−20, 20]ppm 和[30，100]ppm 区间中的分峰数量明显增加，表明固化土中物质相有所增加。其中 C_3A 固化土峰值信号强度比 C_3S 固化土高出 1～2 个数量级，这是因为 C_3A 固化土中生成大量 C-A-H 和 C-A-S-H 等富铝相水化产物。此外，在固化高岭土中还发现了少量以 Al(VI)形式存在的信号峰，其化学位移为 7.98 ppm，信号强度为 5 029.1 a.u.，面积占比为 9.5%；在 KA 中化学位移为 5.66 ppm.，信号强度为 66 320.3 a.u.，占比为 6.4%。

根据表 5-7 可知，在 ^{27}Al 谱图中，固化土中 C-S-H 主要以 Al(IV)（即硅链中的铝）形式存在，其化学位移 δ_{Al} 为 40～90 ppm。对比 KS 和 BS 可以发现，KS 中存在 3 个代表 C-S-H 的铝代硅峰，而在 BS 中增至 4 个，表明 BS 中参与铝代硅的 Al 相更多样化。由于 BS 中熟料不存在 Al 源，该代硅 Al 主要来源于黏土矿物，进一步说明膨润土更具火山灰活性。

5.4　黏土矿物参与反应程度概念模型及定量表征方法

黏土矿物与水化产物的相互作用具有长期性和隐蔽性，与其他惰性掺和料（如砾石、粉砂粒组）不同，黏土会与初级水化过程中产生的 $Ca(OH)_2$ 发生次级火山灰反应。如图 5-19 所示，碱性环境会逐渐侵蚀黏土颗粒及其团聚体，促使黏土矿物中活性 SiO_2 和 Al_2O_3 胶体的溶解，这些析出的无定形氧化物胶体会与水化过程中产生的 $Ca(OH)_2$ 结合并反应生成更多的 C-S-H 和 C-A-H 等胶凝物质，化学反应如式（5-11）和式（5-12）所示。在离子平衡作用下，二次火山灰反应消耗的 $Ca(OH)_2$ 会促使水化作用继续发生并提供碱性环境。因此，火山灰反应会在较长的养护和服役期内持续发生（Horpibulsk et al.，2011）。

$$SiO_2 + Ca^{2+} + OH^- \longrightarrow \text{C-S-H} \tag{5-11}$$

$$Al_2O_3 + Ca^{2+} + OH^- \longrightarrow \text{C-A-H} \tag{5-12}$$

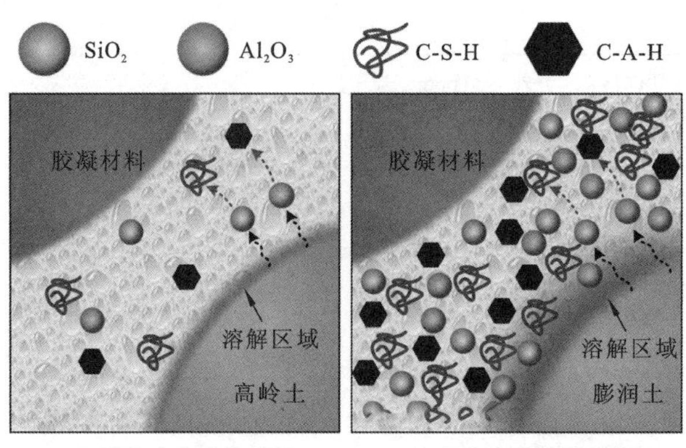

（a）低密度多孔物质相　　（b）高密度多孔物质相

图 5-19　固化高岭土和膨润土的火山灰反应示意图

这些溶解释放的活性氧化物胶体及生成的二次火山灰产物将在胶凝材料和黏土颗粒界面处积聚，形成多孔软物质相，类似于混凝土中存在于骨料和砂浆之间的界面过渡区（interface transition zone，ITZ）（Ramaniraka et al.，2019）。多孔软物质相的胶凝和微填充能力的强弱势必会影响固化土的宏观力学性能。根据表 5-3 列出的纳米压痕结果，相较于 KS 和 KA，在 BS 和 BA 试样中探测到更多的火山灰反应产物（如 C_3A 固化土中的 C-S-H 及 C_3S 固化土中的 C-A-H）及模量更高的多孔软物质相。究其原因，很可能是因为具有 3 层结构的黏土矿物（如蒙脱石）具有更小的粒径、更大的扁平比及比表面积，且其晶格间可渗透水分子和阳离子，故比 2 层结构的黏土矿物（如高岭石）抵抗碱侵蚀能力弱，易溶解析出 SiO_2 和 Al_2O_3 等氧化物胶体颗粒。固化膨润土中会形成比固化高岭土胶凝性更强、结构更致密的界面过渡区，因此，固化膨润土的强度高于固化高岭土。

为了进一步分析不同黏土矿物的溶解反应特性，采用定向片 XRD 进行定量表征。XRD 技术是水泥基材料中物相定性、定量分析的有力工具，可采用里特沃尔德（Rietveld）法计算物相组成；但黏土原生矿物、次生矿物背景值高，经常会与水化产物产生重叠峰，掩盖水化产物物相识别。为防止黏土背景值过高或峰重叠现象对生成物判定的干扰，本节参照石油天然气行业标准《沉积岩中黏土矿物和常见非黏土矿物X射线衍射分析方法》（SY/T 5163—2010），采用全岩片（B 片）、自然定向片（N 片）、乙二醇饱和片（EG 片）和高温片（550℃）联合测定方法确定固化土的物相。

试验首先制备 OPC42.5 水泥固化高岭土、固化膨润土和固化伊利土试样，水泥掺量参照搅拌桩常用掺量 15%，养护龄期为 28 天，取固化前后试样进行定向片 XRD 对比，即可定量得到纯相黏土在碱性条件下的溶出反应。

定向片制备方法如下。

（1）自然定向片（N 片）：将 40 mg 干样放入 10 mL 试管中，加入 0.7 mL 蒸馏水，搅匀，用超声波使黏粒充分分散，迅速将悬浮液倒在载玻片上，风干。

（2）乙二醇饱和片（EG 片）：将自然定向片置于乙二醇蒸气气氛中进行饱和处理，乙二醇蒸气气氛温度应恒定在 60℃，恒温时间不少于 8 h。

（3）高温片（550℃）：在 550℃条件下将乙二醇饱和片恒温不少于 2.5 h，自然冷却至室温。经处理后若伊利石的 0.1 nm 峰强度下降太大，则应通过试验调整加热温度与恒温时间。

定向片 XRD 谱图如图 5-20 所示，经定性分析，对样品中已被确定存在的各个黏土矿物种类，利用 X 射线衍射分析专用软件 JADE6.5 进行分峰，选用“对称高斯-洛伦兹”函数对其进行拟合，以单独计算重叠峰面积。

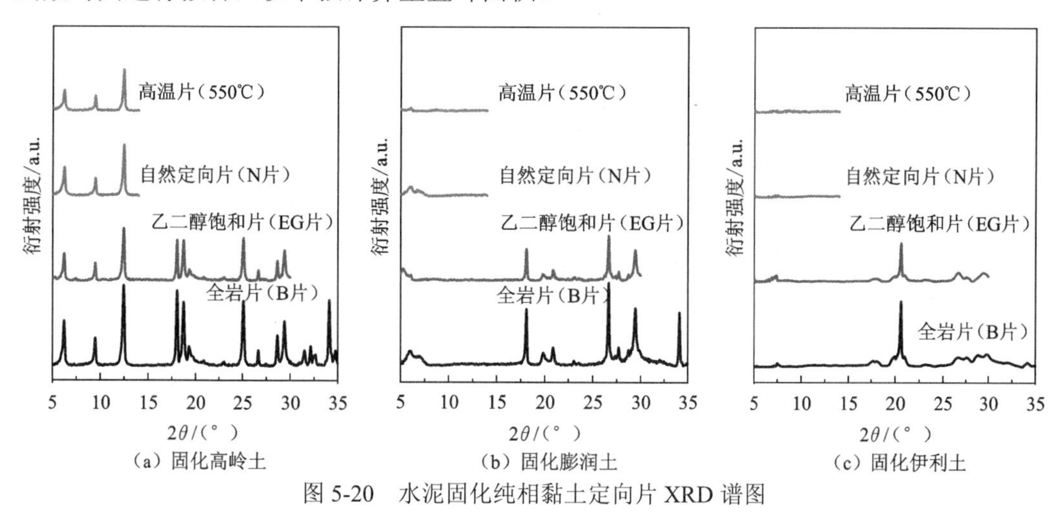

(a) 固化高岭土 (b) 固化膨润土 (c) 固化伊利土

图 5-20 水泥固化纯相黏土定向片 XRD 谱图

原状纯相黏土和固化纯相黏土定向片 XRD 定量结果见表 5-8，原状（未固化）高岭土、膨润土和伊利土中高岭石、蒙脱石和伊利石的质量分数分别为 70.3%、91.2%和 82.3%，而经过 28 天的标准养护后，固化高岭土、膨润土和伊利土中高岭石、蒙脱石和伊利石的质量分数分别为 66.1%、80.3%和 75.6%（数值已经剔除水泥的影响），表明高岭石、蒙脱石和伊利石的溶出反应量分别为 4.2%、10.9%和 6.7%。为了方便后续分析，引入溶出反应率 η_{poz}（固化前后黏土矿物质量分数之差/固化前黏土矿物质量分数）来表征黏土矿物的反应性，据此计算得到高岭土、膨润土和伊利土的 η_{poz} 分别为 6.0%、12.0%和 8.1%，即富蒙脱石族黏土的火山灰反应活性最高，该结果与前文微纳观试验结果一致。

表 5-8 原状纯相黏土和固化纯相黏土定向片 XRD 定量结果

土样	矿物组成/%								
	非黏土矿物						黏土矿物		
	石英	钾长石	斜长石	方解石	白云石	菱铁矿	伊利石	高岭石	蒙脱石
原状高岭土	3.8	4.9	15.5	3.7	1.8	0	—	70.3	—
原状膨润土	1.5	0.3	0	0.2	0	1.6	3.7	1.5	91.2
原状伊利土	2.9	3.1	6.7	1.3	0.6	0	82.3	2.3	0.8
固化高岭土	5.1	2.5	4.4	5.1	3.7	13.1	—	66.1	—
固化膨润土	3.9	1.8	2.3	2.3	1.2	7.1	0.3	0.8	80.3
固化伊利土	3.2	3.7	7.2	2.1	2.7	5.2	75.6	0.3	—

第6章　固化土强度解译与固化剂组分设计

在固化土中，砂粒、粉粒和黏粒都由矿物构成，按照成因和组成主要分为原生矿物和次生矿物，土壤中的砂粒主要来源于亲水性较弱的原生矿物，而黏粒主要来源于长石、云母等硅酸盐矿物化学风化形成的片状或链状晶格的铝硅酸盐矿物，具有颗粒细小、亲水性强和胶体特性，主要有蒙脱石族、伊利石族、高岭石族和绿泥石族矿物等。粉粒则介于砂粒和黏粒之间，由原生矿物和抗风化能力较强的次生矿物组成，如难溶性碳酸盐矿物。因此砂粒和粉粒具有相似的性质，亲水性比较接近，与黏粒组有很大区别。刘丽（2022）的研究表明，砂粒和粉粒在固化土中主要充当硬质夹杂，基本不参与水化反应，其对固化土的贡献主要源于级配控制的替代效应，对强度影响甚微。

本章通过将固化土这一复合材料体系划分为水化产物–黏粒组成的胶黏体系、与粉砂粒组组成的夹杂体系（图6-1），提出水泥土强度解译方法，认为胶黏体系中黏土矿物干扰和非密实是导致固化土强度远低于砂浆、混凝土等其他水泥基材料的直接原因。首先将水泥土强度解译成为胶凝和密实控制强度两部分（$UCS=UCS_D+UCS_C$），分别给出零密度状态胶凝强度经验公式与密度相关的指数型关系，然后以工业固体废弃物利用为切入点从胶凝和密实两个层面对固化组分进行调控，通过室内试验和现场试验验证该分析框架的可行性。

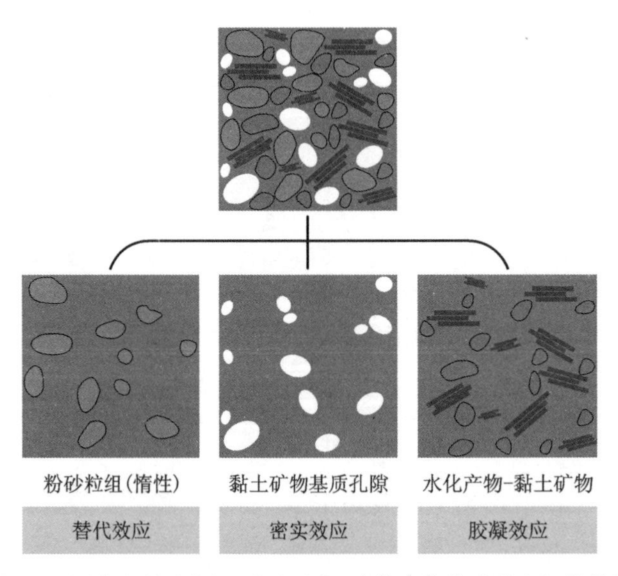

图6-1　固化土粉砂粒组–黏土矿物–水化产物的孔隙空间结构图

6.1 固化土强度构成的解译

6.1.1 试验材料与试验方法

1. 试验材料

试验用土取自福建省福州市某施工现场，根据 ASTM 规范测得的基本物理指标如表 6-1 所示，其粒度分布曲线如图 6-2 所示，其中大于 75 μm（200#筛）的粒组是通过筛分确定的，而小于 75 μm 的粒组则是通过密度计法确定的。根据土壤分类系统（unified soil classification system，USCS）（ASTM D2487），它被划分为低塑性黏土（CL）。

表 6-1 试验土样的基本物理指标

物理指标	数值
天然含水率 w_0/%	77.9
比重 G_S	2.71
密度 ρ/（kg/m^3）	1 690
孔隙比 e	1.68
液限 L_L/%	48.3
塑限 P_L/%	26.7
塑性指数 P_I	21.6
砂粒质量分数（>0.075 mm，%）	0.7
粉粒质量分数（0.002～0.075 mm，%）	37.6
黏粒质量分数（<0.002 mm，%）	61.7
USCS 土性划分	低塑性黏土

在传统水泥基材料领域，不少学者利用硅粉作为活性改良剂进行了试验研究，结果表明硅粉能显著改善混凝土的物理性质和力学性能、增强界面过渡区（ITZ）强度（Kalkan，2011）。为便于定量识别胶凝和密实对强度的贡献，选用硅粉作为高性能外加剂以凸显胶凝效应。通过激光粒度分析仪获得其粒度分布如图 6-2 所示，该硅粉的中值粒径（D_{50}）、不均匀系数（C_U）和曲率系数（C_C）分别为 0.293 μm、22.24 和 6.53，其主要化学成分见表 6-2，无定形活性 SiO_2 质量分数超过 97%，表明该硅粉纯度较高，同时掺杂少量铁、镁和碱金属氧化物。

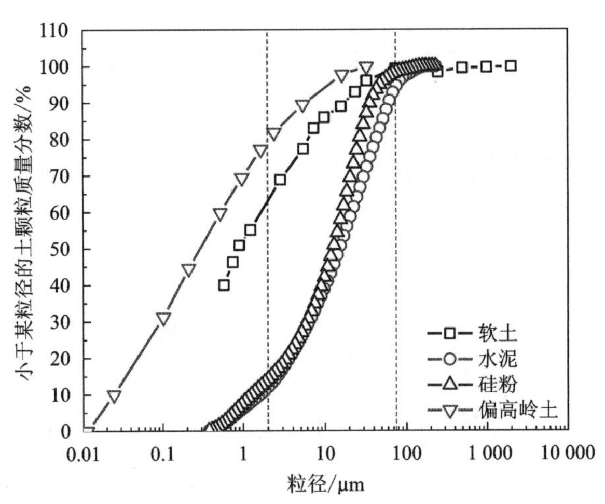

图 6-2　试验土样、水泥、硅粉及偏高岭土的颗粒级配曲线

表 6-2　水泥、偏高岭土和硅粉的主要化学成分及质量分数　　（单位：%）

材料	化学成分									
	SiO_2	Al_2O_3	CaO	Fe_2O_3	MgO	Na_2O	SO_3	K_2O	其他	烧失量
水泥	21.7	7.5	57.4	2.9	1.7	0.5	3.5	0.4	—	4.4
偏高岭土	52.0	40.0	1.0	2.5	0.8	0.5	—	—	3.2	—
硅粉	97.2	—	0.1	0.3	0.1	0.1	—	—	2.2	—

另外两种水泥基材料分别为 P.O 42.5 水泥及偏高岭土（MK）。水泥选用江苏南京产海螺牌水泥，偏高岭土选用德国巴斯夫公司的产品。XRF 确定的两种材料的主要化学组成见表 6-2。在水泥中，CaO 和 SiO_2 是主要氧化物，两者质量分数之和接近 80%。偏高岭土中主要氧化物则为 SiO_2 和 Al_2O_3，两者质量分数之和为 92%，这与水泥主要成分明显不同。水泥和偏高岭土的中值粒径接近，约为 12 μm，比硅粉高出两个数量级，表明它们的水化/火山灰活性远不如硅粉。参考 Wu 等（2021b）的研究结果，本节所用的偏高岭土和水泥的质量比为 1∶4。

强度构成解译的关键环节为固化土密度的调控，本节通过发泡方式达到这一目的。发泡剂为广东珠海生产的阴离子表面活性发泡剂（DH-901）。该发泡剂外观为淡黄色黏稠液体，无刺激性气味，无腐蚀性，成分以表面活性剂为主，辅以纤维素类稳泡剂，相关参数见表 6-3。其发泡率（固化土发泡后的体积与发泡前的体积之比）为 22；泌水率（泌水量对拌和物的含水率之比）为 36.7 mL/h，坍塌率（试管内塌陷泡沫长度减少率）为 9.6 mm/h。此外，根据 Kunhanandan 等（2008）的推荐，混合物中还添加少量 SNF 型聚羟酸减水剂，以满足泡沫-黏土混合物的稳定性、稠度及流动性要求。

表 6-3　发泡剂相关参数

参数	说明或数值
外观（25℃）	淡黄色黏稠液体
pH	6.5～7.5
比重	1.12

续表

参数	说明或数值
发泡率/倍	22
泌水率/（mL/1.0 h）	36.7
坍塌率/（mm/1.0 h）	9.6
活性成分质量分数/%	≥30
固体质量分数/%	≥35
凝固点/℃	≤0

2. 控制密度固化土制备及养护

Horpibulsuk 等（2014）的研究表明固化土中含水率的提高意味着干密度的降低，表现为更高的水灰比（m_W/m_c）和更低的强度。本小节固化土制样含水率控制为天然黏土液限（L_L）的 2 倍，即 96.6%，在此基础上通过调整泡沫的掺量来调控固化土试样的密度。因此，该混合物可视为四相复合体（泡沫、水、土及胶凝材料），各组分掺量计算如图 6-3 所示。

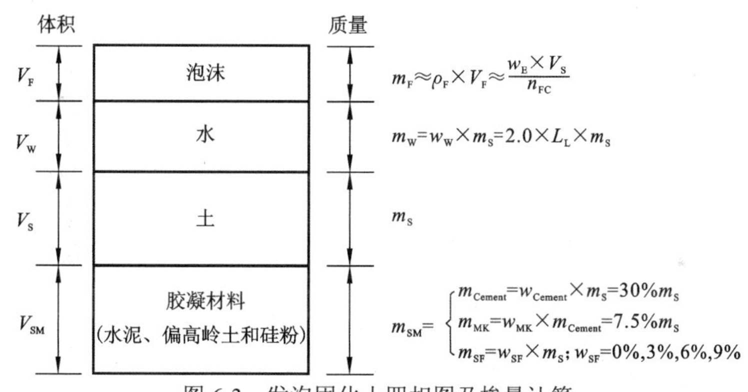

图 6-3　发泡固化土四相图及掺量计算

V_F 为泡沫的体积（m^3）；V_W 为水的体积（m^3）；V_S 为土的体积（m^3）；V_{SM} 为胶凝材料的体积（m^3）；m_F 为泡沫的质量（kg）；m_W 为水的质量（kg）；m_S 为土的质量（kg）；m_{SM} 为胶凝材料的质量（kg）；m_{Cement} 为水泥的质量（kg）；m_{MK} 为偏高岭土的质量（kg）；m_{SF} 为硅粉的质量（kg）；w_{Cement} 为水泥的掺量（%）；w_{MK} 为偏高岭土的掺量（%）；w_{SF} 为硅粉的掺量（%）

根据 Wu 等（2019）和 Hajimohammadi 等（2017）的研究，在搅拌和浇筑的过程中，泡沫的加入会显著影响水泥土的和易性和流动性，因此，试样的最终成型密度和设计密度不可避免会存在一定偏差。本节制备不同密度发泡固化土及未发泡固化土（图 6-4）。首先，软土在 60 ℃的烘箱中进行低温烘干，以避免对可能存在的有机质及化学结合水的干扰，然后使用粉碎机将烘干后的软土粉碎并过 2 mm 筛备用。制样过程中，各组分掺量见表 6-4，具体为向粉碎后的黏土中添加 30%（干土质量分数）的水泥、7.5%偏高岭土、不同质量分数的硅粉（0%、3%、6%和 9%）及适量的蒸馏水。然后将固化剂-软土混合物在电动搅拌机中搅拌 4 min，搅拌速率为 60～120 rad/min。发泡所需泡沫是通过将蒸馏水、发泡剂（蒸馏水与发泡剂质量比为 5∶1）和稳泡剂（稳泡剂和发泡剂质量比为 1∶1）混合搅拌而制成，加入 1.0%的减水剂以改善其流动性，然后将泡沫和固化土浆体在电动搅拌机中再次以 60～120 rad/min 的速率搅拌 4 min。当软土-固化剂-泡沫搅拌均匀后，混合物被转移到容积为 1 L 的烧杯中进行密度量测。对于发泡固化土，根据试样成型可操作性，一共设计 900 kg/m^3、1 000 kg/m^3 和 1 100 kg/m^3 三种密度。同时，考虑泡沫在搅拌浇筑过程中不可避免地会出现不同程度的消泡现象，发泡固化土密度容许存在±60 kg/m^3 的偏差。同时，普通固化土（即未添加发泡剂）试样也采取同样的方法制备，作为对照组，方便后续强度解译。然后，将这些混合浆体缓慢浇灌于内径为 46 mm、高度为 100 mm 的 PVC 试模中，试模两头均用盖子密封防止水分散失。试模内表面均预先涂抹了一层凡士林，以方便后续脱模。需要注意的是，浇筑过程中为了防止气泡消损引起密度变化，固化土试样并没有进行人工压实或大幅振动。养护 24 h 后，试样脱模，并测量它们的质量及尺寸。只有那些质量和尺寸在误差允许范围内的样品才会转入后续标准养护。这些合格的样品随后用塑料保鲜袋进行包裹，然后转移到恒温恒湿的养护室中继续养护 6 天、13 天和 27 天，养护室的温度和相对湿度分别设置为（20±3）℃和 95%。各配比均设计了三组平行试样，试验结果取其平均值。以上制样及养护方法参照了水泥土试验的常用做法（Wu et al.，2019；Teerawattanasuk et al.，2015；Miura et al.，2001）。

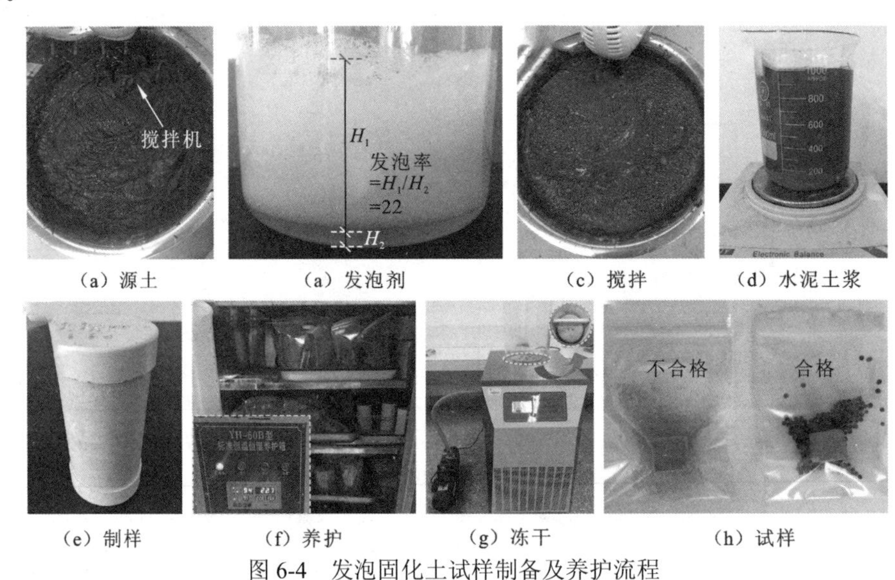

（a）源土　（a）发泡剂　（c）搅拌　（d）水泥土浆

（e）制样　（f）养护　（g）冻干　（h）试样

图 6-4　发泡固化土试样制备及养护流程

表 6-4　发泡固化土组分设计及密度

试样编号	发泡固化土组分（每立方米固化土所用材料）							实际密度 /（kg/m^3）	设计密度 /（kg/m^3）
	干土/kg	水泥/kg	水/kg	泡沫/L	减水剂/kg	偏高岭土/kg	硅粉/kg		
0SF1620D	689.1	206.7	665.7	—	6.9	51.7	—	1 678.0	1 620
3SF1620D	680.5	204.2	657.4	—	6.8	51.0	20.4	1 679.0	1 620
6SF1620D	672.1	201.6	649.2	—	6.7	50.4	40.3	1 675.0	1 620
9SF1620D	663.6	199.1	641.0	—	6.6	49.8	59.7	1 677.0	1 620
0SF1100D	465.5	139.7	449.7	129.3	4.7	34.9	—	1 090.2	1 100
3SF1100D	459.6	137.9	444.0	127.7	4.6	34.5	13.8	1 089.3	1 100

续表

试样编号	发泡固化土组分（每立方米固化土所用材料）							实际密度/（kg/m³）	设计密度/（kg/m³）
	干土/kg	水泥/kg	水/kg	泡沫/L	减水剂/kg	偏高岭土/kg	硅粉/kg		
6SF1100D	453.8	136.1	438.4	126.1	4.5	34.0	27.2	1 085.7	1 100
9SF1100D	448.5	134.6	433.3	124.6	4.5	33.6	40.4	1 082.1	1 100
0SF1000D	420.9	126.3	406.6	233.8	4.2	31.6	—	998.2	1 000
3SF1000D	415.5	124.7	401.4	230.8	4.2	31.2	12.5	995.3	1 000
6SF1000D	410.5	123.2	396.5	228.1	4.1	30.8	24.6	992.5	1 000
9SF1000D	405.5	121.7	391.7	225.3	4.1	30.4	36.5	999.7	1 000
0SF900D	376.8	113.0	364.0	314.0	3.8	28.3	—	NA*	900
3SF900D	372.1	111.6	359.4	310.1	3.7	27.9	11.2	915.7	900
6SF900D	367.5	110.3	355.0	306.3	3.7	27.6	22.1	905.6	900
9SF900D	362.9	108.9	350.6	302.4	3.6	27.2	32.7	912.3	900

注：*x*SF*y*D 表明试样中硅粉掺量为 *x*%，试样密度为 *y* kg/m³；NA*表明试样强度太低，未能成型。

6.1.2 强度的定量解译

1. 强度特性

图 6-5 为养护 28 天后不同硅粉掺量固化土应力-应变曲线。可见，发泡固化土和未发泡固化土的应力-应变曲线形态差异较大。总体而言，固化土峰值强度随硅粉掺量的增加而增大，具体增加幅度取决于固化土的成型密度。此外，硅粉掺量的增加会使固化土的破坏应变显著降低，从而使固化土脆性特征更加明显。发泡作用也导致固化土具有更低的强度及更高的破坏应变，这主要是由于发泡固化土的密度急剧降低，固相颗粒不能紧密堆叠。

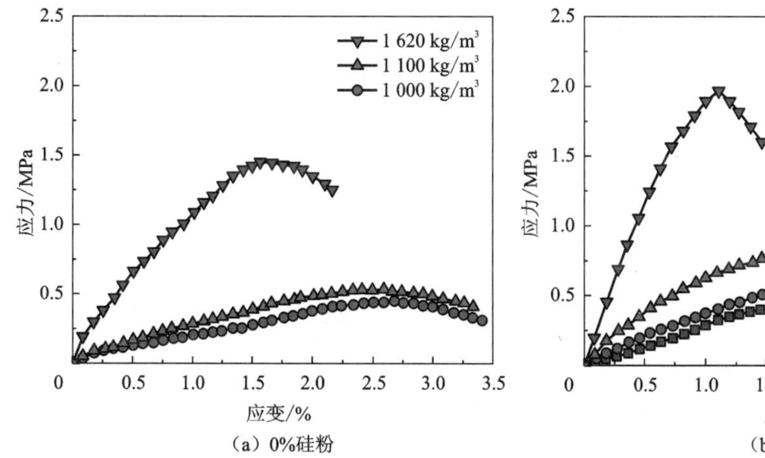

（a）0%硅粉
（b）3%硅粉

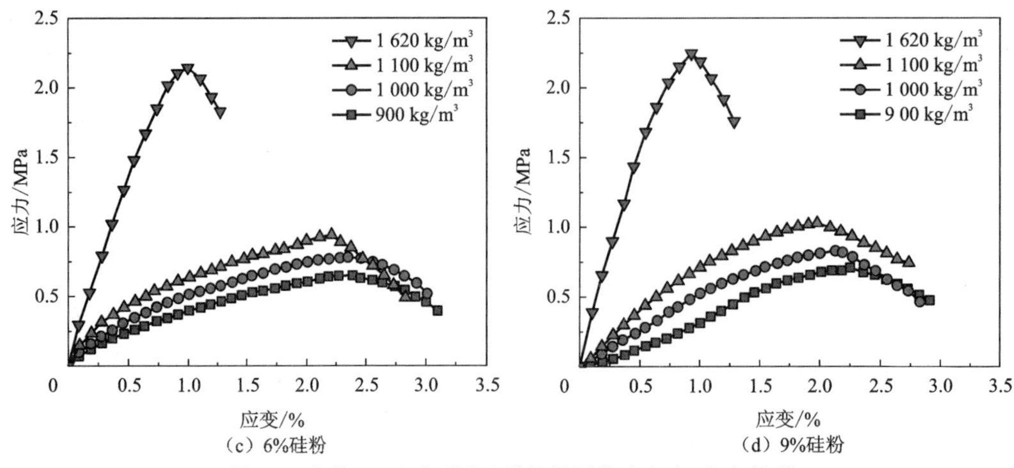

（c）6%硅粉　　（d）9%硅粉

图 6-5　养护 28 天后不同硅粉掺量固化土应力-应变关系

图 6-6 所示为不同密度和养护龄期下固化土无侧限抗压强度随硅粉掺量的变化规律，无侧限抗压强度均随硅粉掺量的增加而增加。当硅粉掺量由 6%增至 9%时，无侧限抗压强度曲线逐渐趋于平坦，说明硅粉在固化土中存在阈值掺量，即掺量超过 6%后，对强度贡献不再明显。总体来说，发泡固化土的无侧限抗压强度随养护龄期呈非线性增长趋势，养护初期增长较快，而养护后期增长速率放缓，表明对发泡固化土而言，适当延长养护龄期（14～28 天）有利于其后期强度的发展。需要注意的是，虽然试验表明发泡固化土的强度比普通固化土强度低 2～4 倍，但是当硅粉的掺量超过 6%且试样密度高于 1 000 kg/m^3 时，发泡固化土养护 28 天的强度为 0.6～0.8 MPa。

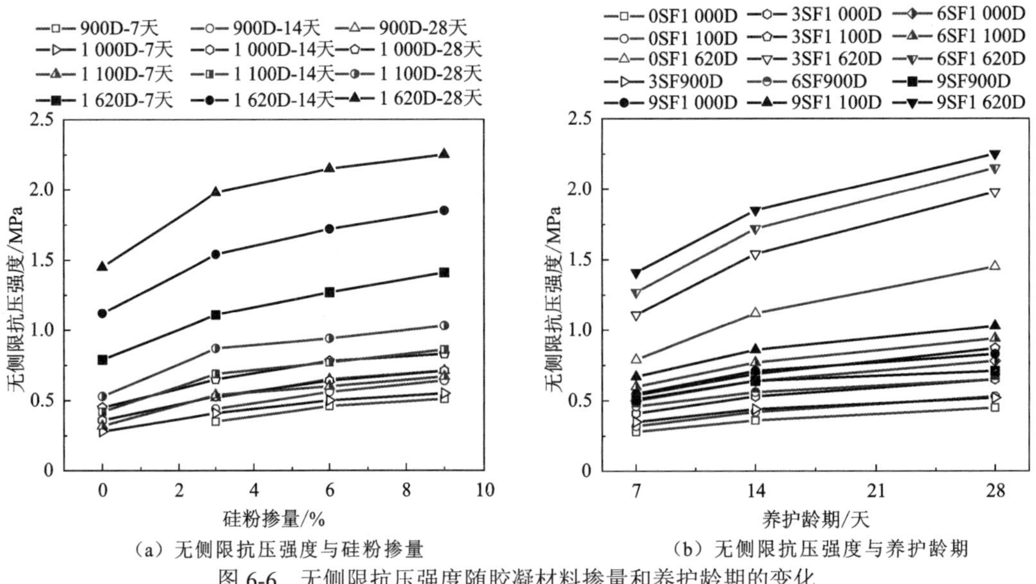

（a）无侧限抗压强度与硅粉掺量　　（b）无侧限抗压强度与养护龄期

图 6-6　无侧限抗压强度随胶凝材料掺量和养护龄期的变化

固化土中主要包括黏土颗粒及粒间胶结物组成的细颗粒基质和惰性粉砂颗粒这几种组分，强度主要源于水泥或其他胶凝材料（如偏高岭土和硅粉）的初次水化反应和二次火山灰反应，生成水化硅酸钙（C-S-H）、水化铝酸钙（C-A-H）、水化硅铝酸钙（C-A-S-H）等反应产物，这些产物能填充部分固化土孔隙，降低孔隙率（Horpibulsuk et al.，2014；

Consoli et al.，2012；Rios et al.，2012）。

固化土的无侧限抗压强度与破坏应变关系如图 6-7 所示，大部分试样的破坏应变 ε_f 集中在 0.7%～3.2%，且 ε_f 和无侧限抗压强度呈典型负相关关系，可用相应公式进行拟合，拟合曲线与朱伟等（2005）提出的对数函数（$\varepsilon_f=a+b\ln\mathrm{UCS}$）及 Du 等（2013）提出的幂函数（$\varepsilon_f=c\mathrm{UCS}^d$）符合程度均较高，拟合系数 R^2 分别高达 0.93 和 0.90。

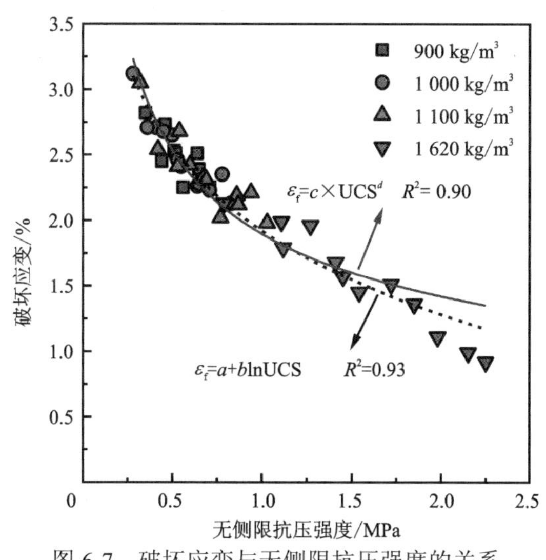

图 6-7 破坏应变与无侧限抗压强度的关系

2. 胶凝和密实分量解译

混凝土和砂浆均由水化产物等胶凝组分、粗细骨料或砂等固体骨架填料或填充物质组成。类似地，固化土也可视为由胶凝基质和与粉砂粒组填充物构成的两相复合体。相对粒径较大的颗粒（如粉砂粒组）及可能存在的未水化胶凝颗粒可被视为固相夹杂填充物，悬浮分布于胶凝基质内；而水化/火山灰反应产物（如 CH、C-S-H、C-A-H、C-A-S-H 和 $CaCO_3$）和黏土矿物则共同构成了微观尺度的胶凝基质。因此，若能将固化土强度从胶凝和密实两个层面进行定量解译，则可极大简化传统固化土分析框架，为固化材料的针对性设计（从胶凝或者密实层面）提供科学依据。根据图 6-8（a）所示的解译框架，可将零密度对应的强度视为胶凝强度，胶凝控制强度分量和密实控制强度分量的增加都会导致密度的增加。Wu 等（2021b）的研究表明，强度随密度增加呈指数型增长，密度引起的密实控制强度分量的变化远大于胶凝控制强度分量。为便于后续定量分析，本小节对胶凝引起的密度增量忽略不计，据此提出图 6-8（b）所示的简化分析框架对前文所得数据进行解译，以探寻强度分量的影响因素。

图 6-9 给出了不同硅粉掺量（0%、3%、6%和 9%）及养护龄期（7 天、14 天和 28 天）固化土的无侧限抗压强度（UCS）随制样密度变化的关系，并对结果进行拟合：

$$\mathrm{UCS}=\frac{a}{1+k\rho} \tag{6-1}$$

式中：ρ为固化土的密度；a 为拟合系数；k 为一个常数（本小节 $k=-0.5$，k 的取值取决于软土的物理化学性质）。当密度ρ趋近于 0 时，UCS 值为 a，代表胶凝效应贡献的强度

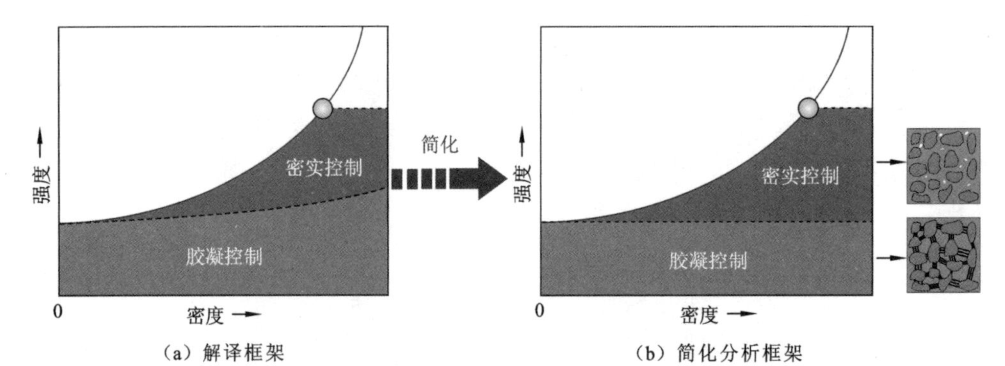

(a) 解译框架　　(b) 简化分析框架

图 6-8　定量识别胶凝和密实对强度分量贡献示意图

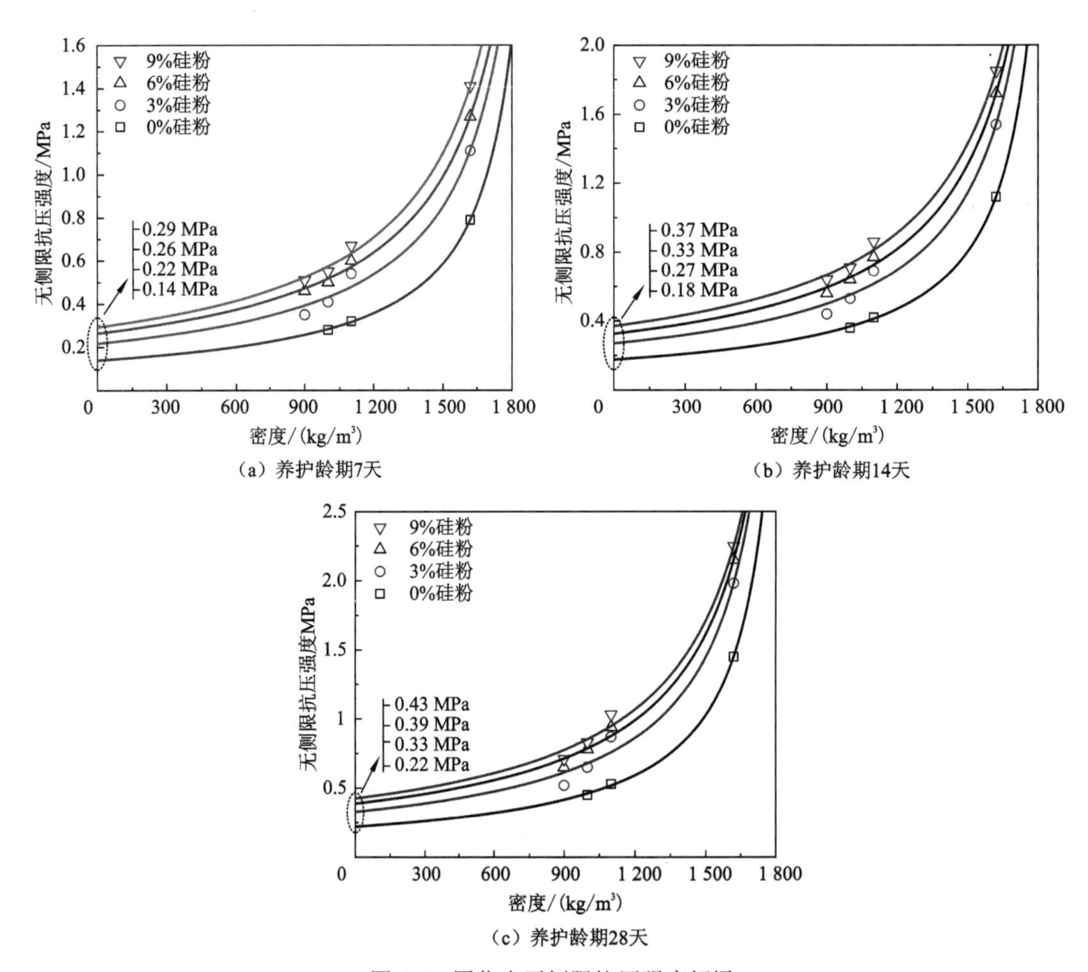

(a) 养护龄期7天　　(b) 养护龄期14天

(c) 养护龄期28天

图 6-9　固化土无侧限抗压强度解译

分量。所有曲线拟合系数 R^2 均大于 0.95，验证了该强度解译模型的合理性。为了进一步凸显胶凝和密实控制强度分量，式（6-1）可以改写为

$$\mathrm{UCS}=\mathrm{UCS}_{\mathrm{Density}}+\mathrm{UCS}_{\mathrm{Cementation}}=\frac{-ak\rho}{1+k\rho}+a \tag{6-2}$$

式中：$\mathrm{UCS}_{\mathrm{Density}}$ 和 $\mathrm{UCS}_{\mathrm{Cementation}}$ 分别为固化土密度和胶凝控制的强度分量。

强度定量化解译的重要意义在于可以单独分析固化土中胶凝和密实效应的影响因素。图 6-10 表明硅粉掺量的增加和养护龄期的延长均能提高胶凝控制强度分量，但强度提升效率随硅粉掺量的增加而降低，这与目前对混凝土或砂浆等胶凝材料强度的认知一致。

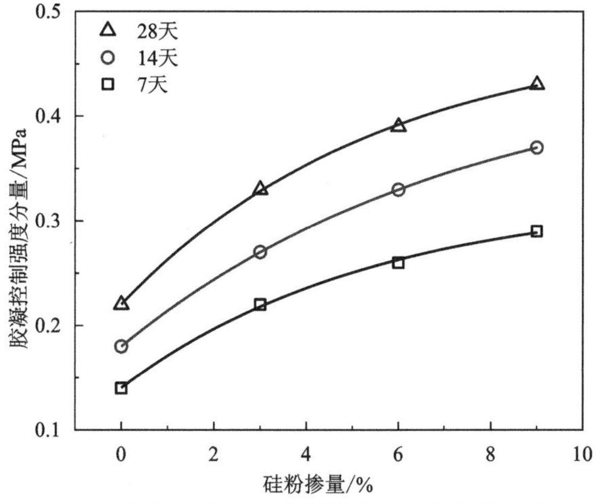

图 6-10　不同龄期胶凝控制强度分量和硅粉掺量的关系

图 6-11 为在不同硅粉掺量和养护龄期工况下，根据式（6-2）推算得到的密实控制强度分量和密度的关系，表明密度增加对密实控制强度分量的增长影响非常显著，如密度为 1 620 kg/m^3 固化土的密实控制强度分量大约是密度为 900 kg/m^3 试样的 6～8 倍。因此，密度是决定固化土整体强度的主导因素。表 6-5 汇总了固化土的胶凝或密实控制的强度分量所占比例，其中胶凝控制强度分量为图 6-10 的截距，而密实控制强度分量则为总强度与胶凝控制强度分量的差值。两种强度分量分别主要取决于硅粉质量分数和固化土密度，且密度对这两种强度分量的占比影响更显著。如养护 7 天和 14 天后，当硅粉掺量从 0%增至 9%时，密度为 1 620 kg/m^3 的固化土胶凝控制强度分量占比分别增加了 2.9%和 3.9%；而当固化土中硅粉掺量为 9%时，密度由 900 kg/m^3 增至 1 620 kg/m^3 时，密实控制 7 天强度分量占比从 43.1%增加到了 79.4%，进一步表明固化土的强度对密度敏感程度要大于硅粉掺量。这一观点也与 Kasama 等（2007）的研究结果相一致，他们将水泥搅拌和机械压滤相结合，在满足流动性、均匀性的基础上最大程度降低了固化土的含

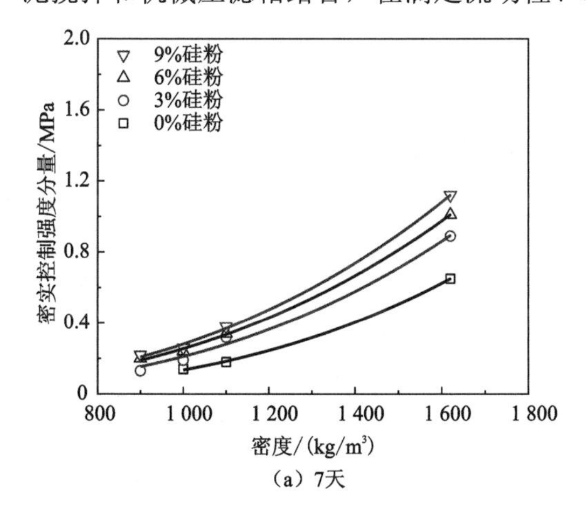

（a）7天

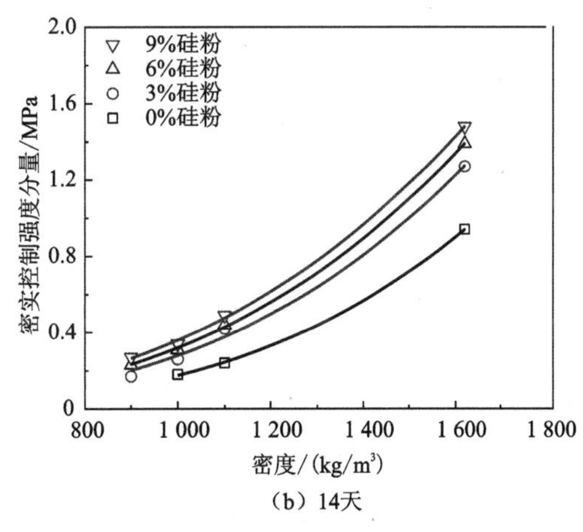

（b）14天

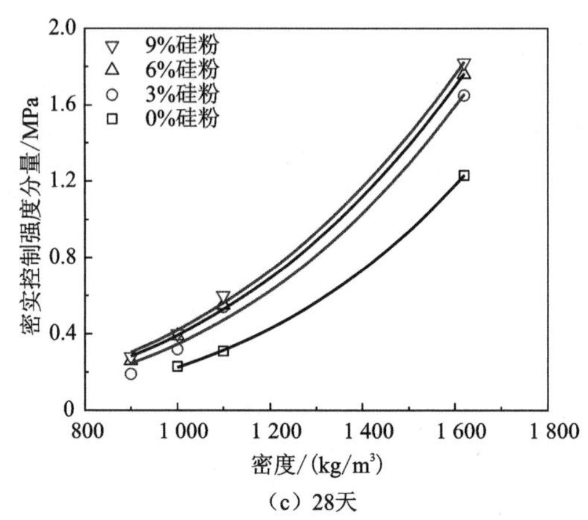

（c）28天

图 6-11　不同龄期密实控制强度分量与密度的关系

水率和孔隙率，从而提高了固化土的密度。试验结果表明当水泥掺量为 20%、压滤压力为 20 MPa 时，固化土的强度甚至可以高于 20 MPa，验证了密度的增加对固化土强度的显著提升作用。

表 6-5　胶凝和密实控制强度分量所占比例　　（单位：%）

试样编号	养护 7 天		养护 14 天		养护 28 天	
	胶凝控制强度分量	密实控制强度分量	胶凝控制强度分量	密实控制强度分量	胶凝控制强度分量	密实控制强度分量
0SF900D	NA*	NA*	NA*	NA*	NA*	NA*
3SF900D	62.9	37.1	61.4	38.6	63.5	36.5
6SF900D	56.5	43.5	58.9	41.1	60.0	40.0
9SF900D	56.9	43.1	57.8	42.2	60.6	39.4
0SF1000D	50.0	50.0	50.0	50.0	48.9	51.1
3SF1000D	53.7	46.3	50.9	49.1	50.8	49.2
6SF1000D	52.0	48.0	51.6	48.4	50.0	50.0
9SF1000D	52.7	47.3	52.1	47.9	51.8	48.2
0SF1100D	43.8	56.2	42.9	57.1	41.5	58.5
3SF1100D	40.7	59.3	39.1	60.9	37.9	62.1
6SF1100D	43.3	56.7	42.9	57.1	41.5	58.5
9SF1100D	43.3	56.7	43.0	57.0	41.7	58.3
0SF1620D	17.7	82.3	16.1	83.9	15.2	84.8
3SF1620D	19.8	80.2	17.5	82.5	16.7	83.3
6SF1620D	20.5	79.5	19.2	80.8	18.1	81.9
9SF1620D	20.6	79.4	20.0	80.0	19.1	80.9

注：NA*表明试样强度过低，未能成型。

6.1.3 强度定量解译对固化剂组分设计的启示

固化土强度演化预测模型得到了长足发展（Liu et al.，2019；Horpibulsuk et al.，2014，2005，2003；Consoli et al.，2011，2007），但是固化土（尤其是富含黏土矿物的固化软黏土）成分及理化性质具有较为突出的复杂性，现有预测模型在实际应用中或多或少存在一定局限性，其强度预测精度远不及混凝土、砂浆等传统水泥基材料，主要原因包括：①混凝土和砂浆中，几乎所有外加水都会参与水化；然而，对固化土而言，由于黏土矿物的存在，只有部分水（即自由水，不包括吸附水、结合水及结晶水）参与水泥基材料的水化过程（Liu et al.，2019）。②对于混凝土，可以通过选取合适粒径骨料和砂来人为调控、优化级配（如富勒级配）以实现最佳密实度；而对固化土而言，土颗粒一般为原生级配，难以通过级配优化来调控其密实度。虽然已有研究表明，水灰比（m_w/m_c）是评价固化土强度的可靠参数，该方法基于以下假设：固化土孔隙中充满自由水，因此其密度仅由含水率决定。在此基础上，Consoli 等（2012）和 Rios 等（2012）将孔隙分为由气泡填充和自由水填充两部分，提出了气泡率/水泥掺量（η/C_{iv}）这一参数来表征气泡对强度的影响，进一步拓展了水泥基强度预测理论。尽管如此，当面对复杂多样的固化土时，各种因素如何影响胶凝和密实性仍然是摆在岩土工作者面前的一道难题。本书新提出的定量化强度识别方法能精确地将 UCS 解译为胶凝和密实控制的两部分强度分量。胶凝控制强度分量主要由水泥基材料类型、掺量、含水率、水化产物和黏土之间的相互作用决定，而密实控制强度分量则由胶凝基质（即包括水化产物和黏土颗粒）的密实性能决定。

应当注意的是，传统水泥一般是围绕混凝土性能进行优化设计，其等级则以 ISO 标准砂浆 28 天强度（若为早强水泥须考虑 3 天强度）进行判定。同时，为了保证其安定性和耐久性，往往对 *f*-CaO、MgO、SO_3 和 Cl^- 质量分数设置峰值阈值，从而将氧化物（*f*-CaO、MgO）水化、钙矾石（AFt）生成引起的内力膨胀及 Cl^- 对钢筋的锈蚀作用最小化，例如，在硅酸盐水泥中，ASTM C150 规定石膏（$CaSO_4$）质量分数不应超过 5%。该规定对净浆（即水泥和水的混合物）、砂浆（即水泥、水和砂的混合物）和混凝土（即水泥、水、砂和骨料的混合物）是适用的，因为砂和骨料只作为夹杂填充的物质。而软黏土往往含水率较高，经固化处理后其孔隙率也较高，由石膏和石灰反应生成的钙矾石则可以填充固化土中胶凝基质的孔隙。提高石膏及其他富铝外加剂（如偏高岭土）掺量以生成更多钙矾石，是提升固化软土的性能的重要方法（Lothenbach et al.，2011），但大多数岩土工程师仍然认为钙矾石填充对固化土整体强度是不利的，主要是因为难以确定石膏的临界掺量。

总之，基于所提出强度解译方法，可以实现从胶凝和密实两个层面独立对固化剂进行组分调控，下面将从固废利用角度展开叙述。

6.2 固废基固化剂组分设计框架

以工业废渣为主要成分的高效岩土固化剂（部分）取代水泥用于搅拌桩将是未来的一个重要发展方向。这是提升软土固化工程质量的必要手段。前述章节从密实和胶凝层面研究了固化土强度形成机制及影响因素，揭示了水化产物和黏土矿物相互作用机理及其对固化土性能的影响机制。基于上述理论成果，本节提出通过水泥率值[硅率（SM）、铝率（IM）和石灰饱和系数（KH）]和强度活性指数（strenght activity index，SAI）双参数控制胶凝基质的强度，膨胀性功能组分（石膏基固废）控制胶凝基质的密度这一思路，以明确软黏土矿物成分、固化剂功能组分与强度间的关系，形成基于黏土矿物和固废材料活性组分的固废基固化剂组分调控框架。然后通过不同土源（福州海相软土和佛山淤泥质土）、不同工况（室内小型试件和现场搅拌桩）固化土作为两个具体实施案例，对比论证所提框架的可行性。

根据固化土强度解译体系可以精确量化胶凝和密度对固化土强度的贡献，在该框架中，粉砂粒组以夹杂形式分布在固化体中，黏土矿物-水化产物构成胶凝基质控制固化土的强度。具有潜在活性的固废基材与软黏土混合后，混合物内会发生一系列物理和化学反应，如水化、离子交换、絮凝、碳化和火山灰反应等，生成各种具有胶凝或密实效应的水化产物，例如水化硅酸钙（C-S-H）、水化铝酸钙（C-A-H）、水化硅铝酸钙（C-A-S-H）、$Ca(OH)_2$、钙矾石和 $CaCO_3$，具体过程如图 6-12 所示，其中 C-S-H、C-A-H、C-A-S-H 和 $Ca(OH)_2$ 等产物主要发挥胶凝作用，而钙矾石主要发挥对胶凝基质的密实作用。上述认知为从胶凝和密实层面对固废基固化土进行功能组分设计奠定了基础。

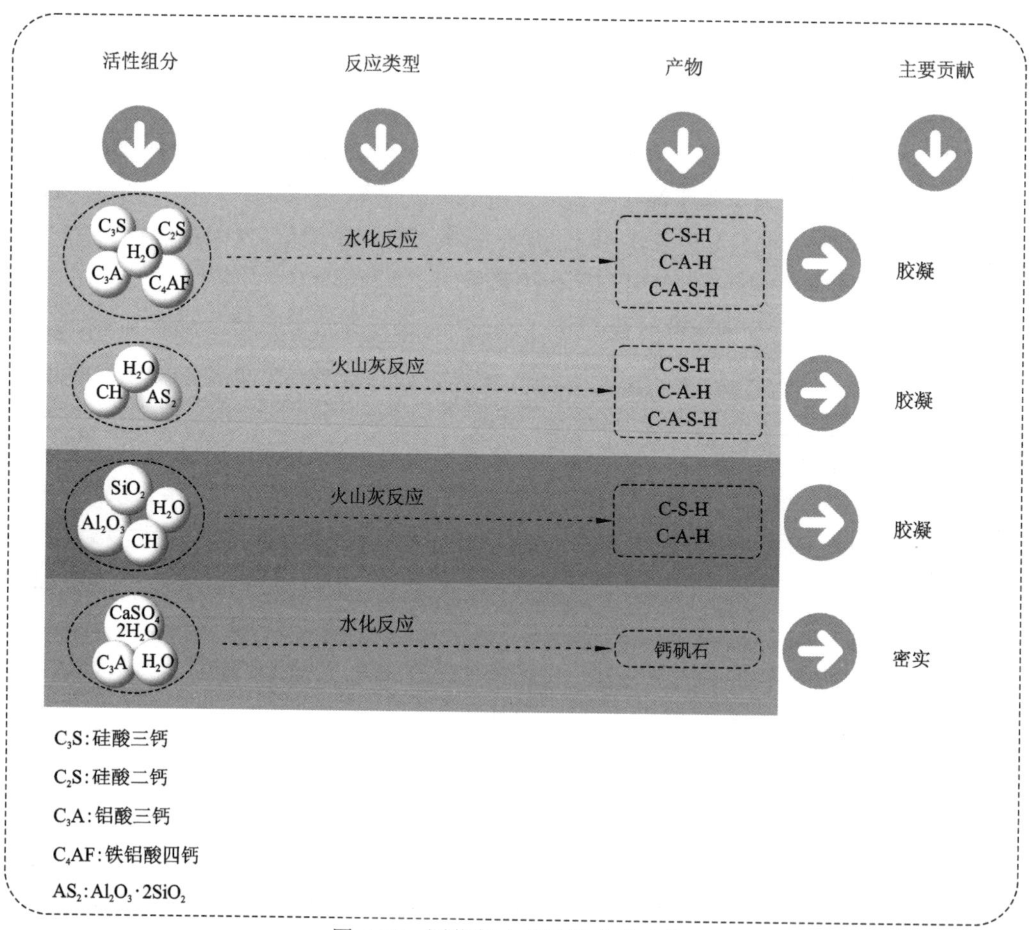

图 6-12　固化剂中关键组分的功能

6.2.1 不考虑黏土矿物参与反应的固废组分设计方法

1. 胶凝效应

本小节将水泥熟料生产领域通行的三率值控制（three chemical moduli，TCM；三率值包括硅率 SM、铝率 IM 和石灰饱和系数 KH）方法引入固废组分设计中，以调控固化土的胶凝强度。通过 X 射线荧光光谱分析（XRF）测定固废中主要氧化物（CaO、SiO_2、Al_2O_3 和 Fe_2O_3）的质量分数，由式（6-3）～式（6-5）可以计算得到合适的组分掺入比。

$$\mathrm{SM}=\frac{w_{SiO_2}}{w_{Al_2O_3}+w_{Fe_2O_3}}=\frac{w_{C_3S}+1.325w_{C_2S}}{1.434w_{C_3A}+2.046w_{C_4AF}} \tag{6-3}$$

$$\mathrm{IM}=\frac{w_{Al_2O_3}}{w_{Fe_2O_3}}=\frac{1.15w_{C_3A}}{w_{C_4AF}}+0.64 \tag{6-4}$$

$$\mathrm{KH}=\frac{w_{CaO}-1.65w_{Al_2O_3}-0.35w_{Fe_2O_3}}{2.8w_{SiO_2}}=\frac{w_{C_3S}+0.88w_{C_2S}}{w_{C_3S}+1.33w_{C_2S}}\quad（\mathrm{IM}\geqslant 0.64） \tag{6-5}$$

式中：w_{CaO}、w_{SiO_2}、$w_{Al_2O_3}$ 和 $w_{Fe_2O_3}$ 分别为它们各自的质量分数，C_3S、C_2S、C_3A 和 C_4AF 分别是 $3CaO·SiO_2$、$2CaO·SiO_2$、$3CaO·Al_2O_3$ 和 $4CaO·Al_2O_3·Fe_2O_3$ 的简写。硅酸盐水泥熟料中一般须满足 SM、IM 和 KH 分别介于 1.7～2.7、0.9～1.7 和 0.9～1.0。

需要注意的是，由于固废中氧化物及其对应的熟料可以晶体和无定形两种状态存在，而晶体氧化物一般不具备活性或活性较低。很显然，将氧化物质量分数笼统纳入率值计算存在一定弊端，如石膏（$CaSO_4$）中的 CaO 既不能营造碱性环境，也不能参与火山灰反应。参照 Zeyad 等（2021）提出的方法和国家标准《用于水泥混合材的工业废渣活性试验方法》（GB/T 12957—2005），通过强度活性指数（SAI）对各固废的活性进行表征，进而得到活性氧化物质量分数，在此基础上对三率值进行校准，以期得到更为合理的固废组分设计方法。固废强度活性指数的计算方法为

$$\mathrm{SAI}=\frac{A}{B}\times 100\% \tag{6-6}$$

式中：A 为掺固废后的试验样品 28 天抗压强度；B 为对比样品 28 天抗压强度。试模为 70.7 mm×70.7 mm×70.7 mm 的立方体模具，水灰比为 0.5。固废替代量为 30%。

试验胶砂和对比胶砂材料用量见表 6-6。

表 6-6 试验胶砂和对比胶砂材料用量及抗压强度

胶砂种类	水泥/g	固废/g	标准砂/g	水/mL	28 天抗压强度/MPa
对比胶砂	450	—	1 350	225	*B*
试验胶砂	315	135	1 350	225	*A*

2. 密实效应

密实强度调控主要参照第 3 章的研究成果，利用石膏基固废水化生成钙矾石引起的膨胀势来增强地基加固效果。石膏掺量合适时，在铝相的参与下水化生成适量的钙矾石，能填充大部分孔隙，但又不至于产生膨胀内应力引起内部破坏（Janbaz et al.，2019）。如图 6-13 所示，固化土的最终干密度可作为表征参数，用于确定石膏基固废的最优掺量。

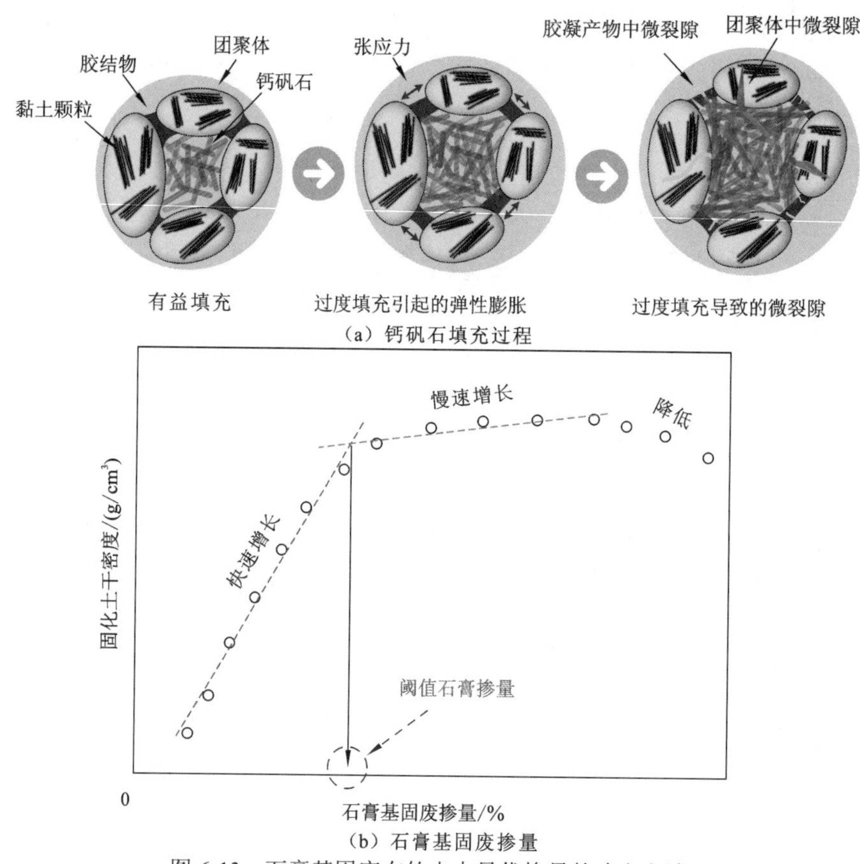

图 6-13　石膏基固废在软土中最优掺量的确定方法

6.2.2　考虑黏土矿物参与反应的固废组分修正模型

上述固废材料组分设计框架并未考虑黏土矿物和水化产物的相互作用，因此所得结论尚存在一定的局限性。有必要结合不同黏土矿物的溶解反应特性，进一步对固废基固化土通用组分设计框架进行完善。

根据第 5 章结论，明确了各黏土矿物溶出反应率 η_{poz} 后，可进一步推算得到黏土矿物中各氧化物胶体的溶出量 w_t。假设各氧化物胶体是等比例溶出的，通过 XRF 测试反应前的纯相黏土的氧化物质量分数，即可计算得到氧化物胶体溶出反应量。需要注意的是此处只统计参与火山灰反应且对固化土性能影响较大的主要氧化物胶体（SiO_2、Al_2O_3、Fe_2O_3 和 CaO）溶出反应量，结果列于表 6-7。

表 6-7　纯相黏土固化过程中氧化物胶体溶出反应量　　　（单位：%）

氧化物胶体	高岭土		膨润土		伊利土	
	原始质量分数 w_0	反应溶出量 w_t	原始质量分数 w_0	反应溶出量 w_t	原始质量分数 w_0	反应溶出量 w_t
SiO_2	46.1	2.77	63.3	7.60	53.2	4.26
Al_2O_3	39.5	2.37	18.1	2.17	26.9	2.15
Fe_2O_3	0.3	0.02	3.1	0.37	8.2	0.66
CaO	0.01	0	0.03	0	0.05	0

注：高岭土、膨润土和伊利土的反应溶出率 η_{poz} 分别为 5.9%、12.0%和 8.1%。

基于上述理论与试验结果，可以在考虑黏土矿物和水化产物相互作用的基础上，对固化土功能组分设计框架进行修正。如式（6-7）～式（6-9），即在计算三率值的时候将黏土矿物胶体溶出量涵盖进去。

$$\mathrm{SM}=\frac{w(\mathrm{SiO_2})_{\text{act-IBP}}+w(\mathrm{SiO_2})_{\text{act-clay}}}{[w(\mathrm{Al_2O_3})_{\text{act-IBP}}+w(\mathrm{Al_2O_3})_{\text{act-clay}}]+[w(\mathrm{Fe_2O_3})_{\text{act-IBP}}+w(\mathrm{Fe_2O_3})_{\text{act-clay}}]} \tag{6-7}$$

$$\mathrm{IM}=\frac{w(\mathrm{Al_2O_3})_{\text{act-IBP}}+w(\mathrm{Al_2O_3})_{\text{act-clay}}}{w(\mathrm{Fe_2O_3})_{\text{act-IBP}}+w(\mathrm{Fe_2O_3})_{\text{act-clay}}} \tag{6-8}$$

$$\mathrm{KH}=\frac{w(\mathrm{CaO})_{\text{act-IBP}}-1.65\times[w(\mathrm{Al_2O_3})_{\text{act-IBP}}+w(\mathrm{Al_2O_3})_{\text{act-clay}}]-0.35\times[w(\mathrm{Fe_2O_3})_{\text{act-IBP}}+w(\mathrm{Fe_2O_3})_{\text{act-clay}}]}{2.8\times[w(\mathrm{SiO_2})_{\text{act-IBP}}+w(\mathrm{SiO_2})_{\text{act-clay}}]} \tag{6-9}$$

式中：$w(SiO_2)_{act\text{-}IBP}$ 和 $w(SiO_2)_{act\text{-}clay}$ 分别为工业固废和黏土中活性 SiO_2 胶体的质量分数，其他氧化物照此类推。

根据表 6-7 中黏土矿物各氧化物胶体的溶出反应量，可以得到黏土中各活性氧化物的计算方法。如式（6-10）～式（6-12），需要注意的是，此处的溶出反应率 η_{poz} 是按照 15%水泥掺量计算的。且由于黏土矿物中 CaO 质量分数极少，此处忽略不计。

$$w(\mathrm{SiO_2})_{\text{act-clay}}=(1-w_{\mathrm{IBP}})\times(2.77\%\times w_{\text{kaolinite}}+7.60\%\times w_{\text{montmorillonite}}+4.26\%\times w_{\text{illite}}) \tag{6-10}$$

$$w(\mathrm{Al_2O_3})_{\text{act-clay}}=(1-w_{\mathrm{IBP}})\times(2.37\%\times w_{\text{kaolinite}}+2.17\%\times w_{\text{montmorillonite}}+2.15\%\times w_{\text{illite}}) \tag{6-11}$$

$$w(\mathrm{Fe_2O_3})_{\text{act-clay}}=(1-w_{\mathrm{IBP}})\times(0.02\%\times w_{\text{kaolinite}}+0.37\%\times w_{\text{montmorillonite}}+0.66\%\times w_{\text{illite}}) \tag{6-12}$$

式中：w_{IBP} 代表工业固废的掺量；$w_{kaolinite}$、$w_{montmorillonite}$ 和 w_{illite} 分别代表黏土中高岭石、蒙脱石和伊利石的质量分数。

6.2.3　实施步骤

鉴于固化土中各种物理化学反应的复杂性，本节提出的通过 TCM 和 SAI 的成分调整框架综合考虑固体废弃物的成分、活性、细度，在此基础上优化固废基材料组分，从而促进固化土的水化、火山灰及碱激发反应性能，不仅有利于胶凝产物的生成，还可较为准确地控制反应产物的类型及状态，为固废基固化土的利用提供新思路。具体实施步骤如图 6-14 所示，固废基软土固化剂通用组分设计包括以下步骤。①选定原料，原料包括两类：一类能够复配形成软土固化剂，包括多种具有潜在胶凝活性组分的工业固废，以及用于补充所缺相的外加剂（如硅粉补充 Si 相、石灰补充 Ca 相、偏高岭土补充 Al 相）；另一类则为膨胀性功能组分（以石膏基固废为主），能够增强软土固化剂的密实度。②分析各类工业固废中所具有的潜在胶凝活性组分，潜在胶凝活性组分主要为 4 种化学物质，对应为 SiO_2、Fe_2O_3、Al_2O_3 及 CaO；并根据所构建的胶凝活性含量确定模型，即可得到各类工业固废的潜在胶凝活性组分的含量。③根据所构建的胶凝强度控制模型，获取各类工业固废在软基加固复合基材中的配制比例，包括硅率（SM）控制、铝率（IM）控制及石灰饱和系数（KH）控制。④在考虑或不考虑黏土矿物组成的情况下，按照步骤③所获得的各类工业固废的质量配制比例，在常温下复配形成软土固化剂。⑤将步骤④中配制的软土固化剂，辅以不同质量配比的膨胀性功能组分，于特定软土地基试样进行固化试验，养护后，测定干密度，并绘制干密度变化曲线，然后根据干密度变化趋势获得膨胀性功能组分的质量分数。⑥基于步骤③所获得的各类工业固废的质量配比及步骤⑤所获得的膨胀性功能组分的质量分数，即可在常温下复配制成软土地基加固复合基材。

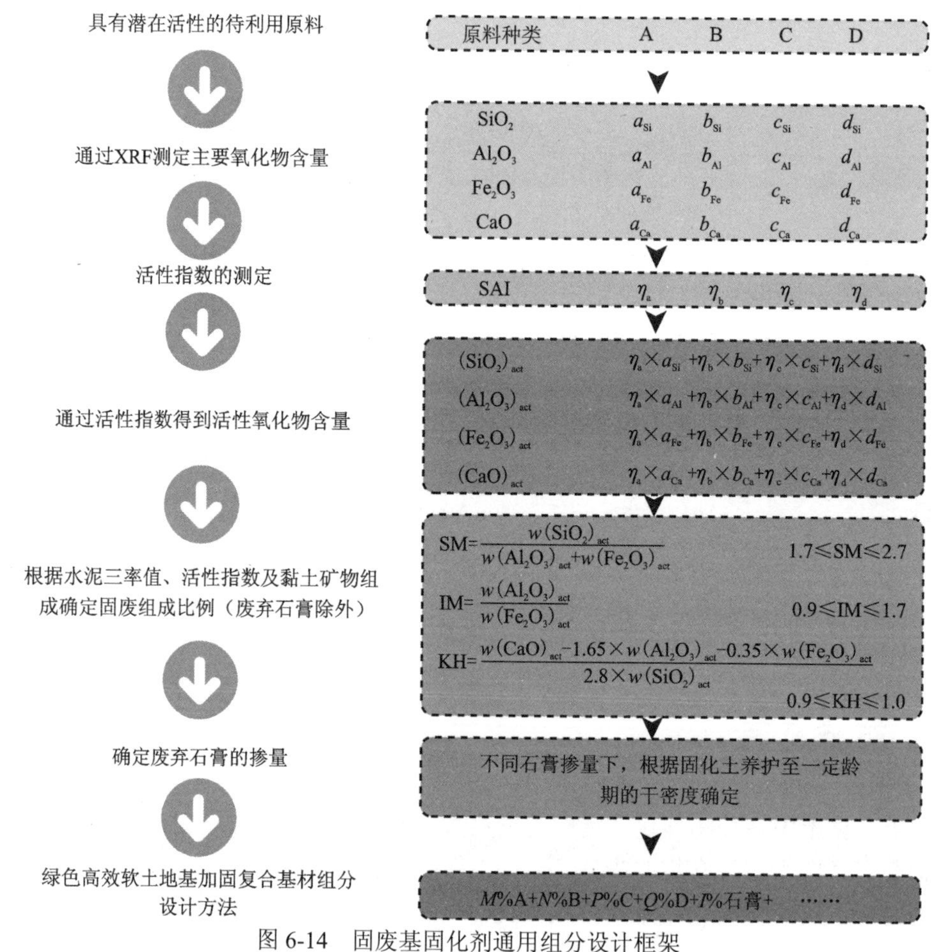

图 6-14　固废基固化剂通用组分设计框架

6.3 实施案例与效能分析

6.3.1 福州固化海相软土室内试验

1. 不考虑黏土矿物参与反应

试验用土取自福建省福州市滨江西路某施工现场，其性质详见3.1节，级配曲线见图6-15。

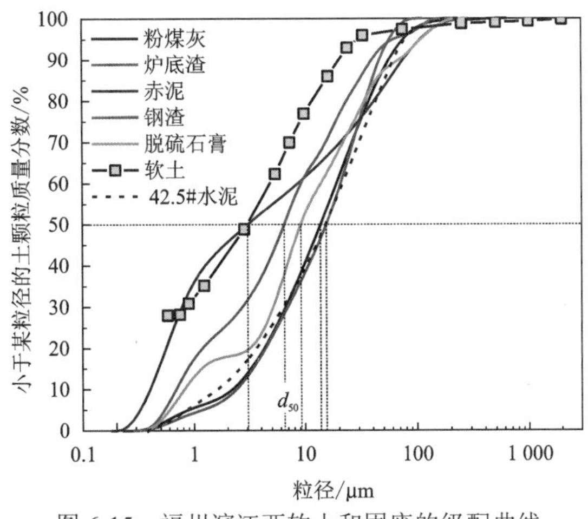

图6-15 福州滨江西软土和固废的级配曲线

经走访调研，试验选用福州地区堆存量较大、处理难度较高的5种典型工业固废，包括钢渣、粉煤灰、炉底渣、赤泥和脱硫石膏，以验证所提出的固废基固化土通用组分设计框架的可行性，5种典型工业固废和石灰的表观形貌如图6-16所示。固废在使用前均须进行球磨，使其粒径与水泥类似，图6-15为采用Mastersizer 2000激光粒度分析仪（Malvern，Inc.，USA）测得的粒度分布曲线，可见所有固废的中值粒径（D_{50}）均为10 μm左右。通过XRF测得的固废和石灰的化学成分见表6-8，其中，粉煤灰中CaO质量分数超过20%，根据ASTM C618的分类标准，为C级粉煤灰。经初步分析，固废中钙相对稀缺，因此引入工业等级生石灰以提高石灰饱和系数，增加反应所需碱度，所用生石灰CaO质量分数高达92.6%。

图6-16 试验所选福州地区典型工业固废和石灰的表观形貌

表 6-8　本书所用工业固废和石灰的氧化物质量分数　（单位：%）

氧化物	钢渣	粉煤灰	炉底渣	赤泥	石灰	脱硫石膏
SiO_2	22.4	38.7	36.8	22.8	—	2.1
Al_2O_3	1.3	13.6	15.2	15.1	—	1.4
CaO	53.2	25.6	19.1	15.6	92.6	33.8
Fe_2O_3	8.2	5	5.2	10.2	—	0.4
MgO	4.6	1.5	1.2	1.2	—	—
Na_2O	2	1.2	0.1	7.2	—	—
SO_3	0.7	0.9	0.2	0.2	—	41.7
K_2O	0.6	0.9	0.8	0.8	—	—
烧失量	2.8	9.2	10.3	12.8	—	15.4
总计	95.8	96.6	88.9	85.9	92.6	94.8

XRF 测得的各固废氧化物质量分数如表 6-9 所示，根据式（6-1）～式（6-3）可计算得到各固废的硅率（SM）、铝率（IM）和石灰饱和系数（KH）。参照水泥熟料三率值取值范围（SM＝1.7～2.7、IM＝0.9～1.7、KH＝0.9～1.0），可反算出满足该取值范围的多固废协同体系率值为 SM＝1.78、IM＝1.24 和 KH＝0.97，经三率值调整后固废（adjusted composite IBPs controlled by the TCM，AIBP）组分包含 25%钢渣、15%粉煤灰、10%炉底渣、10%赤泥和 40%石灰。如前文所述，为了剔除惰性氧化物的影响，进一步通过试验确定各固废的强度活性指数（SAI），其中，钢渣、粉煤灰、炉底渣和赤泥的强度活性指数分别为 0.813、0.906、0.809 和 0.821，采用 SAI 对固废中活性氧化物质量分数校正后，可反算得到 SAI-AIBP 基材的率值为 SM＝1.84、IM＝0.94 和 KH＝0.95，对应的固废基材（SAI-AIBP）组分包含 40%钢渣、10%粉煤灰、10%炉底渣、10%赤泥和 30%石灰（表 6-10）。为了提高密实强度并进一步降低成本，AIBP 和 SAI-AIBP 在胶凝框架内对固废组分进行优化，并掺加 15%脱硫石膏作为膨胀组分，该固废基固化剂标记为 SAI-AIBP-G。

表 6-9　单一固废和成分调整后固废的强度活性指数及三率值

固废基材	SAI	SM	IM	KH
钢渣	0.813	2.36	0.16	0.77
粉煤灰	0.906	2.08	2.72	−0.08
炉底渣	0.809	1.80	2.92	−0.08
赤泥	0.821	0.90	1.48	−2.02
AIBP	—	1.78	1.24	0.97
SAI-AIBP	—	1.84	0.94	0.95
SAI-AIBP-G	—	—	—	—
水泥熟料	—	1.7～2.7	0.9～1.7	0.9～1.0

注：SAI-AIBP 为在 AIBP 基础上进一步采用强度活性指数校正的固废；SAI-AIBP-G 为在 SAI-AIBP 基础上添加一定掺量（15%）脱硫石膏的固废。

表 6-10　不同组分调控方法对应的固废掺量　（单位：%）

固废基材	钢渣	粉煤灰	炉底渣	赤泥	石灰	脱硫石膏
AIBP	25	15	10	10	40	—
SAI-AIBP	40	10	10	10	30	—
SAI-AIBP-G	34	8.5	8.5	8.5	25.5	15

试验土样首先在 50℃下烘干，以规避高温对黏土矿物结合水和有机质的影响，然后将土样用橡胶锤粉碎并通过#10 筛（2 mm）去除粗颗粒。然后向其中加入一定量的蒸馏水使其含水率达到 70%（约 1.5 倍 L_L），以模拟现场软土初始含水率，湿润软土后移至密闭容器中静置 24 h 以上，促使水分充分平衡。最后，将单一固废和经上述三种方法进行组分调整后的固废复合基材按照15%的掺量加入湿土中，以模拟现场固化施工的工况。试样搅拌、成形和脱模流程与 2.1.2 小节中一致，试样养护龄期为 7 天、28 天和 60 天。养护至预定龄期后即进行 UCS 试验，试验流程和质量控制方法详见 2.1.3 小节。为了分析水化放热特征、固废反应机制和生成物形貌，还进行了水化热（IC）、X 射线衍射（XRD）、扫描电镜（SEM）和热重分析（TGA）等微观试验，试验过程与 4.2 节一致。其中水化热跟踪时间为 40 h，其他微观试验选用的均为 60 天龄期的代表性试样。

图 6-17 所示为不同养护龄期（7 天、28 天和 60 天）和固废组成（钢渣、粉煤灰、炉底渣、赤泥、OPC 42.5 水泥、AIBP、SAI-AIBP 和 SAI-AIBP-G）固化土的无侧限抗压强度。OPC 固化土作为参照组，以评价单一固废和不同组分调控方法的固废的固化效能。可以发现，固化土的无侧限抗压强度均随养护龄期的增加而升高，且在前 7 天内升高较快，28 天以后基本稳定。

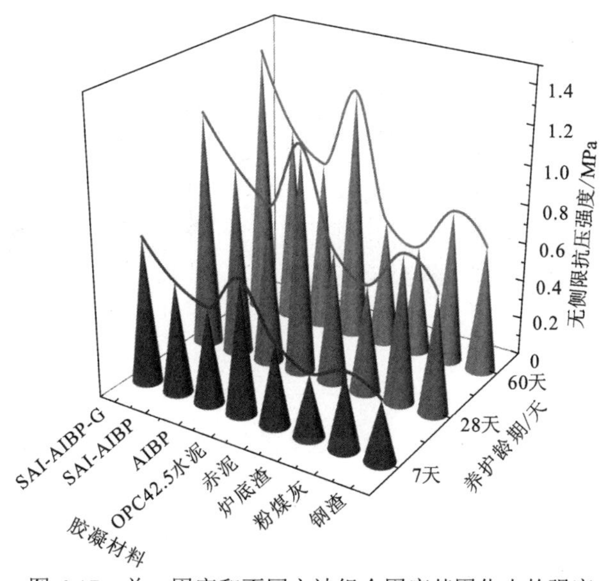

图 6-17　单一固废和不同方法组合固废基固化土的强度

试验结果表明，单一固废（钢渣、粉煤灰、炉底渣和赤泥）固化土的强度大约只有对照组 OPC 固化土强度的 1/2～2/3。当采用三率值对固废组分进行初步调整后，AIBP

固化土 7 天、28 天和 60 天的无侧限抗压强度分别为 0.49 MPa、0.82 MPa 和 0.87 MPa，达到了同等掺量 OPC 强度的 72%、71%和 68%。采用强度活性指数（SAI）对 AIBP 进一步校正后，SAI-AIBP 固化土强度较 AIBP 有了小幅提升，7 天、28 天和 60 天的无侧限抗压强度分别为 0.57 MPa、0.98 MPa 和 1.02 MPa，接近于同等掺量 OPC 强度的 84%、85%和 80%。当在 SAI-AIBP 的基础上再额外添加 15%脱硫石膏（SAI-AIBP-G）作为膨胀组分时，固化土的强度有了更进一步的提升，7 天、28 天和 60 天的无侧限抗压强度分别为 0.75 MPa、1.21 MPa 和 1.39 MPa，略高于同等掺量 OPC 固化土的强度。

图 6-18 比较了不同配比固废基固化土 7 天、60 天 UCS 与 28 天无侧限抗压强度的比值，即 UCS_7/UCS_{28} 和 UCS_{60}/UCS_{28}，以分析不同固废基材对早期强度和长期强度的影响。对照组 OPC 固化土 7 天强度为 28 天强度的 59%，这一数值与前人研究结果基本一致（席培胜 等，2007），并且可以发现，固废中的钢渣和粉煤灰基固化土具有较低的 UCS_7/UCS_{28}，说明其早期强度较低。然而，当用 SAI 和脱硫石膏从胶凝和密实层面对固废基材进行成分重组后，其早期强度有了一定的改善，UCS_7/UCS_{28} 增至 0.62，表明石膏的加入有利于固化土的早期强度发展。OPC 固化土 60 天龄期强度为对应 28 天龄期强度的 1.1 倍，但 AIBP 和 SAI-AIBP 固化土的 60 天强度仍然低于 OPC 固化土，说明单纯采用率值调整并不能使固废基固化土的强度媲美于 OPC 固化土。而掺入石膏后，SAI-AIBP-G 固化土的 UCS_{60}/UCS_{28} 达到了 1.15，进一步证明了复合基材中掺入石膏不仅能加快固化土早期强度发展，还能巩固长期强度，对耐久性有利。

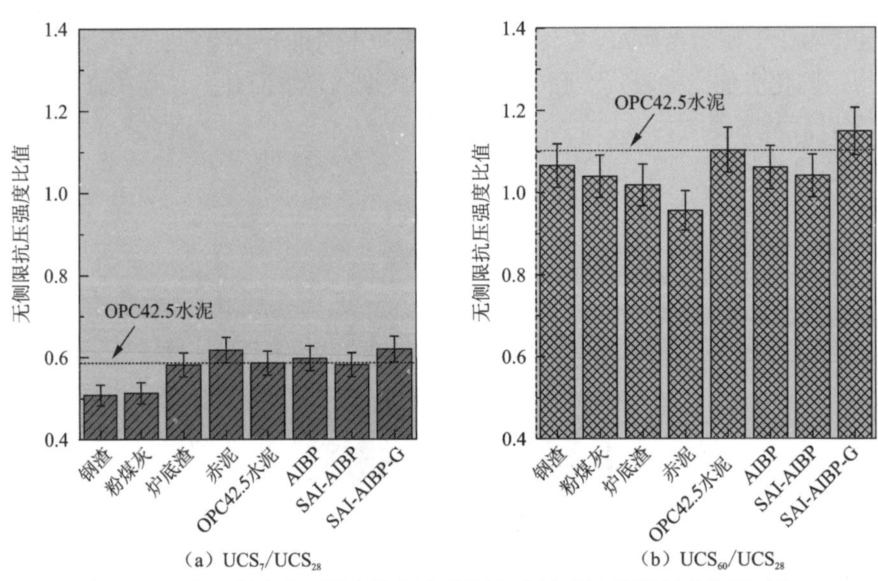

（a）UCS_7/UCS_{28}　　（b）UCS_{60}/UCS_{28}

图 6-18　单一固废和不同配比固废基固化土随养护龄期强度发展对比

图 6-19 为部分代表性样品（原状素土、AIBP 固化土、SAI-AIBP 固化土及 SAI-AIBP-G 固化土）在 60 天龄期的 XRD 图谱，结果表明 AIBP 固化土中的水化产物主要包括 CH、C-S-H 和 $CaCO_3$，并且，SAI-AIBP 固化土和 SAI-AIBP-G 固化土中的 CH 和 C-S-H 衍射强度明显高于相同掺量 AIBP 固化土，表明通过率值校正和石膏掺入后，这两种产物更加丰富。此外，在 SAI-AIBP-G 固化土中还可以发现明显的钙矾石衍射峰，能将大量自由水固定为结晶水，同时产生体积膨胀，有利于提高固化土的密实性。

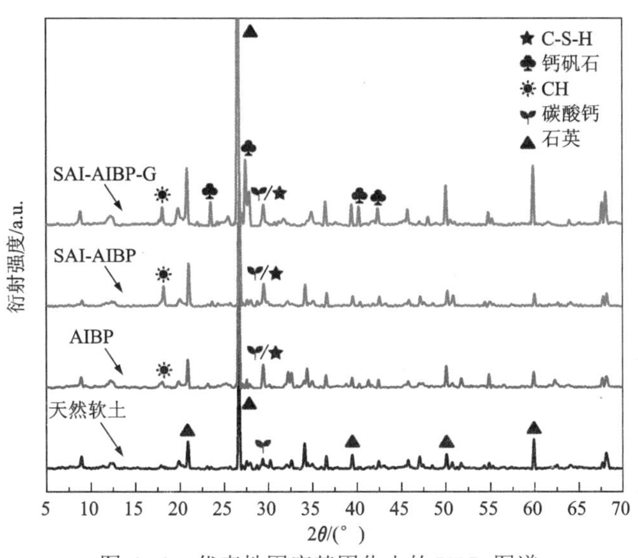

图 6-19 代表性固废基固化土的 XRD 图谱

2. 考虑黏土矿物参与反应

表 6-11 为根据定向片 XRD 测得的福州海相软土矿物组成。高岭石、伊利石和蒙脱石质量分数分别为 35.5%、42.8%和 18.5%，代入式（6-5）～式（6-10），可得到考虑黏土矿物和水化产物相互作用的固废组分设计：钢渣为 30%、粉煤灰为 10.0%、炉底渣为 8.0%、赤泥为 8.0%、石灰为 29.0%、脱硫石膏为 15.0%。对应的三率值为 SM=1.89、IM=0.96、KH=0.91。7 天、28 天和 60 天的无侧限抗压强度分别为 0.74 MPa、1.29 MPa 和 1.51 MPa，其中 7 天强度与 SAI-AIBP-G 差不多，28 天和 60 天强度分别高于同龄期 SAI-AIBP-G 试样的 6.6%和 8.6%，表明：①基于黏土矿物组分对固废材料组分进行优化能进一步提升固化土的强度；②黏土矿物的溶出反应主要发生在养护后期。

表 6-11 福州软土矿物成分 （单位：%）

总矿物					黏土矿物			
石英	长石	斜长石	方解石	黏土矿物	高岭石	伊利石	蒙脱石	绿泥石
23.1	4.3	14.6	11.8	46.2	35.5	42.8	18.5	3.2

从成本角度来看，根据表 6-10 中所列的不同组分设计模型对应的固废配比和国内固废的市场价格（2021 年度调研：钢渣为 100 元/t；粉煤灰为 200 元/t；炉底渣为 140 元/t；赤泥为 100 元/t；石灰为 400 元/t；脱硫石膏为 80 元/t），AIBP、SAI-AIBP、SAI-AIBP-G 和基于黏土矿物成分的 SAI-AIBP-G 总成本约 239 元/t、204 元/t、185 元/t 和 197 元/t，以上 4 种模型的复合固废基固化剂的综合成本几乎是传统硅酸盐水泥价格（450 元/t）的一半。然而，它们对应的固废基固化土 28 天无侧限抗压强度分别达到 OPC 对照组的 70.7%、84.5%、104.3%和 109.8%，表明本章提出的固废基固化土通用组分设计框架在软基加固的实践中具有显著的经济优势。

6.3.2 佛山固化淤泥质土现场试验

6.3.1 小节以福州海相软土为固化对象，通过室内试验验证了固废基固化土通用组分设计框架的可行性。本小节将以佛山淤泥质土为研究对象，通过搅拌桩试桩，分析所提固废基固化土通用组分设计框架在工况更为复杂的现场的适用性。

1. 场地情况及试桩方案

试验场地包括两处，分别位于佛山市顺德区（#1）和南海区（#2）的某施工段，两地相距 34 km，两地均采用相同的施工设备和施工班组，旨在分析不同土性对所提固废基固化土通用组分设计框架的有效性。#1 场地表层为近期人工杂填土及耕植土（素填土），表层以下均为淤泥、冲积软土及粉土。土层自上而下分述如下：①素填土层，可塑至软塑，层厚 0.4～1.2 m；②粉砂夹淤泥层，可塑至软塑，层厚 1.0～4.2 m；③淤泥质黏土层，流塑，层厚 3.2～7.8 m，该层为高压缩性软土；④粉质黏土层，软塑至流塑，该层分布不均匀，层厚 4.8～11.5 m，土质差。#2 场地搅拌桩处理区域主要不良地质描述为：①素填土层，广泛分布，以素填土、耕土为主，现路段多为杂填土，以亚黏土、砂土及少量碎石等组成，呈松散-稍密状，层厚 0.5～3.9 m，平均厚度为 1.92 m；②冲积淤泥质粉质黏土层，普遍分布，呈深灰、灰黑色，为第二软土层，层厚 3.2～16.3 m，平均厚度 9.18 m，该土层土质不均，多夹薄层粉砂层，局部较多，含少量有机质，流塑，土质较差；③冲积淤泥质黏土层，呈灰色、浅黄色，分布较大，厚度较大，层厚 2.2～10.4 m，以湿、可塑为主。#1 和#2 场地主要目标土层淤泥的含水率高（最大值为 71%）、压缩性高、力学强度低、灵敏性高，是控制路基升降的关键性层位，也是试桩重点关注土层。

获取深度为 1～2 m 处的典型软土后，参照石油天然气行业标准《沉积岩中黏土矿物和常见非黏土矿物 X 射线衍射分析方法》（SY/T 5163—2010），采用全岩片（B 片）、自然定向片（N 片）、乙二醇饱和片（EG 片）和高温片（550 ℃）联合测定方法，对软土进行矿物成分分析，所得谱图如图 6-20 所示。

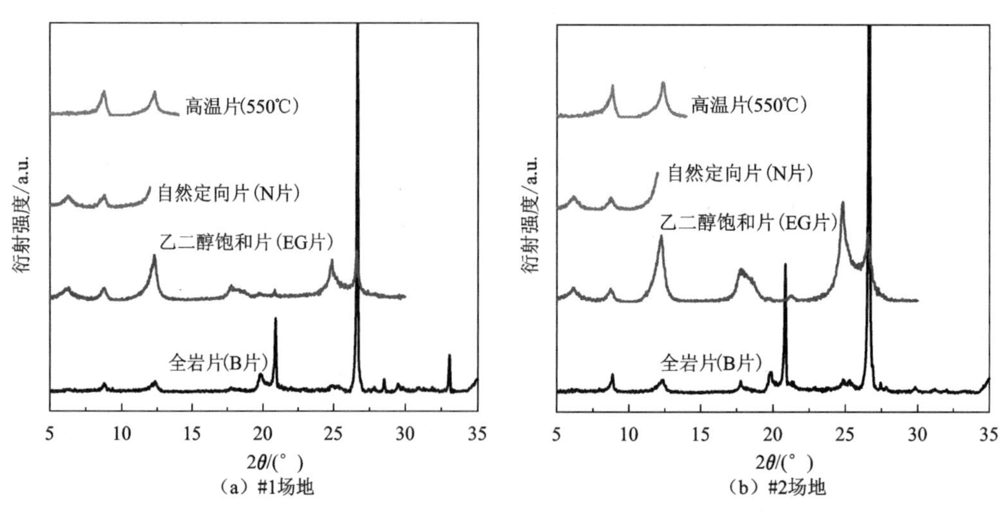

图 6-20 试桩场地定向片 XRD 谱图

经 Rietveld 半定量分析，得到的矿物质量分数见表 6-12。#1 和#2 场地的黏土矿物质量分数分别为 36.3%和 28.2%，且两个场地的黏土矿物类型较为一致，均主要由蒙脱石、高岭石和伊蒙混层组成，但组成含量有一定区别，#1 场地高岭石质量分数为 32%，蒙脱石质量分数为 20%，两者差为 12%；#2 场地高岭石质量分数为 37%，蒙脱石质量分数为 18%，两者差为 19%。相对而言，#2 场地高岭石族矿物丰度更高。

表 6-12　试桩场地黏土矿物组成　（单位：%）

场地编号	总矿物							黏土矿物				
	石英	钾长石	斜长石	方解石	白云石	黄铁矿	黏土矿物	蒙脱石	伊蒙混层	伊利石	高岭石	绿泥石
#1	47.9	1.3	2.5	2.1	1.1	8.8	36.3	20	29	12	32	7
#2	68.8	2.5	0.5	—	—	—	28.2	18	27	9	37	9

根据调研，佛山周边主要待处理的大宗工业固废为矿渣、钢渣和脱硫石膏，同时，为了满足三率值成分调控要求并进一步提高强度，采用偏高岭土、硅粉和石灰作为成分增补外加剂。所用材料的主要化学成分如表 6-13 所示。偏高岭土、矿渣、钢渣、硅粉、石灰的强度活性指数分别为 1.240、0.812、0.671、1.310 和 0.986。

表 6-13　所用固废、外加剂和水泥的化学成分　（单位：%）

化学成分	偏高岭土	矿渣	钢渣	硅粉	石灰	脱硫石膏	水泥
SiO_2	55.3	42.3	23.1	97	—	1.3	21.7
Al_2O_3	40.3	13.1	3.4	0	—	0.5	7.5
CaO	0.3	40.2	39.5	0	92.6	49.3	57.4
Fe_2O_3	0.7	1.2	16.5	0	—	0.2	2.9
SO_3	—	—	—	—	—	45.6	3.5

现场试桩共 8 根，其中试验组（基于黏土矿物成分的固废功能组分设计框架）固废基固化剂搅拌桩 4 根，对照组固废固基化剂和水泥搅拌桩各 2 根，用于验证所提固废基固化土通用组分设计框架的合理性。#1 场地和#2 场地桩长分别为 11.5 m 和 9.0 m，水灰比分别为 0.75 和 0.70，除了#2-固废（对照）的固化剂掺量为 65 kg/m，其他桩固化剂掺量均为 80 kg/m，搅拌工艺均为四搅二喷，桩径为 500 mm。固化材料中水泥替代量为 40%，考虑淤泥质土有机质质量分数较高，脱硫石膏掺量为 20%。具体试桩方案如表 6-14 所示。

表 6-14　基于黏土矿物成分的固废基材组分设计方案及试桩参数

参数		#1-A	#1-B	#1-固废（对照）	#1-水泥（对照）	#2-A	#2-B	#2-固废（对照）	#2-水泥（对照）
质量分数/%	偏高岭土	—	2	6	—	—	2	6	—
	矿渣	11	11	—	—	11	11	—	—
	钢渣	11	11	34	—	11	11	34	—
	硅粉	2	—	—	—	2	—	—	—

续表

参数		#1-A	#1-B	#1-固废（对照）	#1-水泥（对照）	#2-A	#2-B	#2-固废（对照）	#2-水泥（对照）
质量分数/%	石灰	16	16	—	—	16	16	—	—
	水泥	40	40	40	100	40	40	40	100
	脱硫石膏	20	20	20	/	20	20	20	—
水灰比		0.75	0.75	0.75	0.75	0.70	0.70	0.70	0.70
桩长/m		11.5	11.5	11.5	11.5	9.0	9.0	9.0	9.0
固化剂掺量/（kg/m）		80	80	80	80	80	80	65	80
搅拌工艺		四搅二喷							

试桩采用搅拌桩智能化施工控制系统（图 6-21），可对水泥土搅拌桩施工过程实施全面的监测控制，有利于提升固化土搅拌均匀性，提高整体成桩质量。试桩采用双向搅拌桩四搅二喷工艺，具体步骤为：①桩机对中，找准桩位；②开启搅拌桩机和泥浆泵，保持内外钻杆上的搅拌刀片正反旋转，使搅拌钻头沿导向架向下开始切土喷浆，钻进至设计桩底并停留 10 s 左右；③关闭泥浆泵，保持内外钻杆刀片的双向搅拌，将卷扬机调至提升状态，使钻头沿导向架向上提升，持续搅拌直至桩顶；④保持泥浆泵开启状态和

（a）试桩所用搅拌桩

（b）弯月形搅拌头

（c）智能化施工控制系统

（d）#1号桩

（e）#2号桩

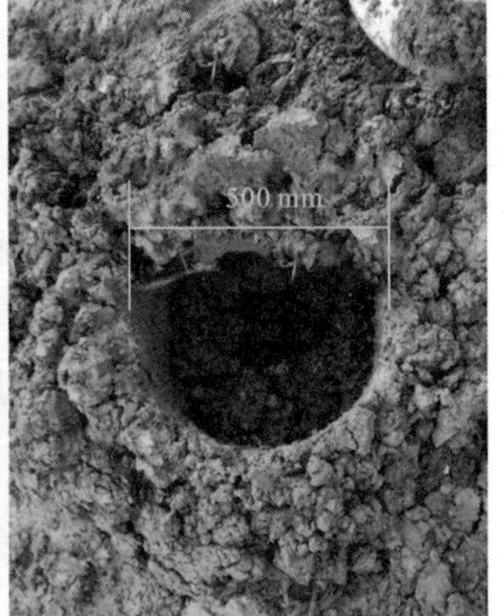

（f）成桩孔

图 6-21 搅拌桩施工过程

内外钻杆刀片的双向搅拌，使搅拌钻头再沿导向架向下切土喷浆，钻进至设计桩底并停留 10 s 左右；⑤关闭泥浆泵，保持内外钻杆刀片的双向搅拌，将卷扬机调至提升状态，使钻头沿导向架向上提升，持续搅拌直至桩顶，完成单桩施工。钻进采用三档（速度 1.030 m/min），提升采用四档（速度 1.580 m/min），换算成时间：#1 场地每根钻下钻时间 11.2 min，提升时间 7.3 min，加上每根桩底停留 20 s，每根桩总时间约为 38.5 min；#2 场地每根钻下钻时间 9.2 min，提升时间 6.0 min，加上每根桩底停留 20 s，每根桩总时间约为 35.2 min。施工过程显示，双向水泥土搅拌桩施工中没有发生冒浆现象，地面隆起少量松散土体中未发现有水泥浆。

2. 成桩质量分析

养护 60 天后，取出的芯样外观如图 6-22 所示，无论是固废还是水泥基固化土的芯样都相对完整，成色均匀。其中基于黏土组分的固废基搅拌桩[图 6-22（a）、（b）、（e）和（f）]的完整性明显优于对照组固废和水泥搅拌桩[图 6-22（c）、（d）、（g）和（h）]，每孔均能取出 1.5 m 长的连续芯样。

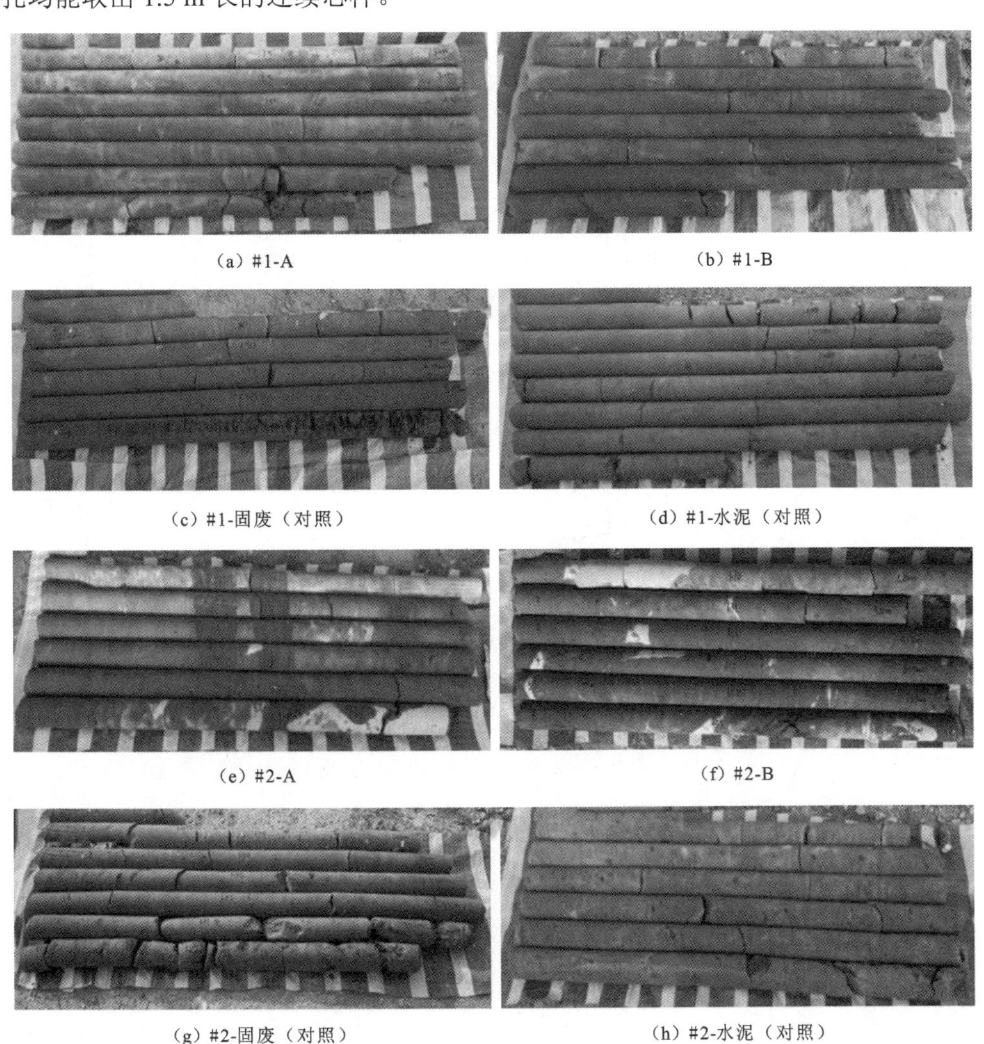

（a）#1-A　（b）#1-B　（c）#1-固废（对照）　（d）#1-水泥（对照）　（e）#2-A　（f）#2-B　（g）#2-固废（对照）　（h）#2-水泥（对照）

图 6-22　60 天龄期芯样外观图

取出的芯样在 1 h 内采用保鲜膜包裹，防止水分散失，随即送至佛山市公路桥梁工程监测站进行标准芯样强度检测，结果如图 6-23 所示。根据地勘资料，#1 场地和#2 场地主要包括 4 个土层，因此，芯样强度测试也相应选取了 4 个代表性深度，其中#1 桩选择 1 m、4 m、7 m 和 10 m 深度进行切割代表性试样，而#2 桩选择 1 m、3 m、5 m 和 7 m 代表性试样进行测试。由图 6-23 可知，#1-A、#1-B、#1-固废（对照）和#1-水泥（对照）搅拌桩的强度分别介于 2.0～2.6 MPa、2.3～3.7 MPa、1.5～2.9 MPa 和 1.4～2.7 MPa，平均强度分别为 2.5 MPa、3.2 MPa、2.3 MPa 和 2.1 MPa；#2-A、#2-B、#2-固废（对照）和#2-水泥（对照）的搅拌桩强度分别介于 2.1～2.6 MPa、1.6～3.2 MPa、0.9～1.4 MPa 和 1.4～1.7 MPa，平均强度分别为 2.3 MPa、2.4 MPa、1.1 MPa 和 1.6 MPa。试桩结果表明，大部分固废和水泥基桩身强度均能满足设计要求（UCS_{60}＞0.8～1.0 MPa），且试验组固废基搅拌桩的力学性能优于对照组固废和水泥搅拌桩，其中#1-A、#1-B 平均强度分别比水泥对照组高出 23.8%和 52.4%；#2-A、#2-B 平均强度分别比水泥对照组高出 43.8%和 50.0%。#1 场地和#2 场地都表明 B 方案固废加固效果更好，说明在三率值框架内，掺入少量偏高岭土作为高性能外加剂更有利于强度发展。总体而言，试桩结果表明从胶凝效应（三率值和强度活性指数）、密实效应（石膏基固废）、黏土矿物（水化产物-黏土矿物相互作用）这三个因素出发，对固废基材进行组分调控具有较强的工程可行性和经济性。

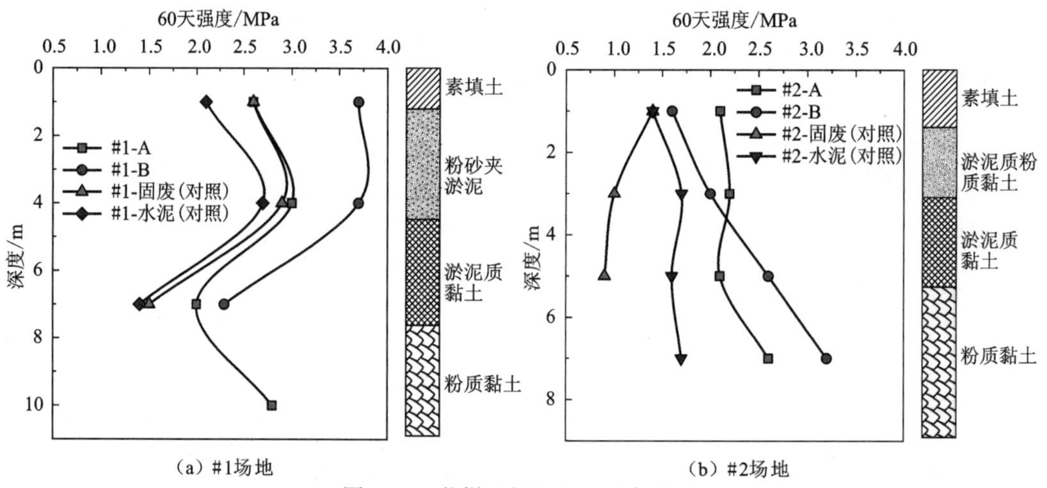

图 6-23　芯样无侧限抗压强度结果

第7章　固化均匀性与宏微观性质关联

搅拌均匀性决定了地基处理中的搅拌桩或就地固化的施工质量。何开胜(2002)指出，搅拌桩工法的成败关键是水泥和土的搅拌均匀程度，若施工不慎，地面返浆，深部水泥量不足，水泥浆未能与土体充分搅拌，会导致水泥富集块或桩身不连续等质量问题，甚至导致工程事故。在地层条件复杂地区，尤其存在大量黏性土(如淤泥质土)时，黏土附着于钻杆和搅拌叶片上，使土体无法与固化剂搅拌均匀(图7-1)，即使加大固化剂用量或使用特种固化剂，仍然无法改善成桩质量。将室内配比设计应用于实际工程中，效果往往会发生几倍的折减，如室内水泥试样强度可达1 MPa，现场强度只有0.3～0.5 MPa，究其原因在于，现场施工时存在土质不均、施工设备和工艺限制等，搅拌均匀度难以与室内设计一致。

(a) 搅拌桩机原状态　(b) 黏土附着于钻杆及搅拌叶片上　(c) 固化剂搅拌均匀性差

图7-1　现场施工搅拌均匀性

实验室材料设计研发中也存在搅拌均匀性差异的问题。由于尚无实验室制样相关规范参考，目前常用的外掺剂与土体混合的方法主要有3种：①人工搅拌揉搓，肉眼观察颜色是否一致或有无块状颗粒，进而判断是否搅拌均匀(马乾玮 等，2022；王露艳 等，2022)；②搅拌机搅拌，但使用的搅拌机类型、搅拌时间、搅拌次数等都不同(李丽华 等，2022；刘小军 等，2022；王东星 等，2020；张亭亭 等，2018)；③干拌结合搅拌机搅拌，即先将干土与外掺剂搅拌均匀，再加入适量水，使用搅拌机混合(李丽华 等，2022；李斯臣 等，2022；王亮 等，2018)，该方法虽然使物料混合得更加均匀，但违背了实际工程情况，且忽视了黏土矿物水化。不同的混合方法形成均匀度不同的混合物料，但研究中都认为是均匀的，将其制成试样进行相关试验研究，其研究结果的可靠性有待商榷。

综上，水泥固化土搅拌均匀性在地基处理、软土工程、污染场地修复等多种工程中均发挥着至关重要的作用，甚至在某种条件下，起着决定性的作用。此外，搅拌均匀性贯穿于整个岩土工程过程，实验室材料设计研发、现场工程施工、施工质量检验均与搅拌均匀性密切相关。因此，搅拌均匀性表征评价及其对工程性质的影响是工程实践中亟待解决的问题。

7.1 均匀性测试与评价方法

7.1.1 均匀性概念

标准物质均匀性是指表征物质中与一种或多种特性相关的结构或组成的一致性状态。通过测量取自不同包装单元（如瓶、包等）或取自同一包装单元不同位置的规定大小的样品，测量结果落在规定不确定度范围内，则认为标准物质对指定特征是均匀的（国家质量监督检验检疫总局，2012）。其中测量误差范围不确定度越低，测量结果的可信度越高。混合均匀度是指在外力的作用下，各种物料相互拌和，使其在任何体积内每种组分微粒均匀分布的程度。

综合以上均匀性的定义可见，均匀性的理论概念是一个绝对概念。如果物质的一部分（单元）特性值与另一部分（单元）特性值没有差异，则该物质从该特性而言，是完全均匀的。但实际上，如果物质单元间的特性值的差异不能被某种测量方法检测出来，则该物质从该测量方法而言，其特性也可视为均匀；或者，如果与特性值的不确定度相比，从一部分到另一部分特性值之间的差异可以忽略，则认为从该特性而言这种材料是均匀的。因此，均匀性的概念不仅表征物质本身专有特性，还与选择的测试方法相关，其中包括检测取样量的大小（国家质量监督检验检疫总局，2012）。当取样量很小时，物质的特性值可能呈现不均匀（韩永志，2001）。同样对于粉体混合物，在实际生产中，满足产品要求的相对均匀标准，达到产品均匀分布的需求标准即为均匀。因此，均匀性的实际概念是一个相对概念，不均匀是绝对的（权峰，2018）。

工程中搅拌均匀性的概念也是相对概念。例如，评价污染场地固化剂与土体的搅拌均匀性，对于强度性质，试样强度达到设计强度即可认为均匀，但满足强度标准的均匀性并不一定满足浸出毒性标准。此外，均匀性还与尺度相关，因此，搅拌均匀性应该针对所关注的问题来确定相对均匀标准，根据所关注的问题确定相应的评价尺度、最小取样单元及某种或某些特性，在相应的条件下当满足某种或某些工程性质标准时即认为均匀。

7.1.2 均匀性检验中关键成分测试方法

由均匀性的概念可知，搅拌均匀性的本质是物质中组分分布或结构特征。下面归纳几类常见的均匀性测试方法，共同点是通过测试得到组分的质量分数，进而计算出均匀性。

1. 试剂检测法

试剂检测法是指通过添加试剂与样品反应、示踪等测试手段获得关键成分的质量分数，目前主要有化学分析法和示踪法。

1）化学分析法

化学分析法是采用合适的化学试剂与样品发生反应，通过滴定的方式或采用特定仪器，定量分析其中某种物质的质量分数，从而计算出混合均匀度。当工地需要快速测定水泥/石灰稳定料中灰剂量时，一般采用 EDTA 滴定法检查现场拌和摊铺质量和均匀性[《公路工程无机结合料稳定材料试验规程》（JTG E51—2009）]。其原理是水泥和石灰的主要成分 Ca^{2+}与钙红指示剂形成络合物，在滴定液作用下颜色发生改变。通过 EDTA 消耗量获得 Ca^{2+}质量分数，从而计算出水泥和石灰掺量（权峰，2018；刘鸣 等，2017）。刘鸣等（2017）采用 EDTA 滴定法进行水泥改性膨胀土施工均匀性试验，并以标准差为均匀性评价指标，从而得到膨胀土最大土团级配控制指标。直读式测钙仪法适用于新拌石灰土中石灰剂量的测定[《公路工程无机结合料稳定材料试验规程》（JTG E51—2009）]，原理是在一定体积一定浓度的 NH_4Cl 溶液中，$Ca(OH)_2$ 游离出 Ca^{2+}，钙电极将 Ca^{2+}以电位的形式转换成石灰的质量分数显示（权峰，2018）。化学分析法测试结果可靠，仪器简单，成本低廉；但前提是试剂须能与样品某种成分发生化学反应，且有明显的反应终止信号。

2）示踪法

示踪法是指将少量的示踪剂与物料混合，通过相应检测手段记录其踪迹，计算样品中示踪剂含量，得出混合均匀度。常见的示踪剂有硫化锌、硅酸锌、氧化钇、卤代磷酸钙、磁性铁粉或有特殊颜色的惰性颗粒等。饲料混合均匀度测定常采用甲基紫法，原理是以甲基紫色素作为示踪剂，在混合机中混合规定时间后取样，采用比色法测定样品中甲基紫的含量，根据不同试样间的差异来评价饲料的混合均匀度[《饲料产品混合均匀度的测定》（GB/T 5918—2008）]。对肽餐混合料的混合均匀度的测定，童帅霏等（2015）尝试了叶绿素铜钠、亮蓝和甲基紫三种色素为示踪剂的研究，结果表明甲基紫自身稳定性好且不与物料发生相互作用，是三种色素中最适合测定肽餐物料混合均匀度的示踪剂。食品行业采用无水茶碱作为示踪分子，采用近红外光谱检测，评估双螺旋造粒机混合乳糖的性能（Fonteyne et al.，2016）。示踪法能直观地对物料混合的整个过程进行观察，但对示踪剂的要求较高，即不能与物料发生反应，又不能影响混合物的功效。

2. 光谱法

光谱法是通过样品的光谱信息与标准光谱图（集）对比获得样品组分分布特征，常用的测试方法有 X 射线荧光光谱法和近红外光谱法。

1）X 射线荧光光谱法

X 射线荧光光谱法（XRF）是检测各组成元素特征 X 射线的波长及强度，通过与标准图谱对比得到元素的类型与含量，计算出混合均匀度。研究者通过 XRF 测定轻烧白云石中的主要成分（杨忠梅 等，2020），结合 X 射线荧光显微分析与电感耦合等离子体质谱法，测定保健食品中的元素分布均匀性（Zhao et al.，2021）。XRF 操作简便，分析速度快，可同时检测多种元素，实现无损分析，但只适用于无机物的检测，且仪器结构复杂。

2）近红外光谱法

近红外光谱法（near infrared spectrometry，NIR）通过样品的近红外光谱与校准（参考）样品光谱集的对比，分析样品中某一组分的含量，计算出混合均匀度。NIR 被广泛应用于医药领域，学者利用 NIR 建立药物混合均匀度的定量分析模型，实现在线监测药物混合过程，可准确快速判断混合终点（Pino-Torres et al.，2020；Benoit et al.，2019）。NIR 是一种无损技术，可实现在线实时监测获取混合过程信息，但只适用于有机物混合料，检测其中含氢基团分子。

3. 其他测试方法

目前常见的均匀性测试方法还有数字图像分析法、X 射线计算机断层扫描（X-ray computed tomography，X-CT）法。

1）数字图像分析法

数字图像分析法是通过图像采集设备，将连续图像通过分析软件处理为计算机可以采集的信息，建立模型，以某一信息作为评价混合均匀性的指标。基于数字图像分析的沥青混合料均匀性评价方法备受关注，学者基于数字图像技术，提出各种指标，例如颗粒面积比及其变异系数（Zeng et al.，2014），用以评价沥青混合料均匀性。食品行业将数字图像分析法用于评估烤箱温度场的均匀性，以定量评估不同烘焙状态温度分布均匀性（Shi et al.，2020）。数字图像分析法较为直观，属于无损检测，但不同种类的物料混合对应不同的数字模型、统计方法和评价指标，无法建立统一标准以适用于所有情况。

2）X 射线计算机断层扫描法

X 射线计算机断层扫描（X-CT）技术通过发射 X 射线穿透试样，在 X 射线检测器上成像，使用计算机软件将图像重构成三维图像，通过分析高分辨率图像评价均匀性。Csobán 等（2016）通过 X 射线成像技术研究颗粒分布及含量，从而实现无损分析整个样品内部混合均匀度。在路面工程中，Yu 等（2018）结合 X-CT 和数字图像处理技术，以冷再生沥青混合料的微观结构特征表征均匀性。X-CT 在不破坏试样的前提下可实现对整个试样内部混合均匀度分析，但不适用于多组分混合均匀性评价，且不易区分具有相似结构的材料。

7.1.3 均匀性评价方法

上述多种测试方法均可获得能够表征均匀性本质的组分含量，但限于样本大小和数量、测试方法复杂性、测试费用等诸多因素，难以进行岩土工程场地级的固化/改性土测试。下面归纳几种岩土工程目前常用的工程质量评价方法。

1. 经验评价法

目前，在岩土工程中，通常采用建筑地基处理技术规范中的水泥土搅拌桩施工质量检测方法来判断搅拌均匀性，通过经验分析法来评价或控制均匀性（表 7-1）。

表 7-1　水泥土搅拌桩施工质量检测

方法	适用情况	实施过程	检查数量
目测检查	成桩 7 天后	浅部开挖桩头，开挖深度宜超过停浆面下 0.5 m，量测成桩直径	总桩数的 5%
轻型动力触探	成桩后 3 天内	检查上部桩身均匀性	总桩数的 1%，且不少于 3 根
抗压强度检验	成桩 28 天后	用双管单动取样器钻芯取样	总桩数的 0.5%，且不少于 6 根
单桩抗压静载荷试验	成桩 28 天后且钻芯困难时	—	—

2. 统计分析法

统计分析法是从总体中抽样，选择合适的测试方法，获得样本中某组分含量，对其进行统计学分析，从而判断其均匀性。

1）方差分析法

方差分析法利用测试数据，通过组间方差和组内方差的比较来判断各组测量值之间有无系统性差异。如果二者的比值小于统计检验的临界值，则认为样品是均匀的（阚莹 等，2010）。

为了检验样品的均匀性，假设从总体中抽取了 i 组样品。通过高精密度的试验方法，在相同条件下对每组样品测试 j 次（即每组样品获得 j 个测试数据），得到等精度的测试数据。将每组样品中 j 个测试数据的平均值记为 $\overline{x_k}$，则

$$J=\sum_{k=1}^{i} j_k \tag{7-1}$$

$$\overline{x}=\frac{1}{J}\sum_{k=1}^{i}\sum_{l=1}^{j} x_{kl} \tag{7-2}$$

$$Q_1=\sum_{k=1}^{i} j_k(\overline{x_k}-\overline{x})^2 \tag{7-3}$$

$$Q_2=\sum_{k=1}^{i}\sum_{l=1}^{j_k}(x_{kl}-\overline{x_k})^2 \tag{7-4}$$

$$v_1=i-1 \tag{7-5}$$

$$v_2=J-i \tag{7-6}$$

$$S_1^2=\frac{Q_1}{v_1} \tag{7-7}$$

$$S_2^2=\frac{Q_2}{v_2} \tag{7-8}$$

$$F=\frac{S_1^2}{S_2^2} \tag{7-9}$$

式中：J 为样品测试数据总数；j_k 为第 k 组样品的测试数据个数；$\overline{x}$ 为所有测试数据的平均值；x_{kl} 为第 k 组样品的第 l 个试样测试数据；Q_1 为组间平方和；Q_2 为组内平方和；v_1 为组间自由度；v_2 为组内自由度；S_1^2 为组间方差；S_2^2 为组内方差；F 为统计量。

根据自由度(v_1, v_2)与给定的显著性水平 α，查 F 分布表得到临界值 F_α。若 $F<F_\alpha$，则组间与组内无明显差异，样品是均匀的。若 $F>F_\alpha$，则各组间存在系统误差，此时应考虑不均匀性误差 S_L（$S_L=\sqrt{(S_1^2-S_2^2)/j}$）与组内标准差 S_2 的关系。若 $S_L \ll S_2$，则样品均匀；若 $S_L \gg S_2$，则样品不均匀；若 S_L 与 S_2 大小相近，则总不确定度应考虑不均匀因素。

2）其他统计分析法

采用统计学方法，根据检测结果计算得到单一数值，用以评估混合物的混合质量。单一数值有算数平均值 $\bar{x}$、标准偏差 S、方差 S^2 和变异系数 c_v，表达式分别为

$$S=\sqrt{\frac{\sum_{k=1}^{i}\sum_{l=1}^{j_k}(x_{kl}-\bar{x})^2}{J-1}} \tag{7-10}$$

$$S^2=\frac{\sum_{k=1}^{i}\sum_{l=1}^{j_k}(x_{kl}-\bar{x})^2}{J-1} \tag{7-11}$$

$$c_v=\frac{S}{\bar{x}}\times 100\% \tag{7-12}$$

在此基础上，魏清等（2014）引入水泥含量变异系数对水泥土的均匀程度进行定量判别，将桩体均匀程度分为 4 个等级。Jia 等（2021）采用多种均匀性定量评价指标（范围、变异系数、标准差等）分析路基改性土的压实均匀性和不均匀性的严重程度。

7.2 固化土均匀性表征

建筑地基处理技术规范中水泥土采用桩身强度、肉眼观测和地基承载力等指标保证成桩质量，也从检测数量的规定上为均匀性评价提供基础。但这些方法相对定性或间接，且无均匀性的评价控制标准。因此，形成可定量并直接的方法来评价检测搅拌均匀性具有必要性。

借鉴标准物质和其他行业均匀性检验测试与评价方法，本节初步提出一种适合固化/改性土搅拌均匀性测试与评价的方法，并通过试验加以验证。

7.2.1 检测单元及采样点

利用搅拌设备搅拌土体与固化剂/改性材料，形成施工区域，根据区域大小合理划分成若干检测单元。如果采用整体式搅拌（即在搅拌前将场地划分成若干单元，再使用搅拌头对各单元进行搅拌），宜将施工区域划分成若干方形单元作为检测单元，再将该方形单元平均分成若干个小单元，采样点分布于方形单元的中心点及若干个小单元的中心点[图 7-2（a）]。如果采用桩式搅拌（即搅拌后形成圆柱形桩体），宜将每个桩体作为一个单元，采样点分布于桩体中心位置及相邻桩体搭接位置[图 7-2（b）]。在深度方向

上，宜将不同土层分别进行均匀性检测，同一土层根据其厚度合理布置采样点，建议沿深度方向每隔一定距离设置一组采样点，土层分界面也应设采样点[图 7-2（c）]。

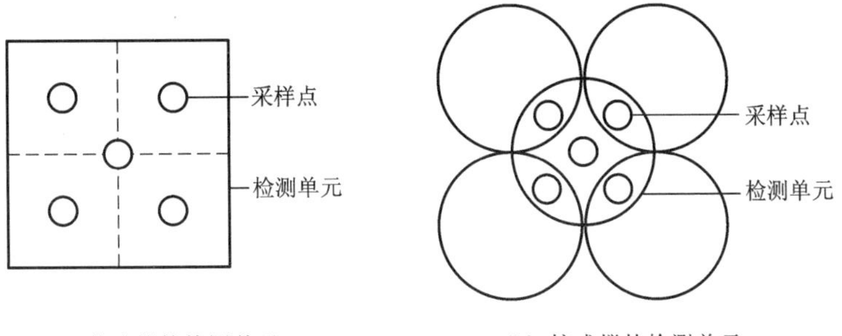

（a）体式搅拌检测单元　　（b）桩式搅拌检测单元

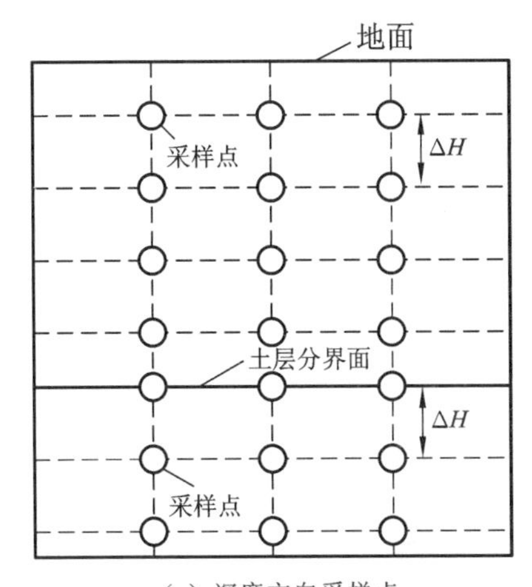

（c）深度方向采样点

图 7-2　采样点布置示意图

划分好单元后，确定检测单元数量，不少于总单元数的 5%，通过分层随机抽样的方法确定具体的检测单元。

7.2.2　取样测试

在检测单元内布设好采样点，利用钻机在各个采样点进行钻芯取样，并对钻取的芯样进行编号。采用手持式 X 射线荧光光谱仪对各个样品进行测试（若要获取更为准确的数据，可使用烘箱烘干试样，碾磨后测试），获取样品元素种类及质量分数。测试中建议以固化剂/改性材料中特有元素或主要元素为标记对象，获取各样品中该元素的质量分数。

7.2.3　搅拌均匀性评价

根据特有元素或主要元素的含量，计算各样品的变异系数，比较变异系数与均匀性指标的差异，评价搅拌均匀性。均匀性指标需要通过搅拌均匀性（即不同变异系数）与关键工程性质（如强度、渗透系数、浸出浓度等）间的关系确定。在此基础上，结合关键工程性质的要求反推搅拌均匀性控制指标。

评价整体搅拌的均匀性，可先将检测单元内位于同一深度平面内的采样点作为一组，计算出样品特殊元素或主要元素含量的变异系数，比较其与均匀性指标的差异，从而评价该检测单元内位于相应深度平面上的土体搅拌均匀性。然后，将单元内沿着深度方向上的采样点作为一组，计算出样品特有元素或主要元素含量的变异系数，比较其与均匀性指标的差异，进而评价该单元内沿深度方向上的搅拌均匀性。最后，综合平面上和沿深度方向上的土体搅拌均匀性，评价该检测单元内部的搅拌均匀性。

7.2.4 室内尺度均匀性评价案例

为了验证上述固化/改性土的搅拌均匀性检验测试与评价方法的可行性，开展室内试验研究。试验用土取自江苏省南京市河西新城某基坑，天然含水率为 45.2%，湿密度为 1.74 g/cm^2。采用的水泥为 P.O 42.5 普通硅酸盐水泥，其质量为干土质量的 10%，水灰质量比为 0.5。

设计 5 组不同搅拌均匀性的试样（采用同一搅拌机搅拌不同时间），每组包含 10 个试样。采用振动法制得直径为 50 mm、高度为 100 mm 的圆柱状试样，放入标准养护室（温度为 20 ℃，相对湿度不低于 95%）中养护 28 天。

对试样开展无侧限抗压强度试验，然后将试样放入烘箱中烘干后碾碎，采用四分法获得相应质量样品，放入试样杯中，并固定好 XRF 样品膜。利用 X 荧光光谱仪测得样品中钙元素的含量。

不同搅拌均匀性的各组试样的无侧限抗压强度见图 7-3。由图可知，搅拌均匀性对水泥固化土的无侧限抗压强度的影响显著，搅拌均匀性越好，无侧限抗压强度越大。试验中均匀性最好的一组（第 1 组）试样强度约为均匀性最差的一组（第 5 组）试样强度的 3 倍。每组试样的钙元素变异系数与平均强度的关系见图 7-4。由图可见，随着钙元素变异系数的增大，试样的平均强度逐渐下降，钙元素变异系数为 0.73%和 12.9%的试样平均强度分别为 378.5 kPa 和 70.8 kPa，两者相差约 4.3 倍。

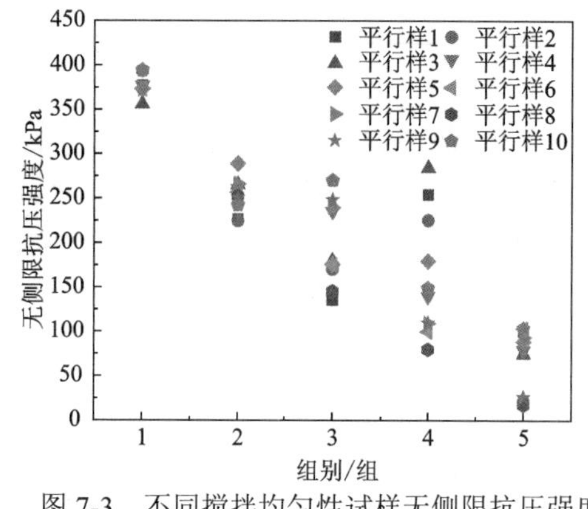

图 7-3 不同搅拌均匀性试样无侧限抗压强度

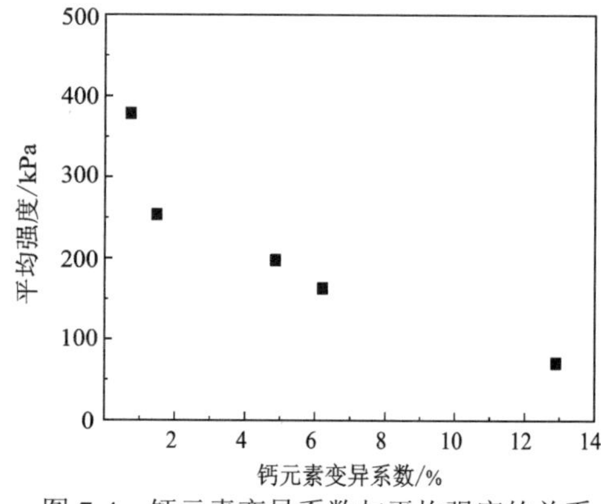

图 7-4 钙元素变异系数与平均强度的关系

综上可知，钙元素变异系数可以用于表征水泥固化土的搅拌均匀性，变异系数越大，搅拌均匀性越差。使用 X 荧光光谱仪测试固化剂/改性材料中主要元素的含量，以其变异系数表征搅拌均匀性的方法是可行的。

7.3　均匀性对宏观行为的影响

岩土材料的质量受多种因素影响，以水泥固化土为例，其施工质量受土体类型、含水率、水泥掺量、水泥搅拌均匀性、水泥标号、龄期、养护方式、施工工艺等影响。本节以水泥固化土为研究对象，开展室内试验，探究搅拌均匀性对固化土宏观行为的影响。

7.3.1　试验材料

1. 土样

本节试验用土取自江苏省南京市河西新城某基坑，将土样晾晒风干并去除其中少量碎石等杂质，碾碎过 2 mm 筛，采用 105 ℃烘干法确定其风干含水率，测定土体基本物理性质如表 7-2 所示。其中液限采用碟式液限仪测定，塑限采用搓条法测定，颗粒分析试验综合采用密度计法和筛分法。根据土的分类方法，试验用土属于低塑性黏土，其塑性图如图 7-5 所示，液限为 38.6%，塑限为 21.0%。由表 7-2 可知，试验用土主要包含粉粒组和黏粒组，砂粒质量分数仅占 1.9%，其中粉粒质量分数比较高，达到 70.1%，黏粒质量分数为 28.0%，如图 7-6 所示。

表 7-2　土体基本物理性质

性质	数值
天然含水率，w_0/%	45.2
液限，L_L/%	38.6
塑限，P_L/%	21.0
塑性指数，P_I	17.6
砂粒组（>0.075 mm）/%	1.9
粉粒组（0.002～0.075 mm）/%	70.1
黏粒组（<0.002 mm）/%	28.0
土性划分	低塑性黏土

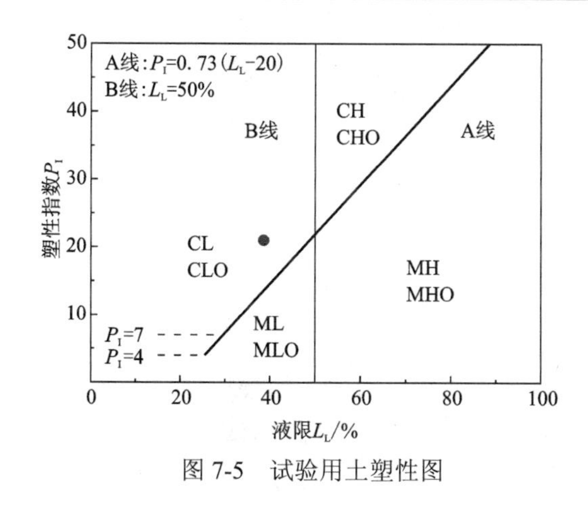

图 7-5　试验用土塑性图

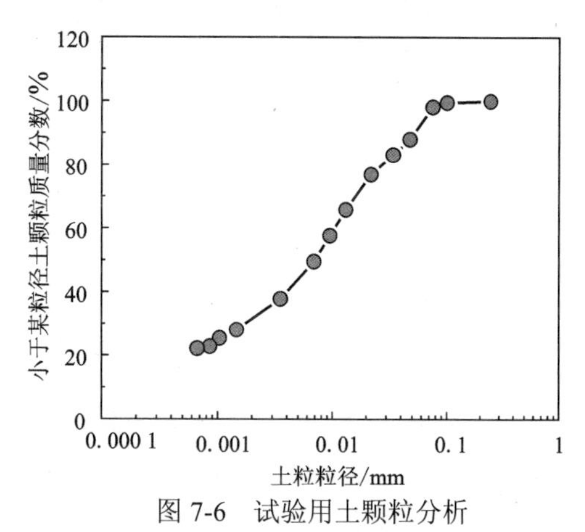

图 7-6　试验用土颗粒分析

2. 水泥

本节所用的水泥为普通硅酸盐水泥 P.O 42.5，主要物质成分为 CaO、SiO_2 和 Al_2O_3，如表 7-3 所示。

表 7-3　水泥的物质组成

成分或烧失量	质量分数/%	成分或烧失量	质量分数/%
CaO	54.7	MgO	1.7
Al_2O_3	7.5	SO_3	3.5
SiO_2	21.7	其他	4.6
Fe_2O_3	2.9	烧失量	3.4

7.3.2　试样制备与试验方法

1. 试样制备

将风干的试验用土过 2 mm 的筛，按照土体的天然含水率 45.2%、水泥掺量 15%（水泥质量占干土质量的 15%）、水灰比 0.5 制备试样。

采用以下制样方法获得不同搅拌均匀性的试样。按照天然含水率和水灰比在风干土中加入相应质量的蒸馏水，搅拌均匀后养护 24 h 使其充分水化。模拟现场水泥土搅拌后呈现水化产物包裹土团的现象，首先根据拟制试样体积（直径为 50 mm、高度为 100 mm）和密度（1.7 g/cm^3）计算出所需湿土总质量和水泥总质量，然后按质量将湿土和水泥平均分为不同份数（1 份、4 份、9 份、16 份、25 份、36 份、49 份），如图 7-7 所示，再将每份水泥包裹在相应质量的湿土外，最后将包裹好的土团分层加入模具中振动成样，密封放入温度为（20±2）℃、相对湿度不低于 95%的标准养护室中养护至具有一定强度后脱模，继续养护至相应龄期。

图 7-7　不同土团个数的水泥固化土

2. 试验方法

1）搅拌均匀性测试

首先将每个试样等分成 n 个样品，置于烘箱中烘干，再倒入研钵中研磨，然后装入试样杯中，固定 XRF 样品膜，采用手持式 X 荧光光谱仪（XRF）测试，并记录 Ca 元素质量分数，每个样品测试 3 次，取其平均值 x_i 作为该样品 Ca 元素质量分数最终结果，如图 7-8 所示。定义指标搅拌均质度 U，计算公式如式（7-13）所示。搅拌均质度 U 越小，试样中 Ca 元素分布越不均匀，即试样的搅拌均匀性越差；搅拌均质度 U 越大，试样中 Ca 元素分布越均匀，即试样的搅拌均匀性越好。

$$U=\left[1-\frac{\sqrt{\frac{\sum_{i=1}^{n}\left(x_i-\frac{1}{n}\sum_{i=1}^{n}x_i\right)^2}{n-1}}}{\frac{1}{n}\sum_{i=1}^{n}x_i}\right]\times 100\% \tag{7-13}$$

式中：n 为样品个数；x_i 为每个样品 Ca 元素平均质量分数（3 次测试值的平均值）。

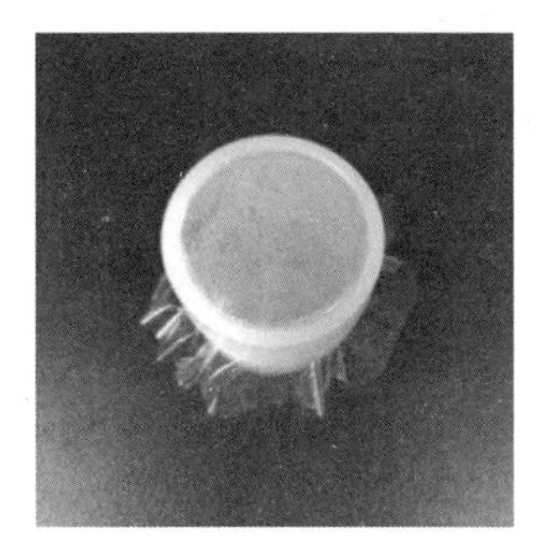
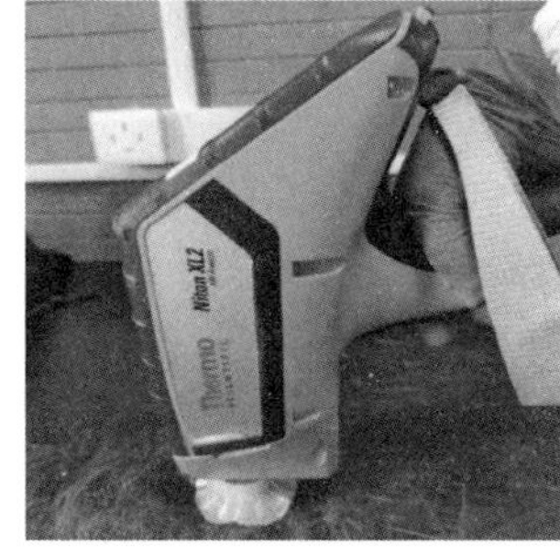

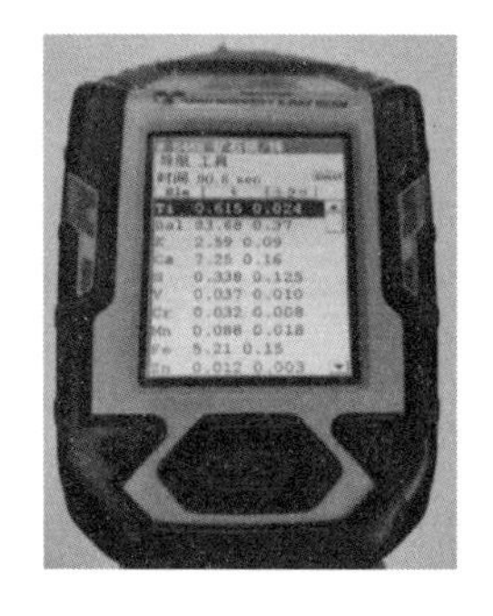

图 7-8　搅拌均质度测试

2）无侧限抗压强度试验

不同搅拌均匀性的试样养护至相应龄期，参照《土工试验方法标准》（GB/T 50123—2019）对其开展无侧限抗压强度试验，加载速度为 1.00 mm/min，当强度达到峰值或者应变达到 15%时，终止加载。每组采用 3 个平行样，取其平均值作为最终结果。

3）柔性壁渗透试验

试验采用南京市土壤仪器厂生产的数显式柔性壁渗透仪。首先将养护至相应龄期的试样置于乳胶膜中，施加围压使乳胶膜与试样侧壁表面贴合，再施加水头压力，测试水泥固化土饱和时单位时间的渗流量，根据达西定律式（7-14）计算渗透系数 k。

$$k=\frac{Q}{Ai} \tag{7-14}$$

式中：k 为渗透系数；Q 为渗流量；A 为试样截面面积；i 为水力坡降。

4）冻融循环试验

试样标准养护至 120 天，开展冻融循环试验。将试样用自封袋密封以防止水分损失，放置于冻融循环箱中。根据 ASTM D560/D560M-16，冻结温度设定为−23 ℃，融化温度设定为 23 ℃，冻结时间和融化时间均设置为 24 h，即一次循环为 48 h，设置循环次数为 1 次、3 次、5 次、7 次、10 次、12 次。经过相应冻融循环次数后进行尺寸、质量、含水率、强度、渗透系数等测试。

7.3.3 均匀性测试结果与表征

不同土团个数试样的搅拌均匀性测试结果如表 7-4 所示。试验中每个试样等分成 20 个样品，采用 XRF 测试获得 Ca 元素质量分数，每个样品测试 3 次，取其平均值作为每个样品的 Ca 元素最终质量分数，再根据式（7-13）计算得到每个试样的搅拌均质度 U，作为该试样的搅拌均匀性指标。

表 7-4 不同土团个数试样的搅拌均匀性测试结果

样品编号	Ca 元素平均质量分数/%						
	1 个土团	4 个土团	9 个土团	16 个土团	25 个土团	36 个土团	49 个土团
T1	9.39	6.00	5.47	5.70	5.42	6.11	6.48
T2	8.84	5.48	7.93	5.43	4.82	6.11	6.67
T3	6.67	5.93	6.76	6.45	6.10	6.42	6.69
T4	5.93	3.48	5.40	7.18	5.10	8.06	6.40
T5	4.45	4.19	5.29	6.74	6.19	5.91	5.38
T6	8.28	5.64	4.78	7.00	4.64	5.52	6.06
T7	3.48	6.47	5.47	5.28	5.55	6.95	6.15
T8	6.33	8.31	4.78	7.53	6.31	4.59	6.46
T9	4.54	8.96	5.39	5.24	6.46	5.72	5.84
T10	4.97	7.07	4.99	5.15	6.88	6.35	5.19
T11	5.10	6.01	5.35	4.96	5.17	6.38	7.71
T12	6.02	6.03	4.95	6.97	6.15	6.62	5.52
T13	3.31	6.93	9.33	6.05	5.68	5.94	6.91
T14	5.75	4.09	6.87	8.41	6.16	6.46	5.41
T15	4.33	6.62	6.56	7.40	5.00	5.85	5.85
T16	6.12	3.92	7.66	5.98	5.44	5.71	6.77
T17	5.73	4.97	5.23	6.50	4.77	5.69	6.72
T18	5.78	5.76	5.26	5.83	6.54	6.25	6.55
T19	7.68	7.42	5.24	6.05	6.65	6.20	6.18
T20	5.76	6.30	5.37	5.82	5.83	6.31	6.18
搅拌均质度 U/%	72.33	76.36	79.26	85.29	88.14	89.20	90.21

由图 7-9 可见，随着土团个数 N 的增大，搅拌均质度 U 呈增大趋势，搅拌均质度 U 与土团个数 N 近似呈指数函数关系，R^2 达到 0.99。

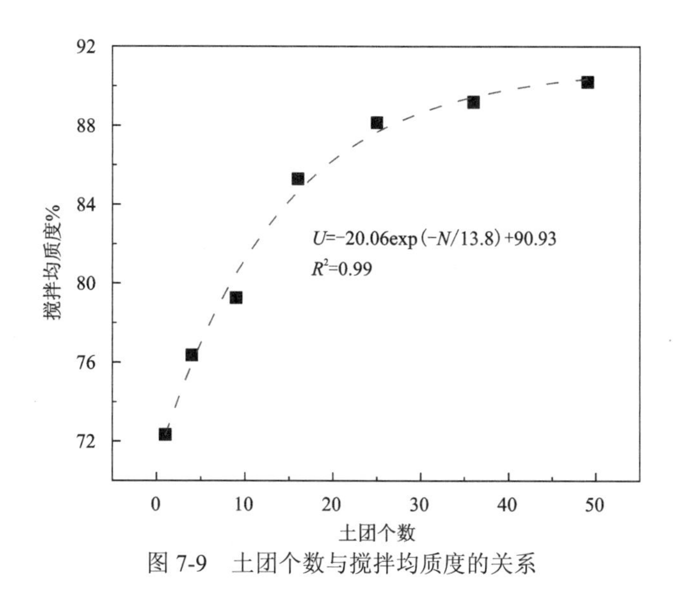

图 7-9　土团个数与搅拌均质度的关系

7.3.4　均匀性对强度的影响

图 7-10 为搅拌均质度对水泥固化土无侧限抗压强度的影响。从图 7-10 可明显看出，搅拌均质度对无侧限抗压强度的影响非常显著，随着搅拌均质度的增大，无侧限抗压强度逐渐增大，无侧限抗压强度与搅拌均质度近似呈指数函数关系，7 天、28 天、60 天、120 天养护龄期下的相关系数 R^2 分别为 0.97、0.91、0.95、0.97，均大于 0.9。在 7 天、28 天、60 天、120 天养护龄期下，搅拌均质度为 90.2%的水泥固化土试样无侧限抗压强度分别为 34.2 kPa、81.8 kPa、133.3 kPa、199.9 kPa，而搅拌均质度为 72.3%的水泥固化土试样无侧限抗压强度分别为 8.7 kPa、12.5 kPa、19.5 kPa、62.9 kPa，两种搅拌均质度试样强度在 7 天、28 天、60 天、120 天养护龄期时分别相差约 2.9 倍、5.6 倍、5.9 倍、2.2 倍。

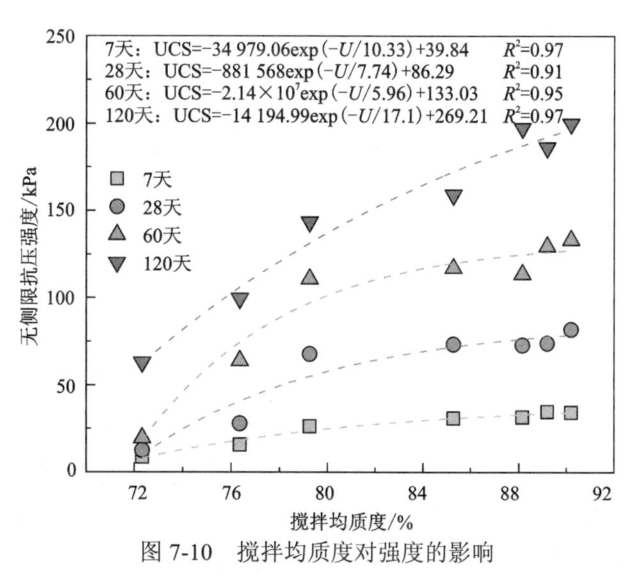

图 7-10　搅拌均质度对强度的影响

由图 7-10 可看出，搅拌均质度对强度的影响在不同养护龄期下的响应大小不同，无侧限抗压强度与搅拌均质度的关系曲线的斜率随着养护龄期的增大而增大，即随着养护龄期的增大，搅拌均质度对强度的影响更加显著。在固化早期，水泥固化土强度随着搅拌均质度的增大而缓慢增大；在固化后期，水泥固化土强度随着搅拌均质度的增大而显著增大。在 7 天、28 天、60 天、120 天养护龄期时，搅拌均质度为 90.2%的试样强度比搅拌均质度为 72.3%的试样强度分别大 25.5 kPa、69.4 kPa、113.8 kPa、137.0 kPa，即在 28 天、60 天、120 天养护龄期时，两种搅拌均质度试样的强度差值分别是 7 天龄期时的 2.7 倍、4.5 倍、5.4 倍。

图 7-11 为搅拌均质度对水泥固化土强度增长速率的影响，图中纵坐标为强度增量与时间增量之比$\Delta UCS/\Delta T$。结果表明，在固化前期（0～7 天、7～28 天、28～60 天），随着搅拌均质度的增大，固化土强度增长速率逐渐增大，搅拌均质度越大的固化土的强度增长速率越大，且 0～7 天养护龄期阶段尤为明显，搅拌均质度由 72.33%增大到 90.2%，其强度增长速率由 1.2 kPa/天增大到 4.9 kPa/天。在固化后期（60～120 天），随着搅拌均质度的增大，固化土强度增长速率基本不变，在 0.5～1.4 kPa/天波动。此外，水泥固化土的早期强度增长速率明显高于后期强度增长速率，即水泥固化土的强度增长速率随着龄期的增大而减小。

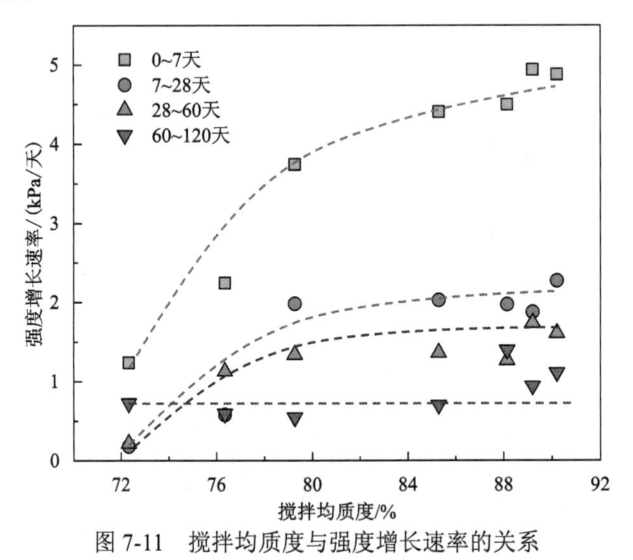

图 7-11　搅拌均质度与强度增长速率的关系

7.3.5　均匀性对渗透性的影响

图 7-12 为搅拌均质度对水泥固化土渗透系数的影响。从图 7-12 可明显看出，随着搅拌均质度的增大，水泥固化土的渗透系数逐渐减小，渗透系数与搅拌均质度近似呈指数函数关系，7 天、28 天、60 天、120 天养护龄期下的相关系数 R^2 分别为 0.99、0.99、0.97、0.93，均大于 0.90。在 7 天、28 天、60 天、120 天养护龄期下，搅拌均质度为 90.21%的水泥固化土试样渗透系数分别为 2.2×10^{-7} cm/s、1.0×10^{-7} cm/s、4.8×10^{-8} cm/s、2.0×10^{-8} cm/s，而搅拌均质度为 72.3%的水泥固化土试样渗透系数分别为 1.3×10^{-6} cm/s、

6.0×10^{-7} cm/s、3.0×10^{-7} cm/s、2.2×10^{-7} cm/s，两种搅拌均质度试样渗透系数在 7 天、28 天、60 天、120 天养护龄期时分别相差约 17%、17%、16%、9%。虽然水泥固化土的渗透系数随着搅拌均质度的增大呈现减小趋势，但从数值上看，变化不大，其原因是试验用土为黏土，其渗透系数较小，为 6.2×10^{-7} cm/s，在此基础上，水泥掺入带来的密实作用使其渗透系数减小的发挥空间较小，进而体现为渗透系数数值变化较小。

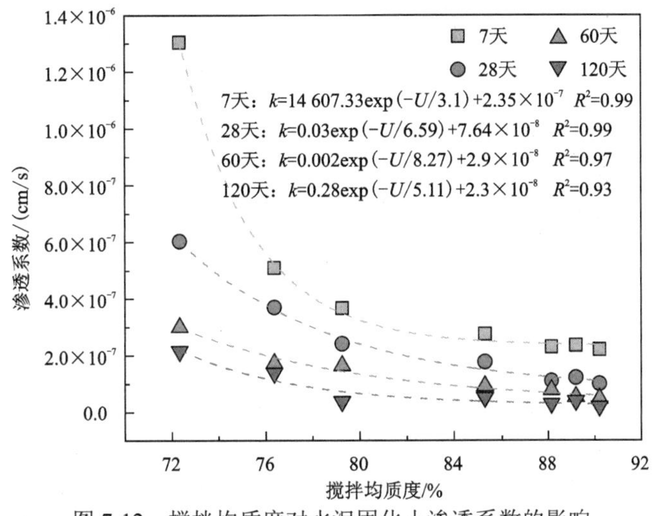

图 7-12　搅拌均质度对水泥固化土渗透系数的影响

从图 7-12 可看出，搅拌均质度对渗透系数的影响在不同养护龄期下的响应大小不同，随着养护龄期的增加，搅拌均质度对渗透系数的影响逐渐减小。在固化早期（7 天、28 天），水泥固化土渗透系数随着搅拌均质度的增大而显著降低；在固化后期（60 天、120 天），水泥固化土渗透系数随着搅拌均质度的增大而缓慢减小。在 7 天、28 天、60 天、120 天养护龄期时，搅拌均质度为 90.21%的试样强度比搅拌均质度为 72.3%的试样渗透系数分别小 1.1×10^{-6} cm/s、5.0×10^{-7} cm/s、2.5×10^{-7} cm/s、2.0×10^{-7} cm/s，即在 28 天、60 天、120 天养护龄期时，两种搅拌均质度试样的渗透系数差值分别是 7 天龄期时的 46%、23%、18%。

7.3.6　均匀性对耐久性的影响

不同搅拌均质度水泥固化土经历 0～12 次冻融循环后的形态如图 7-13 所示。从试样的表面破坏程度可以发现，经历冻融循环后，水泥固化土试样的破坏形式主要有 2 种：一种是表面剥落，从图 7-14 可更为清晰地看到，试样表面出现众多裂缝，表面物质剥落，光滑表面变得凹凸不平，所有固化土冻融循环后均出现该种破坏，主要由于固化土强度较低，颗粒间的胶结作用较弱，经历冻融循环后，试样内外温度差导致应力集中，产生裂缝，裂缝贯通后导致物质剥落；另一种为断裂，试验中该种破坏出现在搅拌均质度较小的试样经历 3～5 次冻融循环后（搅拌均质度分别为 72.3%、76.4%、79.3%），且断裂位置呈现随着搅拌均质度的增大而越接近试样上表面的趋势。随着冻融循环次数的增加，试样出现不同程度的表面剥落和断裂现象，但随着搅拌均质度的增大，试样的完整性越好，抗冻融循环能力越强。

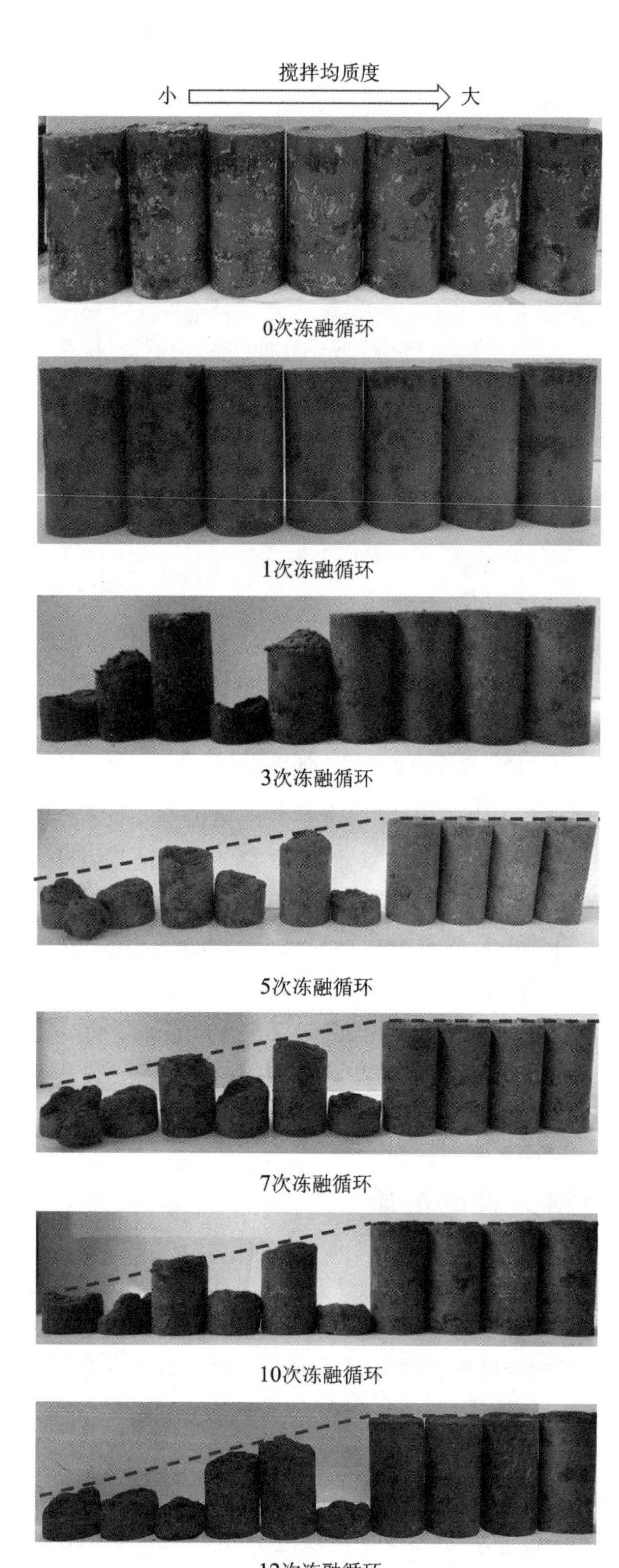

图 7-13　不同搅拌均质度固化土经历不同冻融循环次数后的形态

图 7-14　固化土经历冻融循环后表面剥落

固化土经历 0～12 次冻融循环后的质量损失如图 7-15 所示。由图可知，随着冻融循环次数的增大，固化土的质量损失逐渐增大；随着搅拌均质度的增大，固化土的质量损失呈减小趋势。搅拌均质度较小的试样质量损失明显，搅拌均质度为 72.3%、76.4%、79.3%的试样经历 12 次冻融循环后，质量损失分别高达 47.7%、24.1%、10.7%，抗冻融循环能力较弱；而搅拌均质度为 85.3%、88.1%、89.2%、90.2%的试样经历 12 次冻融循环后，质量损失分别为 3.4%、4.3%、3.1%、5.1%，抗冻融循环能力较强。

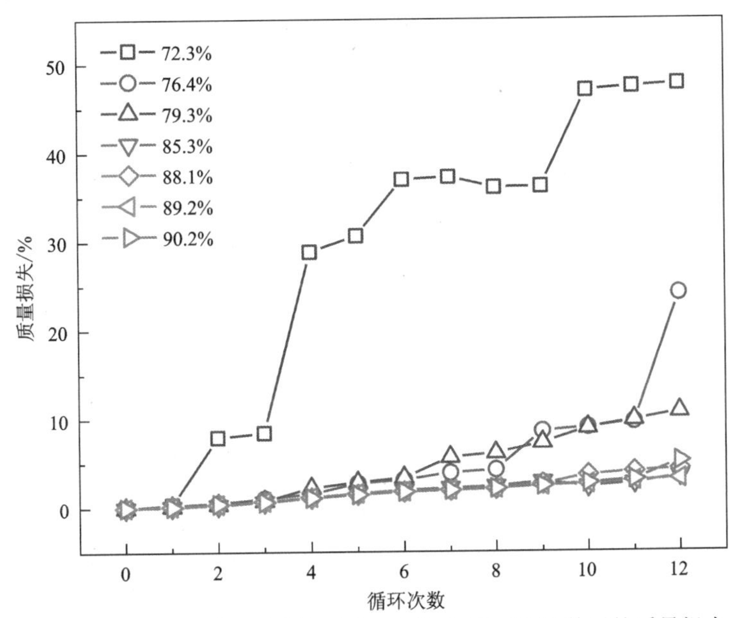

图 7-15　不同搅拌均质度固化土经历不同冻融循环次数后的质量损失

不同搅拌均质度固化土经历 0～12 次冻融循环后的强度变化如图 7-16 所示，可以发现随着冻融循环次数的增加，固化土无侧限抗压强度逐渐减小，尤其是 0 次到 1 次冻融循环过程中，无侧限抗压强度显著减小。不同搅拌均质度固化土无侧限抗压强度与循环次数近似呈指数函数关系，相关系数 R^2 均大于 0.90。在不同冻融循环次数下，固化土无侧限抗压强度均随着搅拌均质度的增大而增大。

不同搅拌均质度固化土经历 0～12 次冻融循环后的渗透系数变化如图 7-17 所示，可以看出，随着冻融循环次数的增大，固化土渗透系数呈现增大的趋势，但均在同一数量级上变化。在冻融循环次数较小时，不同搅拌均质度固化土的渗透系数较为集中，随着冻融循环次数的增大，不同搅拌均质度固化土的渗透系数呈现越来越分散的趋势。

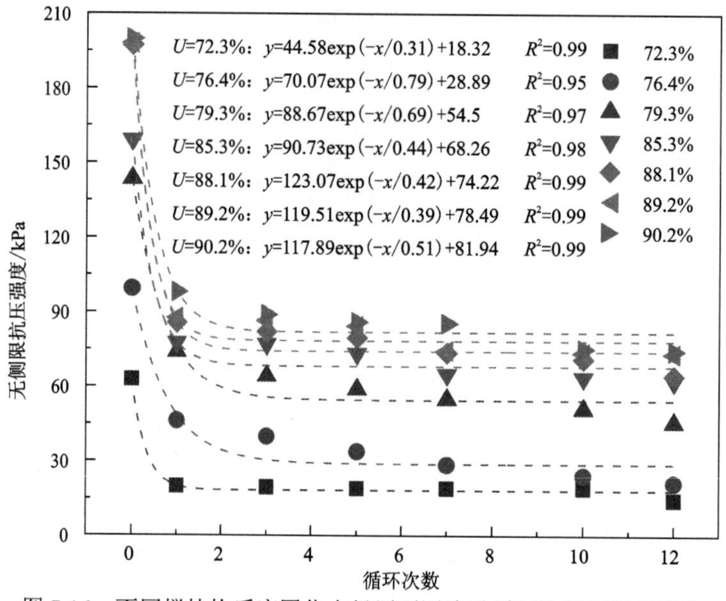

图 7-16　不同搅拌均质度固化土经历不同冻融循环次数后强度变化

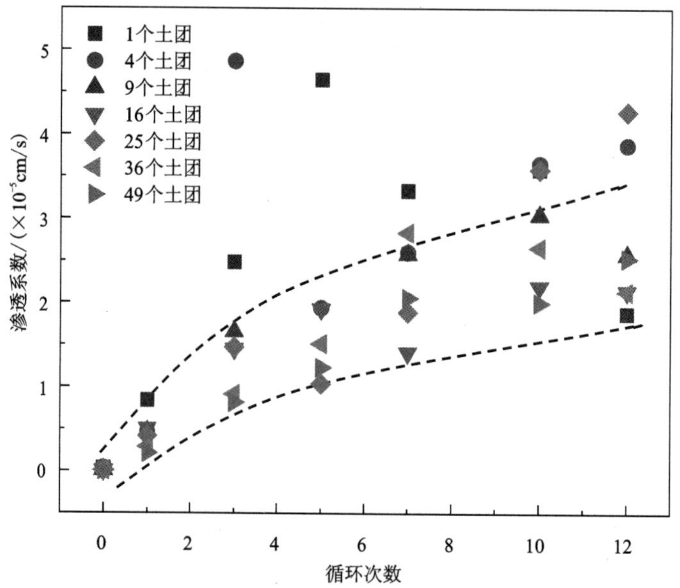

图 7-17　不同搅拌均质度固化土经历不同冻融循环次数后渗透系数变化

第 8 章　水泥基固化土脱滤效能与现场应用

在水泥基材料中，水灰比或修正水灰比是影响其强度的重要因素。在水泥掺量一定的情况下，固化土中不管是黏土矿物，还是粉/砂粒组的影响，最终体现在自由水分。前述开展的室内试验说明了可以通过真空脱滤降低固化土的含水率，提高其无侧限抗压强度。为了验证该方法在现场施工中的可行性及效果，本章开展固化土真空脱滤的现场试验。

8.1　依托工程概述

连云港至宿迁高速公路是《江苏省高速公路网规划（2017—2035 年）》提出的“十五射六纵十横”高速公路网体系中的重要组成部分，该高速公路自东向西依次串联 G15 沈海高速、G25 长深高速、规划 S27 临盐高速、G2 京沪高速和 S49 新扬高速及多条国省干线，是淮海经济区核心区的重要联系通道，具有强化区域城际联系的作用。本章的现场试验选在连云港至宿迁的高速公路施工段开展，经现场勘察发现连宿高速沭阳至宿豫段水系分布发达，该段沿线水塘、鱼塘较多，共计约 78 个，主要集中在顺河枢纽范围内，固化土试验场地清淤工作量较大，清淤土方量约 8.6 万 m^3，如图 8-1 所示。

图 8-1　固化土试验场地

选择收费站管理区的 150#池塘开展就地固化的方法加固淤泥，其总面积为 4 359.0 m^2，待加固淤泥深度为 0.9 m，试验塘的具体资料如表 8-1 所示。现场的固化剂掺量为湿土质量的 8%，采用湿法施工，固化剂浆液的水灰比为 1∶1。

表 8-1　淤泥固化试验塘的具体资料

编号	面积/m^2	平面尺寸/m	塘深/m	淤泥深度/m	淤泥量/m^3	施工工艺
150#	4 359.0	121.4×38.5	2.1	0.9	3 923.1	就地固化

8.2 施工方案

现场试验主要采用就地固化与真空脱滤相结合的施工方案，利用固化剂对地基土进行原位改良处理后采用真空脱滤降低其含水率，使加固范围内的软土固化形成较高强度的土体。

施工的工艺主要包括 4 步：首先场地处理，主要包括排水，清除杂物；其次进行喷浆就地固化及场地平整；然后安装排水设备进行排水；最后养护 28 天，并进行现场检测，详细过程如下。

（1）待固化池塘进行排水，抽干明水，清除池塘内的植物、贝壳和石块等杂质。

（2）待固化池塘进行放样并划分区块，控制区块的尺寸为 5.0 m×5.0 m，如图 8-2 所示。固化处理的深度为池塘淤泥的深度 0.9 m，根据固化处理的面积和深度，结合实验室的最优配比确定固化剂的总用量和每个区块的固化剂用量。

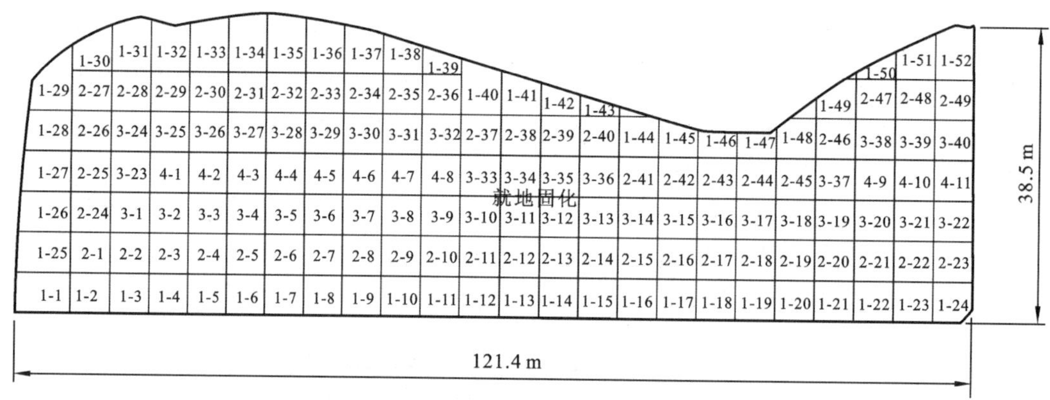

图 8-2　就地固化试验塘划分区块示意图

（3）后台供料系统通过自动水泥浆配制装置按设计水灰比进行固化剂配制，然后通过泥浆泵和喷浆管将固化剂浆液送入搅拌机喷嘴，利用强力搅拌头正反双向搅拌叶片切削土体，转动使固化剂和土体搅拌均匀。

（4）采用强力正反双向搅拌头对区块内的淤泥进行上下垂直搅拌，每个搅拌位置上下搅拌不少于 2 次，搅拌提升和下降的速度控制在 0.05～0.10 m/s。

（5）由于搅拌器没有准确的计量系统，通过划分区块，计算单个区块的固化剂用量，由操作手进行单区块的固化剂用量控制，多区块复核，如图 8-3 所示。

（6）在两个区块 10.0 m×5.0 m 搅拌完成后，利用挖机对其进行初步整平，方便后续排水体的插设。

（7）采用真空脱滤的方式进行抽水，人工埋设排水体（试验段过程以排水板作为排水体），安装抽水设备，控制搅拌和排水设备安装的总时间在 2 h 以内，安装完成后立即抽水，根据室内试验确定抽水时间为 14 h。

（8）抽水完成后，拆除部分排水装置，重复利用，对固化区域自然养护 7 天、14 天和 28 天，开展相关现场试验测定固化土性能。

（a）划分区块

（b）淤泥搅拌

图 8-3　就地固化施工过程

（9）为了验证真空脱滤的效果，在真空脱滤试验区块的附近选择一个区块，仅做就地固化试验，不抽真空脱滤，作为对照组与其对比。

（10）为了研究真空脱滤的效率，开展不同排水体间距的对比试验，排水体的间距设为 0.5 m、0.8 m、1.0 m、1.2 m 和 1.5 m。

8.3　现场试验内容

为了控制和检测施工的效果，需要在施工过程和养护到固定龄期后，开展测试工作。

8.3.1　排水量分析

为了监测固化土现场真空脱滤试验的效果和排水总量，在完成排水设备安装后，开启真空脱滤排水时，记录 3 组真空脱滤的排水量随时间的变化，就地固化排水体间距为 0.5 m、1.0 m 和 1.5 m。计算排水总量，并对比不同排水体间距对排水速度、排水量和排水效率的影响。

8.3.2　轻型动力触探试验

轻型圆锥动力触探是利用一定的锤击能量（锤重 10 kg），将一定规格的圆锥探头打入土中，根据贯入锤击数所达到的深度判别土层的类别，确定土的工程性质，对地基土作出综合评价。将探头和探杆安装好，保持探杆垂直，然后连续向下贯击，穿心锤落距为（50.0±2.0）cm，使其自由下落。在基底轻型触探试验表内记录每打入土层中 30 cm 所需锤击数，如图 8-4 所示。

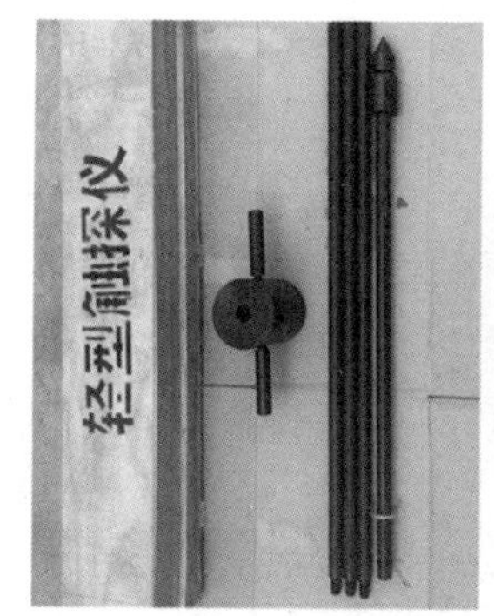

（a）设备

（b）贯击

图 8-4　轻型动力触探试验

8.3.3　无侧限抗压强度试验

为了确定现场固化剂和施工过程的加固效果，现场施工完成后养护 7 天、14 天和 28 天，钻孔取样，开展无侧限抗压强度试验。确定试样在无侧向压力的条件下，抵抗轴向压力的极限强度。取样过程如图 8-5 所示，所取试样的尺寸为直径 10 cm、高度 20 cm，如图 8-6 所示。现场取回的试样，削平其上下表面，测定其高度、直径和质量，采用 TC-20A 路面材料强度试验仪，以 1.00 mm/min 的加载速度进行加载直到试样达到最大强度破坏或应变达到 15%为止。

（a）取芯

（b）芯样

图 8-5　现场取样

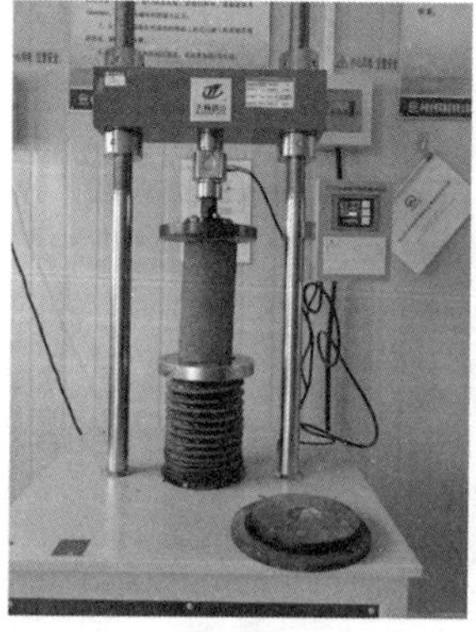

（a）设备

（b）破坏状态

图 8-6　无侧限抗压强度试验

8.3.4 孔隙分布

基于很强的穿透力，X 射线被广泛应用于医学诊断和工业检测中，用以确定物质内部的结构特征。随着科学技术的发展，计算机技术、图像重构技术和 X 射线被结合发展出 X 射线计算机断层扫描（X-CT）技术。该技术精度高，无损，能够呈现被测试物质的内部结构，近几十年来在很多领域得到广泛的应用，如工业探伤、材料检测等。本章中将 X-CT 引入观察固化土的细观结构，如孔隙大小与分布，用以进一步揭示真空脱滤对固化土微观结构的影响。

X 射线在传播过程中遇到阻碍物时，将与阻碍物中的各物相发生一系列复杂的相互作用，并试图穿透障碍物，其射线强度按照朗伯-比尔定律发生衰减，如下式所示：

$$I_x = I_0 e^{-\mu d} \tag{8-1}$$

式中：I_0 和 I_x 分别为 X 射线的射入强度和射出强度；d 为材料的厚度；μ 为衰减系数；e 为自然常数。同一能量的 X 射线穿透不同组成的物体时，将产生不同程度的衰减。X-CT 的工作原理如图 8-7 所示，X 射线由射线源发出，经过滤光片得到 X 射线，然后穿透被测样品。透过的 X 射线光子信号被检测器接收，转化为可测量的电脉冲信号传入计算机中。计算机通过矩阵计算，可以得到物体内部 X 射线的衰减情况，也即材料密度的表征指标。最后通过使用不同的灰度将密度指标表示出来，即可得到表征被测样品细观结构的图像结果。样品每旋转一定角度，便记录该方向上的信息，当样品旋转 180° 后，将各个方向上的二维投影通过计算机处理重构成三维图像，即可得到被测样品的空间分布信息。通过处理，便可以得到固化土的细观孔隙、缺陷和构造。

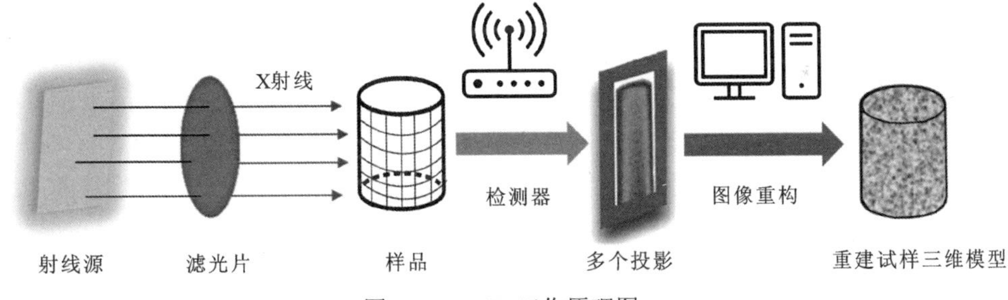

图 8-7　X-CT 工作原理图

8.4 加固效果评价

8.4.1 排水量

在就地固化试验中，选取 6 块面积为 5 m×10 m 的区域开展真空脱滤试验，其中分别设置排水体的间距为 0.5 m、0.8 m、1.0 m、1.2 m 和 1.5 m。同时根据真空脱滤后固化土的强度，设置一组水泥掺量减半的排水试验组，其排水体间距设为 1.0 m，该组固化剂中水泥掺量和脱硫石灰掺量均为湿土质量的 4%。选取排水体间距为 0.5 m、1.0 m 和 1.5 m 探究真空脱滤试验的排水量与时间的关系，如图 8-8 所示。可以发现，对于三种间距设置的排水体，排水量随时间都有增加的趋势，但是排水曲线的斜率不断降低，排水速度逐渐下降。对比排水体间距 0.5 m 和 1.5 m 布置的试验排水量的变化，发现两种排水体间距试验前期的排水量曲线基本重合。试验进行 2 h 以后，排水量随时间的变化出现差异，排水体间距为 0.5 m 的排水速度和排水量均高于排水体间距为 1.5 m 的排水试验。

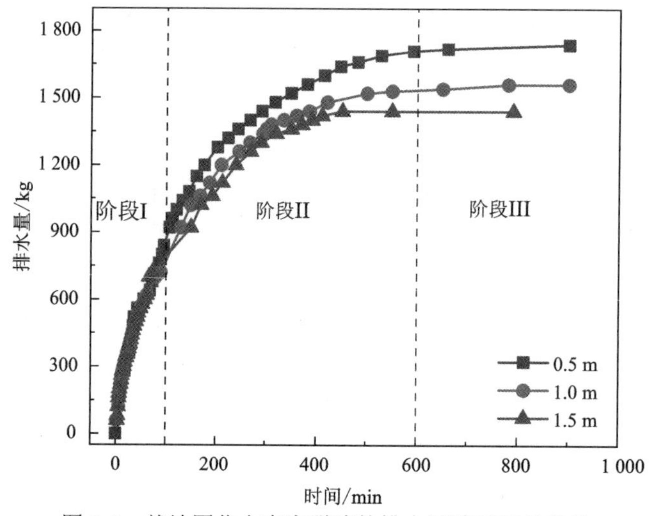

图 8-8　就地固化土真空脱滤的排水量随时间的变化

试验进行 10 h 后，排水体间距为 0.5 m 的真空脱滤排水量为 1 740 kg，而排水体间距为 1.0 m 和 1.5 m 的真空脱滤排水量为 1 560 kg 和 1 440 kg。根据现场的初始含水率 70%，以及固化剂的水灰比 1∶1，可以估算出现场含水率从 86%分别降低到 81.6%、82.1%和 82.5%。

8.4.2　轻型动力触探击数

通过轻型动力触探得到就地固化土的强度和地基承载力，可以发现随着龄期的增长，不管是真空脱滤组还是对照组，轻型动力触探击数均呈增加的趋势，如图 8-9 所示。经过真空抽滤的固化土强度普遍比不抽水的地基承载力高，排水加固效果随着排水体的间距增大而降低，当排水体间距为 1.5 m 时（c-v-1.5 m），加固效果降低较多，但仍比不排水对照组（c-0-0.0 m）效果好。排水体间距在 0.5～1.2 m 28 天的动力触探超过 55 击，而排水体间距为 1.5 m 和固化剂掺量总水泥减半的固化土 28 天的动力触探仅有 28 击和 34 击。固化剂掺量减半（0.5c-v-1.0 m）的真空脱滤组的贯入击数仍比对照组稍高，说明在保证固化土的地基承载力的基础上，采用真空脱滤工艺，可以有效节约水泥掺量。根据《岩土工程勘察规范》（GB 50021—2009）和工程经验，地基承载力 p 与轻型动力触探击数 N 的关系为

$$p = N \times 8 - 20 \tag{8-1}$$

未经真空脱滤工艺处理的就地固化土的地基承载力仅为 172 kPa，经过真空脱滤处理后，地基承载力提高到至少 250 kPa，有的甚至高达 580 kPa。

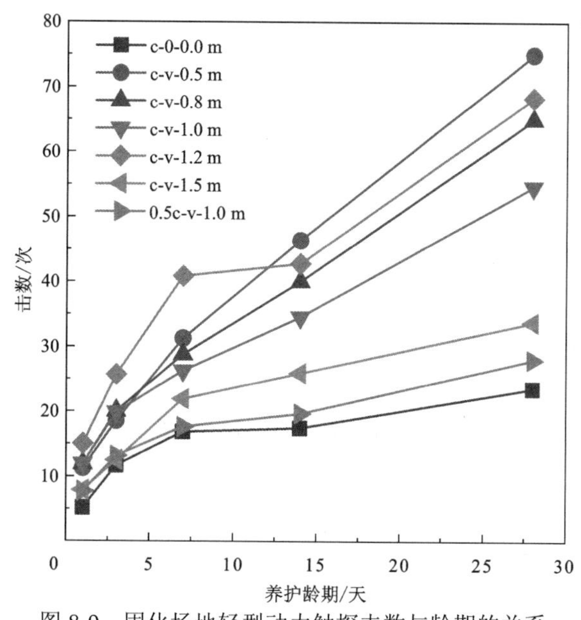

图 8-9　固化场地轻型动力触探击数与龄期的关系

0.5c-v-1.0 m，分别表示固化剂掺量减半，真空脱滤工艺和排水体间距为 1.0 m

8.4.3　取芯强度

通过前述对现场真空脱滤试验排水量的计算，真空脱滤后固化土的水灰比能够有效降低。养护 7 天、14 天、28 天后现场钻孔取样测定其无侧限抗压强度，如图 8-10 所示，结果表明固化土的无侧限抗压强度有很大提高，7 天的强度能提高 1 倍，14 天强度能提高 0.8～3.4 倍，28 天强度能提高 0.67～4.2 倍。固化土无侧限抗压强度与真空脱滤排水体间距的关系与轻型动力触探的结果相一致，随着排水体间距增大，无侧限抗压强度呈现降低趋势。当固化剂中水泥掺量减半时，真空脱滤组无侧限抗压强度也比不排水对照组稍高。

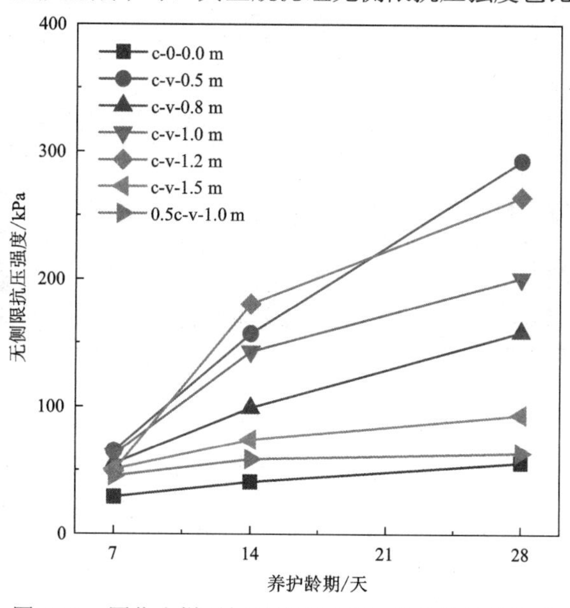

图 8-10　固化土样无侧限抗压强度与养护龄期的关系

参考普朗特（Prandtl）极限承载力 p_u 计算公式：

$$p_u = cN_c \tag{8-2}$$

式中：c 为黏聚力；N_c 为承载力系数，与摩擦角相关。根据该公式，将取芯样的无侧限抗压强度换算为地基承载力，得到未经真空脱滤就地固化土的地基承载力为 144 kPa，经过真空脱滤后，排水体间距为 0.5 m 时，就地固化土的地基承载力能达到 753 kPa，与轻型动力触探的结果接近。

8.4.4 微细观结构

取未抽水和抽水间距为 0.8 m、1.0 m、1.2 m 的就地固化真空脱滤组试样，开展 X 射线计算机断层扫描试验确定其中的孔隙分布。现场尺度未抽水就地固化土的孔隙较多，也较大，但经过真空抽水后，不论排水体间距多少，固化土试样的孔隙均变小，孔隙率降低。图 8-11 为对照组和真空脱滤组的 X-CT 横截面照片，为两个代表性横截面。可以发现，对照组试样横截面的孔隙比较多，孔径较大，而真空脱滤组横截面的孔隙少得多，并且仅有一些小孔隙，基本没有很大的孔隙。图 8-12 为选取试样的 X-CT 纵截面照片，同样可以发现，对照组含有孔隙很多，孔径也较大，经过真空抽水后，固化土的孔隙率降低，大小孔隙均减少很多，特别是大孔隙。同时不论是横截面照片还是纵截面照片，排水体间距为 0.8 m 的试样孔隙最少，孔径也更小，这一现象与前述无侧限抗压强度试验和轻型动力触探的结果相符。

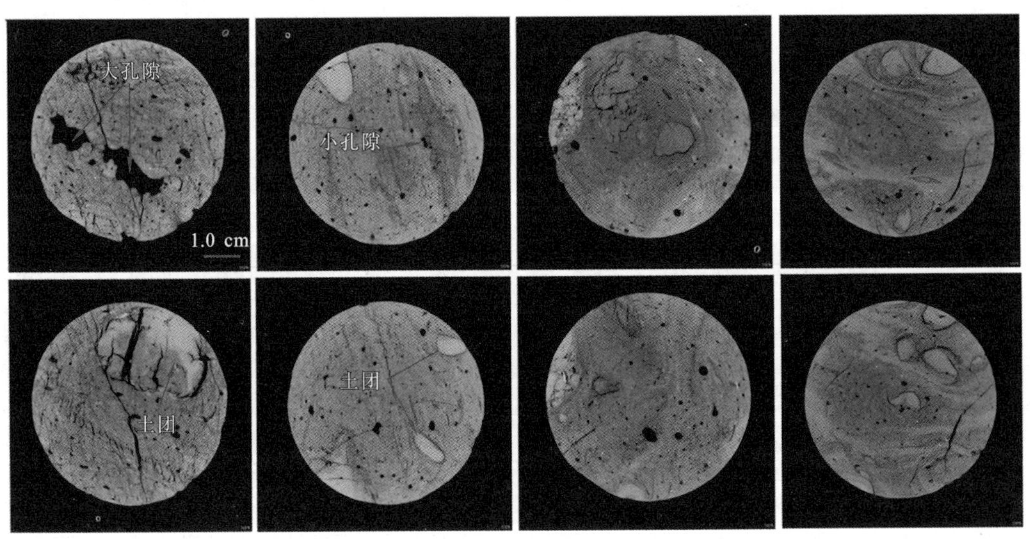

（a）对照组　（b）排水体间距0.8 m　（c）排水体间距1.0 m　（d）排水体间距1.2 m

图 8-11　就地固化土的 X-CT 横截面照片

根据各个角度的扫描可以建立所取试样的孔隙分布三维模型图，如图 8-13 所示。可以发现，对照组中含有大量连通的孔隙，并且孔隙数量和体积也比真空脱滤组多。对照组的孔隙率为 8.8%，而真空脱滤组的孔隙率为 2.7%～5.4%，均低于未经真空抽水的试样，表明真空脱滤工艺不仅可以降低现场排水率，还能降低孔隙率和减小孔径大小。

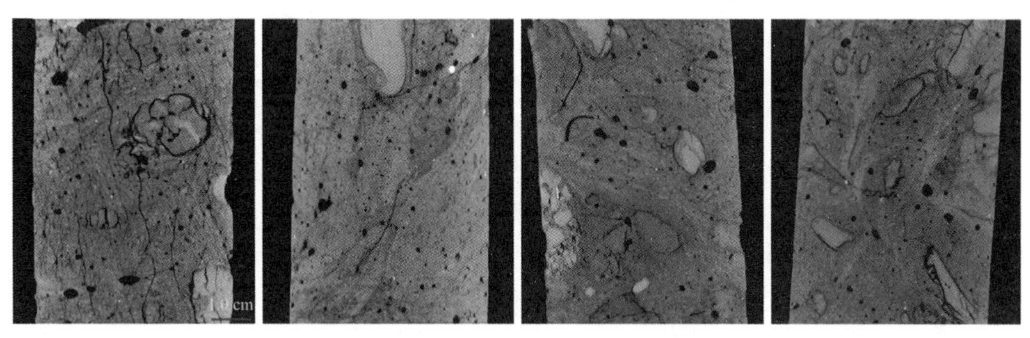

（a）对照组　（b）排水体间距0.8 m　（c）排水体间距1.0 m　（d）排水体间距1.2 m

图 8-12　就地固化土的 X-CT 纵截面照片

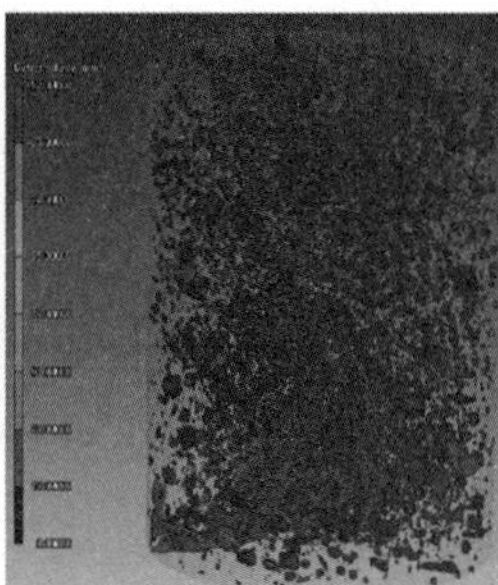

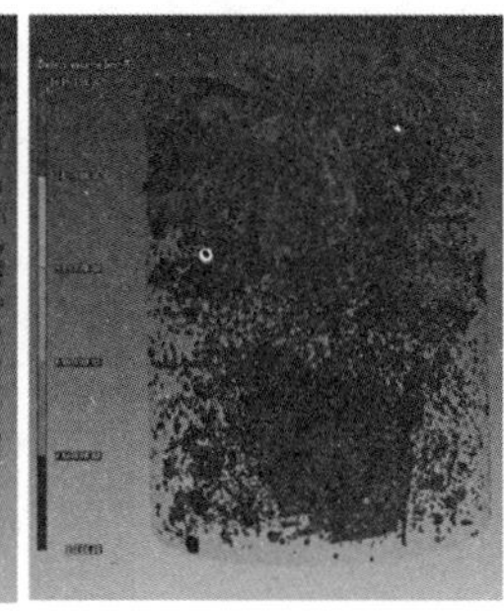

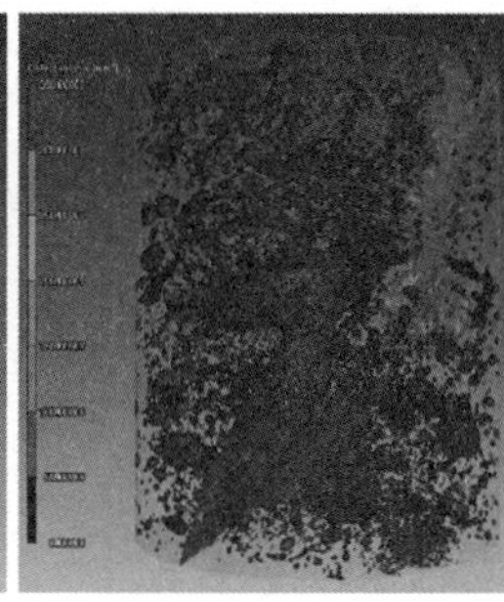

（a）对照组　（b）排水体间距0.8 m　（c）排水体间距1.0 m　（d）排水体间距1.2 m

图 8-13　就地固化土中孔隙分布三维模型图

扫描封底二维码见彩图，红色为体积比较大的孔隙，蓝色为体积比较小的孔隙

参 考 文 献

蔡光华, 2017. 活性氧化镁碳化加固软弱土的试验与应用研究. 南京: 东南大学.

曹海文, 2019. 不同掺砂量及养护条件下水泥土无侧限抗压强度试验分析. 五邑大学学报(自然科学版), 33(3): 58-65.

车东日, 2012. 水泥混上海软弱黏性土性状试验研究. 上海: 上海交通大学.

陈环, 1991. 真空预压法机理研究十年. 港口工程, 4: 17-26.

陈瑞敏, 简文彬, 张小芳, 等, 2022. CSFG-FR 协同作用改良淤泥固化土性能试验研究. 岩土力学, 43(4): 1020-1030.

陈甦, 宋少华, 沈剑林, 等, 2001. 水泥粉喷桩桩体水泥黑土力学性质试验研究. 岩土工程学报(3): 302-305.

陈永贵, 蔡叶青, 叶为民, 等, 2021. 处置库膨润土胶体吸附迁移性及核素共同迁移特性研究进展. 岩土工程学报, 43(12): 1-10.

储诚富, 洪振舜, 刘松玉, 等, 2005. 用似水灰比对水泥土无侧限抗压强度的预测. 岩土力学, 4: 645-649.

邓永锋, 2005. 水泥土搅拌桩桩土相互作用理论与应用研究. 南京: 东南大学.

丁建文, 洪振舜, 刘松玉, 2011. 疏浚淤泥流动固化土的三轴剪切试验研究. 东南大学学报(自然科学版), 41(5): 1070-1074.

丁建文, 刘铁平, 曹玉鹏, 等, 2013. 高含水率疏浚淤泥固化土的抗压试验与强度预测. 岩土工程学报, 35(S2): 55-60.

杜成斌, 孙立国, 2006. 任意形状混凝土骨料的数值模拟及其应用. 水利学报, 6: 662-667.

范晓秋, 洪宝宁, 胡昕, 等, 2008. 水泥砂浆固化土物理力学特性试验研究. 岩土工程学报, 4: 605-610.

冯立南, 季卫清, 朱永德, 等, 1991. 高质量混凝土路面真空脱水无滤布吸垫. 混凝土, 5: 39-46.

冯志超, 朱伟, 张春雷, 等, 2007. 黏粒含量对固化淤泥力学性质的影响. 岩石力学与工程学报, S1: 3052-3057.

高国瑞, 李俊才, 1996. 水泥加固(改良)软土地基的研究. 工程地质学报(1): 45-52.

高翔, 2017. 黏土矿物学. 北京: 化学工业出版社.

高玉琴, 王建华, 梁爱华, 2006. 干湿循环过程对水泥改良土强度衰减机理的研究. 勘察科学技术, 2: 14-17.

高志义, 1989. 真空预压法的机理分析. 岩土工程学报, 4: 45-56.

郭印, 2007. 淤泥质土的固化及力学特性的研究. 杭州: 浙江大学.

国家质量监督检验检疫总局, 2012. 标准物质定值的通用原则及统计学原理(JJF1343—2012). 北京: 中国计量出版社.

国家质量监督检验检疫总局, 2016. 标准物质通用术语和定义(JJF 1005—2016). 北京: 中国计量出版社.

韩永志, 2001. 标准物质的均匀性及其检验. 化学分析计量(3): 34-35.

郝建新, 2006. 南通地区粉质土路基及其边坡加固技术研究. 南京: 东南大学.

郝巨涛, 1991. 水泥土材料力学特性的探讨. 岩土工程学报(3): 53-59.

何开胜, 2002. 水泥土搅拌桩的施工质量问题和解决方法. 岩土力学(6): 778-781.
赫文秀, 申向东, 2011. 掺砂水泥土的力学特性研究. 岩土力学, 32(S1): 392-396.
黄鹤, 张俐, 杨晓强, 等, 2000. 水泥土材料力学性能的试验研究. 太原理工大学学报, 6: 705-709.
黄新, 周国钧, 1994. 水泥加固土硬化机理初探. 岩土工程学报, 1: 62-68.
姜正平, 杨长友, 蒋家奋, 1989. 真空混凝土的密实机理及其孔结构特征. 上海建材学院学报, 3: 273-282.
阚莹, 张正东, 2010. 标准物质均匀性检验统计量 F 的判断. 中国计量, 4: 78-79.
孔繁龙, 钱文勋, 陈迅捷, 2012. 透水模板结合真空脱水工艺在船闸混凝土中的应用. 水利水运工程学报, 3: 83-86.
兰凯, 黄汉盛, 鄢泰宁, 2006. 软土型水泥土掺砂试验研究. 水文地质工程地质, 5: 113-116.
李丽华, 方亚男, 肖衡林, 等, 2022. 赤泥复合物固化/稳定化镉污染土特性研究. 岩土力学, 43(S1): 193-202.
李斯臣, 杨俊杰, 武亚磊, 等, 2022. 水泥固化软土抗拉特性研究. 中南大学学报(自然科学版), 53(7): 2619-2632.
廖一蕾, 张子新, 肖时辉, 等, 2016. 水泥加固黏性土微观特征试验研究. 岩石力学与工程学报, 35(S2): 4318-4327.
林宗寿, 2015. 水泥工艺学. 武汉: 武汉理工大学出版社.
刘红梅, 陆晓燕, 朱爱东, 等, 2011. 南通淤泥烧结多孔砖原料物理性能试验研究. 新型建筑材料, 38(9): 42-44.
刘辉, 2001. 运用真空脱水工艺处理混凝土路面的施工及研究. 铁道工程学报, 4: 116-120.
刘丽, 2022. 软土固化中级配与水的作用机制及其调控. 南京: 东南大学.
刘鸣, 宋建平, 刘军, 等, 2017. 膨胀土水泥改性施工均匀性试验研究. 岩土工程学报, 39(S1): 59-63.
刘松玉, 2009. 公路地基处理(第二版). 南京: 东南大学出版社.
刘松玉, 周建, 章定文, 等, 2020. 地基处理技术进展. 土木工程学报, 53(4): 93-110.
刘小军, 郜鑫, 潘超钒, 2022. MICP 固化土遗址裂隙的剪切强度试验研究. 土木工程学报, 55(4): 88-94.
刘鑫, 范晓秋, 洪宝宁, 2011. 水泥砂浆固化土三轴试验研究. 岩土力学, 32(6): 1676-1682.
刘志彬, 刘松玉, 经绯, 等, 2008. 水泥土搅拌桩桩身质量的电阻率分析. 岩土力学, 29(S1): 625-630.
栾晶晶, 2006. 高含水量水泥土的力学特性的试验研究. 天津: 天津大学.
吕海波, 曾召田, 赵艳林, 等, 2009. 膨胀土强度干湿循环试验研究. 岩土力学, 30(12): 3797-3802.
吕恒志, 鹿化煜, 王逸超, 等, 2021. 中始新世晚期以来东亚气候变化的渭河盆地黏土矿物记录. 中国科学: 地球科学, 51(10): 1722-1741.
马乾玮, 张洁雅, 曹家玮, 等, 2022. 基于电阻率表征的固化镉污染土的力学特性. 太原理工大学学报:1-7[2023-09-06].
欧阳幼玲, 张燕迟, 陈迅捷, 等, 2013. 真空脱水工艺改善混凝土抗冲磨性能试验研究. 建筑材料学报, 16(5): 829-833.
潘林有, 2003. 温州软土水泥土强度特性规律的室内试验研究. 岩石力学与工程学报(5): 863-865.
彭帆, 谈云志, 李辉, 等, 2018. 压实膨润土加砂混合物的导热性能. 广西大学学报(自然科学版), 43(1): 212-218.
彭涛, 曹智国, 章定文, 2016. 不均质体对水泥土强度特性的影响规律试验研究. 南京工程学院学报(自然科学版), 14(4): 28-32.
权峰, 2018. 直读式测钙仪、EDTA络合滴定法在水泥稳定土中应用优缺点对比分析. 价值工程, 37(17): 268-270.
史才军, 元强, 2018. 水泥基材料测试分析方法. 北京: 中国建筑工业出版社.
汤怡新, 刘汉龙, 朱伟, 2000. 水泥固化土工程特性试验研究. 岩土工程学报, 5: 549-554.
田正林, 吴相豪, 2014. 成型方式对再生混凝土性能影响的试验研究. 混凝土, 7: 145-148.
童帅霏, 蔡木易, 董哲, 2015. 肽餐混合料混合均匀度的检测. 食品与发酵工业, 41(1): 207-211.
王东星, 何福金, 2020. CO_2碳化-矿渣/粉煤灰协同固化土效果与机制研究. 岩石力学与工程学报, 39(7): 493-502.
王海龙, 申向东, 王萧萧, 等, 2012. 水泥砂浆复合土力学性能及微观结构的试验研究. 岩石力学与工程学报, 31(S1): 3264-3269.
王建华, 高玉琴, 2006. 干湿循环过程导致水泥改良土强度衰减机理的研究. 中国铁道科学, 5: 23-27.
王磊, 何真, 张博, 等, 2010. 粉煤灰-水泥水化的核磁共振定量分析. 硅酸盐学报, 38(11): 2212-2216.
王立峰, 翟惠云, 2010. 纳米硅水泥土抗压强度的正交试验和多元线性回归分析. 岩土工程学报, 32(S1): 452-457.
王亮, 刘松玉, 蔡光华, 等, 2018. 活性MgO碳化固化土的渗透特性研究. 岩土工程学报, 40(5): 953-959.
王领, 沈水龙, 白云, 等, 2010. 上海黏性土与水泥混合后强度增长特性试验研究. 岩土力学, 31(3): 743-747.
王露艳, 刘干斌, 周晔, 等, 2022. 电镀场地重金属铬污染固化率及稳定性研究. 水文地质工程地质, 49(4): 183-189.
王平全, 陈地奎, 2006. 用热失重法确定水合粘土水分含量及存在形式. 西南石油学院学报, 1: 52-55.
魏清, 王保田, 宋为广, 2014. 水泥搅拌桩均匀性定量判别研究. 低温建筑技术, 36(12): 130-132.
吴燕开, 于佳丽, 韩天, 等, 2018. 硅灰改良钢渣-水泥土强度特性及固化机理. 科学技术与工程, 18(21): 88-94.
吴子龙, 朱向阳, 邓永锋, 等, 2016. 砂-黏土混合物的压缩性状及其粗颗粒骨架形成机制. 土木工程学报, 49(2): 121-128.
吴子龙, 朱向阳, 邓永锋, 等, 2017. 掺入钢渣与偏高岭土水泥改性土的性能与微观机制. 中国公路学报, 30(9): 18-26.
吴子龙, 朱向阳, 江舜武, 等, 2015. 纯黏土与砂-黏土混合物渗透特性差异及机理分析. 东南大学学报(自然科学版), 45(2): 376-381.
武朝军, 2016. 上海浅部土层沉积环境及其物理力学性质. 上海: 上海交通大学.
席培胜, 刘松玉, 张八芳, 2007. 水泥土搅拌桩搅拌均匀性的电阻率评价方法. 东南大学学报(自然科学版), 2: 355-358.
肖建敏, 范海宏, 武亚磊, 等, 2016. 污泥灰替代粘土煅烧水泥熟料的^{29}Si固体高分辨核磁共振分析. 材料科学与工程学报, 34(3): 460-464.
许宏发, 马军庆, 华中民, 等, 2009. 水泥土抗压强度经验公式研究. 勘察科学技术(1): 3-6.
严莉莉, 2013. 疏浚淤泥固化特性的试验研究. 杭州: 浙江工业大学.
杨忠梅, 李静, 张春花, 2020. 熔融制样-X射线荧光光谱法测定轻烧白云石中主要成分. 冶金分析,

40(7): 82-86.
叶观宝, 陈望春, 徐超, 等, 2006. 水泥土添加剂的室内试验. 中国公路学报, 5: 12-17.
殷杰, 苗永红, 2012. 重塑黏性土固有压缩特性的探讨. 工程地质学报, 20(3): 403-409.
袁承斌, 高文达, 孙昌明, 等, 2007a. 真空脱水对混凝土强度的影响研究. 混凝土, 5: 24-26.
袁承斌, 王新华, 蒋理, 等, 2007b. 真空脱水与非真空脱水混凝土的抗碳化性能比较研究. 混凝土, 4: 14-16.
詹博博, 2018. 大连湾海底疏浚泥水泥固化土力学性状试验研究. 南京: 东南大学.
张春雷, 2007. 基于水分转化模型的淤泥固化机理研究. 南京: 河海大学.
张亭亭, 王平, 李江山, 等, 2018. 养护龄期和铅含量对磷酸镁水泥固化/稳定化铅污染土的固稳性能影响规律及微观机制. 岩土力学, 39(6): 2115-2123.
张燕迟, 欧阳幼玲, 2012. 利用真空脱水工艺提高水工混凝土抗裂性. 水利水运工程学报, 3: 32-36.
章定文, 项莲, 曹智国, 2018. CaO 对钙矾石固化/稳定化重金属铅污染土的影响. 岩土力学, 39(1): 29-35.
赵庆英, 杨世伦, 刘守祺, 2002. 长江三角洲的形成和演变. 上海地质(4): 25-30.
赵余, 2017. 废弃钢渣的硅系与复合系激发及其在固化软土中的应用. 南京: 东南大学.
郑刚, 龚晓南, 谢永利, 等, 2012. 地基处理技术发展综述. 土木工程学报, 45(2): 127-146.
周国钧, 胡同安, 沙炳春, 等, 1981. 深层搅拌法加固软黏土技术. 岩土工程学报(4): 54-65.
周晓青, 王明玉, 杨向龙, 2014. 简化的二维混凝土骨料随机生成法. 科学技术与工程, 14(23): 241-244.
周扬, 2018. 基于分子动力学的水化硅酸钙的微结构与性能研究. 南京: 东南大学.
朱伟, 张春雷, 高玉峰, 等, 2005. 海洋疏浚泥固化处理土基本力学性质研究. 浙江大学学报(工学版), 10: 103-107.
ABEDI S, SLIM M, HOFMANN R, et al., 2016. Nanochemo-mechanical signature of organic-rich shales: A coupled indentation-EDX analysis. Acta Geotechnica, 11(3): 559-572.
ABRAMS D A, 1919. Design of concrete mixtures. Structural Materials Research Laboratory. Chicago: Lewis Institute.
ANDERSEN M D, JAKOBSEN H J, SKIBSTED J, 2004. Characterization of white Portland cement hydration and the C-S-H structure in the presence of sodium aluminate by ^{27}Al and ^{29}Si MAS NMR spectroscopy. Cement and Concrete Research, 34(5): 857-868.
ANDERSEN M D, JAKOBSEN H J, SKIBSTED J, 2006. A new aluminium-hydrate species in hydrated Portland cements characterized by ^{27}Al and ^{29}Si MAS NMR spectroscopy. Cement and Concrete Research, 36(1): 3-17.
ASHRAF M S, GHOULEH Z, SHAO Y, 2019. Production of eco-cement exclusively from municipal solid waste incineration residues. Resources, Conservation and Recycling, 149: 332-342.
BENOIT I, CHRISTIAN A, CARL A A, et al., 2019. Development of an in-line near-infrared method for blend content uniformity assessment in a tablet feed frame. Applied Spectroscopy, 73(9): 1028-1040.
BERGADO D T, ANDERSON L R, MIURA N, et al., 1996. Soft ground improvement in lowland and other environments. Baltimore: ASCE Publication.
BERNAL S A, PROVIS J L, WALKLEY B, et al., 2013. Gel nanostructure in alkali-activated binders based on slag and fly ash, and effects of accelerated carbonation. Cement and Concrete Research, 53: 127-144.

BRAY H J, REDFERN S A T, 1999. Kinetics of dehydration of Ca-montmorillonite. Physics and Chemistry of Minerals, 26(7): 591-600.

CAI X, ZHANG J Y, ZHANG H, et al., 2020. Identification of microstructural characteristics in semi-flexible pavement material using micromechanics and nano-techniques. Construction and Building Materials, 246: 118426.

CAO R L, ZHANG S Q, BANTHIA N, et al., 2020. Interpreting the early-age reaction process of alkali-activated slag by using combined embedded ultrasonic measurement, thermal analysis, XRD, FTIR and SEM. Composites Part B: Engineering, 186: 107840.

CERATO A B, LUTENEGGER A J, 2002. Determination of surface area of fine-grained soils by the ethylene (EGME) method. Geotechnical Testing Journal, 25(3): 315-321.

CHEN X Q, WANG G, DONG Q, et al., 2020. Microscopic characterizations of pervious concrete using recycled steel slag aggregate. Journal of Cleaner Production, 254: 120149.

CHEW S H, KAMRUZZAMAN A H M, LEE F H, 2004. Physicochemical and engineering behavior of cement treated clays. Journal of Geotechnical and Geoenvironmental Engineering, 130(7): 696-706.

CHIAN S C, BI J, 2021. Influence of grain size gradation of sand impurities on strength behaviour of cement-treated clay. Acta Geotechnica, 16: 1127-1145.

CHIAN S C, CHIM Y Q, WONG J W, 2017. Influence of sand impurities in cement-treated clays. Géotechnique, 67(1): 31-41.

CHITTOORI B, PUPPALA A J, 2011. Quantitative estimation of clay mineralogy in fine-grained soils. Journal of Geotechnical and Geoenvironmental Engineering, 137(11): 997-1008.

CONSOLI N C, FONSECA A V, SILVA S R, et al., 2012. Parameters controlling stiffness and strength of artificially cemented soils. Géotechnique, 62(2): 177-183.

CONSOLI N C, FOPPA D, FESTUGATO L, 2007. Key parameters for strength control of artificially cemented soils. Journal of Geotechnical and Geoenvironmental Engineering, 133(2): 197-205.

CONSOLI N C, ROSA D A, CRUZ R C, et al., 2011. Water content, porosity and cement content as parameters controlling strength of artificially cemented silty soil. Engineering Geology, 122(3-4): 328-333.

CONSTANTINIDES G, CHANDRAN K S R, ULM F J, et al., 2006. Grid indentation analysis of composite microstructure and mechanics: Principles and validation. Materials Science and Engineering a-Structural Materials Properties Microstructure and Processing, 430(1-2): 189-202.

CROFT J B, 1967. The influence of soil mineralogical composition on cement stabilization. Géotechnique, 17(2): 119-135.

CSOBÁN Z, KÁLLAI-SZABÓ B, KÁLLAI-SZABÓ N, et al., 2016. Assessment of distribution of pellets in tablets by non-destructive microfocus X-ray imaging and image analysis technique. Powder Technology, 301: 228-233.

DENG Y F, LIU L, CUI Y J, et al., 2019. Colloid effect on clogging mechanism of hydraulic reclamation mud improved by vacuum preloading. Canadian Geotechnical Journal, 56(5): 611-620.

DENG Y F, WU J, TAN Y Z, et al., 2020. Effects of microorganism within organic matter on the mechanical behaviour of solidified municipal dredged mud. Canadian Geotechnical Journal, 57(12): 1832-1843.

DENG Y F, YUE X B, LIU S Y, et al. 2015. Hydraulic conductivity of cement-stabilized marine clay with metakaolin and its correlation with pore size distribution. Engineering Geology, 193: 146-152.

DU Y J, WEI M L, JIN F, et al., 2013. Stress-strain relation and strength characteristics of cement treated zinc-contaminated clay. Engineering Geology, 167: 20-26.

FENG W P, DONG Z J, JIN Y, et al., 2021a. Comparison on micromechanical properties of interfacial transition zone in concrete with iron ore tailings or crushed gravel as aggregate. Journal of Cleaner Production, 319: 128737.

FENG Y S, DU Y J, ZHOU A N, et al., 2021b. Geoenvironmental properties of industrially contaminated site soil solidified/stabilized with a sustainable by-product-based binder. Science of the Total Environment, 765: 142778.

FLORES R D V, EMIDIO D G, VAN IMPE W, 2010. Small-strain shear modulus and strength increase of cement-treated clay. Geotechnical Testing Journal, 33(1): 62-71.

FONTEYNE M, VERCRUYSSE J, LEERSNYDER D F, et al., 2016. Blend uniformity evaluation during continuous mixing in a twin screw granulator by in-line NIR using a moving F-test. Analytica Chimica Acta, 935: 213-223.

FREEDMAN D, DIACONIS P, 1981. On the histogram as a density estimator: L2 theory. Zeitschrift für Wahrscheinlichkeitstheorie und Verwandte Gebiete, 57(4): 453-476.

GALLAVRESL F, 1992. Grouting improvement of foundation soils//ASCE Conference on Groating, Soil Improvement and Geosynthetis: New orleans, LA.

GENG Z F, SHE W, ZUO W Q, et al., 2020. Layer-interface properties in 3D printed concrete: Dual hierarchical structure and micromechanical characterization. Cement and Concrete Research, 138: 106220.

HAHA M B, LOTHENBACH B, LE SAOUT G, et al., 2011. Influence of slag chemistry on the hydration of alkali-activated blast-furnace slag-Part I: Effect of MgO. Cement and Concrete Research, 41(9): 955-963.

HAJIMOHAMMADI A, NGO T, MENDIS P, et al., 2017. Alkali activated slag foams: The effect of the alkali reaction on foam characteristics. Journal of Cleaner Production, 147: 330-339.

HATANAKA S, HATTORI H, SAKAMOTO E, 2010. Study on mechanism of strength distribution development in vacuum-dewatered concrete based on the consolidation theory. Materials and Structures, 43: 1283-1301.

HATANAKA S, SAKAMOTO E, MISHIMA N, et al., 2008. Improvement of strength distribution inside slab concrete by vacuum dewatering method. Materials and Structures, 41: 1235-1249.

HATTAB M, HAMMAD T, FLEUREAU J, et al., 2013. Behaviour of a sensitive marine sediment: Microstructural investigation. Géotechnique, 63(1): 71-84.

HORPIBULSUK S, MIURA N, NAGARAJ T S, 2003. Assessment of strength development in cement-admixed high water content clays with Abrams' law as a basis. Géotechnique, 53(4): 439-444.

HORPIBULSUK S, MIURA N, NAGARAJ T S, 2005. Clay-water/cement ratio identity for cement admixed soft clays. Journal of Geotechnical and Geoenvironmental Engineering, 131(2): 187-192.

HORPIBULSUK S, RACHAN R, SUDDEEPONG A, et al., 2011a. Strength development in cement admixed Bangkok clay: Laboratory and field investigations. Soils and Foundations, 51(2): 239-251.

HORPIBULSUK S, RACHAN R, SUDDEEPONG A, 2011b. Assessment of strength development in blended cement admixed Bangkok clay. Construction and Building Materials, 25(4): 1521-1531.

HORPIBULSUK S, SUDDEEPONG A, SUKSIRIPATTANAPONG C, et al., 2014. Water-void to cement ratio identity of lightweight cellular-cemented material. Journal of Materials in Civil Engineering, 26(10): 06014021.

JANBAZ M, IACOBUCCI L, FRANCISCO K, et al., 2019. Effect of gypsum and cement content on unconfined compressive strength of soft sediment. International Journal of Geotechnical Engineering, 15(3): 373-378.

JIA J, WAN Y, LIU H, et al., 2021. Evaluation of compaction uniformity of the paving layer based on transverse and longitudinal measurements. International Journal of Pavement Engineering, 22(2): 257-269.

JIA Z J, CHEN C, SHI J J, et al., 2019. The microstructural change of C-S-H at elevated temperature in Portland cement/GGBFS blended system. Cement and Concrete Research, 123: 105773.

JIANG N J, DU Y J, LIU S Y, et al., 2016. Multi-scale laboratory evaluation of the physical, mechanical, and microstructural properties of soft highway subgrade soil stabilized with calcium carbide residue. Canadian Geotechnical Journal, 53(3): 373-383.

JIN W, ZHANG C L, ZHANG Z M, 2011. Study on the pH variation and regulation measures during the cement solidification treatment of dredged material. Procedia Environmental Sciences, 10: 2614-2618.

JOHANSSON K, LARSSON C, ANTZUTKIN O N, et al., 1999. Kinetics of the hydration reactions in the cement paste with mechanochemically modified cement ^{29}Si magic-angle-spinning NMR study. Cement and Concrete Research, 29(10): 1575-1581.

KALKAN E, 2011. Impact of wetting-drying cycles on swelling behavior of clayey soils modified by silica fume. Applied Clay Science, 52(4): 345-352.

KANG G, TSUCHIDA T, ATHAPATHTHU A, 2015. Strength mobilization of cement-treated dredged clay during the early stages of curing. Soils and Foundations, 55(2): 375-392.

KANG G, TSUCHIDA T, ATHAPATHTHU A, 2016. Engineering behavior of cement-treated marine dredged clay during early and later stages of curing. Engineering Geology, 209: 163-174.

KANG G, TSUCHIDA T, KIM Y, 2017. Strength and stiffness of cement-treated marine dredged clay at various curing stages. Construction and Building Materials, 132: 71-84.

KASAMA K, ZEN K, IWATAKI K, 2007. High-strengthening of cement-treated clay by mechanical dehydration. Soils and Foundations, 47(2): 171-184.

KASAMA K, WHITTLE A J, KITAZUME M, 2019. Effect of spatial variability of block-type cement-treated ground on the bearing capacity of foundation under inclined load. Soils and Foundations, 59(6): 2125-2143.

KOSMATKA S H, WILSON M L, 2011. Design and control of concrete mixtures: The guide to applications, methods, and materials. 15th Edition. Ottawa: Cement Association of Canada.

KUNHANANDAN N E K, RAMAMURTHY K, 2008. Fresh state characteristics of foam concrete. Journal of Materials in Civil Engineering, 20(2): 111-117.

KUNTHER W, DAI Z, SKIBSTED J, 2016. Thermodynamic modeling of hydrated white Portland cement-metakaolin-limestone blends utilizing hydration kinetics from ^{29}Si MAS NMR spectroscopy. Cement and Concrete Research, 86: 29-41.

LANG L, CHEN B, 2021a. Strength properties of cement-stabilized dredged sludge incorporating nano-SiO_2

and straw fiber. International Journal of Geomechanics, 21(7): 04021119.

LANG L, CHEN B, DUAN H J, 2021b. Modification of nanoparticles for the strength enhancing of cement-stabilized dredged sludge. Journal of Rock Mechanics and Geotechnical Engineering, 13(3): 694-704.

LASISI F, OGUNJIDE A M, 1984. Effect of grain size on the strength characteristics of cement-stabilized lateritic soils. Building and Environment, 19(1): 49-54.

LATIFI N, MEEHAN C L, MAJID M Z A, 2016. Strengthening montmorillonitic and kaolinitic clays using a calcium-based non-traditional additive: A micro-level study. Applied Clay Science, 132-133: 182-193.

LE SAOUT G, LECOLIER E, RIVEREAU A, et al., 2006. Chemical structure of cement aged at normal and elevated temperatures and pressures, Part II: Low permeability class G oilwell cement. Cement and Concrete Research, 36(3): 428-433.

LEE F H, LEE Y, CHEW SH, et al., 2005. Strength and modulus of marine clay-cement mixes. Journal of Geotechnical and Geoenvironmental Engineering, 131(2): 178-186.

LEE K M, PARK J H, 2008. A numerical model for elastic modulus of concrete considering interfacial transition zone. Cement and Concrete Research, 38(3): 396-402.

LI S, WANG C M, ZHANG X W, et al., 2019. Classification and characterization of bound water in marine mucky silty clay. Journal of Soils and Sediments, 19(5): 2509-2519.

LI W, LEMOUGNA P N, WANG K, et al., 2017. Effect of vacuum dehydration on gel structure and properties of metakaolin-based geopolymers. Ceramics International, 43(16): 14340-14346.

LIU L, ZHOU A N, DENG Y F, et al., 2019. Strength performance of cement/slag-based stabilized soft clays. Construction and Building Materials, 211: 909-918.

LIU X, FENG P, LI W, et al., 2021. Effects of pH on the nano/micro structure of calcium silicate hydrate (C-S-H) under sulfate attack. Cement and Concrete Research, 140: 106306.

LIU X, FENG P, LYU C, et al., 2020. The role of sulfate ions in tricalcium aluminate hydration: New insights. Cement and Concrete Research, 130: 105973.

LORENZO G A, BERGADO D T, 2004. Fundamental parameters of cement-admixed clay: New approach. Journal of Geotechnical and Geoenvironmental Engineering, 130(10): 1042-1050.

LOTHENBACH B, SCRIVENER K, HOOTON R D, 2011. Supplementary cementitious materials. Cement and Concrete Research, 41(12): 1244-1256.

LUO S M, LU Y H, WU Y K, et al., 2020. Cross-scale characterization of the elasticity of shales: Statistical nanoindentation and data analytics. Journal of the Mechanics and Physics of Solids, 140: 103945.

LYSE I, 1932. Tests on consistency and strength of concrete having constant water-content. ASTM Proceedings, 32: 629-636.

MA B G, LI H N, LI X G, et al., 2016. Influence of nano-TiO_2 on physical and hydration characteristics of fly ash-cement systems. Construction and Building Materials, 122: 242-253.

MA R, GUO L P, SUN W, et al., 2017. Strength-enhanced ecological ultra-high performance fibre-reinforced cementitious composites with nano-silica. Materials and Structures, 50(2): 166.

MIURA N, HORPIBULSUK S, NAGARAJ T S, 2001. Engineering behavior of cement stabilized clay at high water content. Soils and Foundations, 41(5): 33-45.

MONDAL P, SHAH S R, MARKS L D, 2008. Nanoscale characterization of cementitious materials. ACI

Materials Journal, 105(2): 174-179.

NARENDRA B S, SIVAPULLAIAH P V, SURESH S, et al., 2006. Prediction of unconfined compressive strength of soft grounds using computational intelligence techniques: A comparative study. Computers and Geotechnics, 33(3): 196-208.

OLIVER W C, PHARR G M, 2011. Measurement of hardness and elastic modulus by instrumented indentation: Advances in understanding and refinements to methodology. Journal of Materials Research, 19(1): 3-20.

PARK S M, JANG J G, LEE N K, et al., 2016. Physicochemical properties of binder gel in alkali-activated fly ash/slag exposed to high temperatures. Cement and Concrete Research, 89: 72-79.

PAYÁ J, MONZO J, BORRACHERO M V, et al., 1997. Mechanical treatments of fly ashes. Part III: Studies on strength development of ground fly ashes (GFA)-cement mortars. Cement and Concrete Research, 27(9): 1365-1377.

PINO-TORRES C, MASPOCH S, CASTILLO-FELICES R, et al., 2020. Evaluation of NIR and Raman spectroscopies for the quality analytical control of a solid pharmaceutical formulation with three active ingredients. Microchemical Journal, 154: 104576.

PU S Y, ZHU Z D, SONG W L, et al., 2021a. A novel acidic phosphoric-based geopolymer binder for lead solidification/stabilization. Journal of Hazardous Materials, 415: 125659.

PU S Y, ZHU Z D, SONG W L, et al., 2021b. Mechanical and microscopic properties of fly ash phosphoric acid-based geopolymer paste: A comprehensive study. Construction and Building Materials, 299: 123947.

PUERTAS F, TORRES-CARRASCO M, 2014. Use of glass waste as an activator in the preparation of alkali-activated slag: Mechanical strength and paste characterisation. Cement and Concrete Research, 57: 95-104.

QIAN C X, NIE Y F, CAO T J, 2016. Sulphate attack-induced damage and micro-mechanical properties of concrete characterized by nano-indentation coupled with X-ray computed tomography. Structural Concrete, 17(1): 96-104.

QU B, MARTIN A, PASTOR J Y, et al., 2016. Characterisation of pre-industrial hybrid cement and effect of pre-curing temperature. Cement and Concrete Composites, 73: 281-288.

RAMANIRAKA M, RAKOTONARIVO S, PAYAN C, et al., 2019. Effect of the interfacial transition zone on ultrasonic wave attenuation and velocity in concrete. Cement and Concrete Research, 124: 105809.

RIOS S, DA FONSECA A V, BAUDET B A, 2012. Effect of the porosity/cement ratio on the compression of cemented soil. Journal of Geotechnical and Geoenvironmental Engineering, 138(11): 1422-1426.

RUIZ-SANTAQUITERIA C, FERNANDEZ-JIMENEZ A, SKIBSTED J, et al., 2013. Clay reactivity: Production of alkali activated cements. Applied Clay Science, 73: 11-16.

SALIMI M, GHORBANI A, 2020. Mechanical and compressibility characteristics of a soft clay stabilized by slag-based mixtures and geopolymers. Applied Clay Science, 184: 105390.

SASANIAN S, NEWSON T A, 2014. Basic parameters governing the behaviour of cement-treated clays. Soils and Foundations, 54(2): 209-224.

SHEN S L, HAN J, MIURA N, 2004. Laboratory evaluation of mixing energy consumption and its influence on soil-cement strength. Transportation Research Record, 1868(1): 23-30.

SHI J, YANG J H, WANG C, et al., 2020. Uniformity evaluation of temperature field in an oven based on image processing. IEEE Access, 8: 10243-10253.

TANG Y X, MIYAZAKI Y, TSUCHIDA T, 2001. Practices of reused dredgings by cement treatment. Soils and Foundations, 41(5): 129-143.

TEERAWATTANASUK C, VOOTTIPRUEX P, HORPIBULSUK S, 2015. Mix design charts for lightweight cellular cemented Bangkok clay. Applied Clay Science, 104: 318-323.

TREMBLAY H, LEROUEIL S, LOCAT J, 2001. Mechanical improvement and vertical yield stress prediction of clayey soils from eastern Canada treated with lime or cement. Canadian Geotechnical Journal, 38(3): 567-579.

TSUCHIDA T, TANG Y X, 2015. Estimation of compressive strength of cement-treated marine clays with different initial water contents. Soils and Foundations, 55(2): 359-374.

WALKLEY B, PROVIS J L, 2019. Solid-state nuclear magnetic resonance spectroscopy of cements. Materials Today Advances, 1: 100007.

WESSELSKY A, JENSEN O M, 2009. Synthesis of pure Portland cement phases. Cement and Concrete Research, 39(11): 973-980.

WU J, DENG Y F, ZHANG G P, et al., 2021a. A generic framework of unifying industrial by-products for soil stabilization. Journal of Cleaner Production, 321: 128920.

WU J, DENG Y F, ZHENG X P, et al., 2019. Hydraulic conductivity and strength of foamed cement-stabilized marine clay. Construction and Building Materials, 222: 688-698.

WU J, LIU L, DENG Y F, et al., 2021b. Distinguishing the effects of cementation versus density on the mechanical behavior of cement-based stabilized clays. Construction and Building Materials, 271: 121571.

XU B, YI Y L, 2021. Soft clay stabilization using three industry byproducts. Journal of Materials in Civil Engineering, 33(5): 06021002.

YANG Y L, DU Y J, REDDY K R, et al., 2017. Phosphate-amended sand/Ca-bentonite mixtures as slurry trench wall backfills: Assessment of workability, compressibility and hydraulic conductivity. Applied Clay Science, 142: 120-127.

YI Y L, GU L Y, LIU S Y, et al., 2015a. Carbide slag-activated ground granulated blastfurnace slag for soft clay stabilization. Canadian Geotechnical Journal, 52(5): 656-663.

YI Y L, ZHENG X, LIU S Y, et al., 2015b. Comparison of reactive magnesia-and carbide slag-activated ground granulated blastfurnace slag and Portland cement for stabilisation of a natural soil. Applied Clay Science, 111: 21-26.

YU B, GU X, NI F, et al., 2018. Microstructure characterization of cold in-place recycled asphalt mixtures by X-ray computed tomography. Construction and Building Materials, 171: 969-976.

YUKSELEN-AKSOY Y, REDDY K R, 2013. Electrokinetic delivery and activation of persulfate for oxidation of PCBs in clayey soils. Journal of Geotechnical and Geoenvironmental Engineering, 139(1): 175-184.

ZENG L W, ZHANG S X, ZHANG X N, 2014. The research on aggregate microstructure uniformity image processing of asphalt mixture based on computer scanning technology. Advanced Materials Research, 831: 393-400.

ZEYAD A M, ALMALKI A, 2021. Role of particle size of natural pozzolanic materials of volcanic pumice: Flow properties, strength, and permeability. Arabian Journal of Geosciences, 14(2): 107.

ZHANG T W, YUE X B, DENG Y F, et al., 2014. Mechanical behaviour and micro-structure of cement-stabilised marine clay with a metakaolin agent. Construction and Building Materials, 73: 51-57.

ZHAO T, CHI H T, LIU Y R, et al., 2021. Determination of elements in health food by X-ray fluorescence microanalysis combined with inductively coupled plasma mass spectrometry. Spectroscopy and Spectral Analysis, 41(3): 750-754.

ZHU W, HUGHES J J, BICANIC N, et al., 2007a. Nanoindentation mapping of mechanical properties of cement paste and natural rocks. Materials Characterization, 58(11-12): 1189-1198.

ZHU W, ZHANG C L, CHIU A C F, 2007b. Soil-water transfer mechanism for solidified dredged materials. Journal of Geotechnical and Geoenvironmental Engineering, 133(5): 588-598.